圈点每日环球科技

刘亚东　著

商　务　印　书　馆

2011年·北京

图书在版编目(CIP)数据

圈点每日环球科技/刘亚东著. —北京:商务印书馆,2011
ISBN 978-7-100-08656-1

Ⅰ.①圈… Ⅱ.①刘… Ⅲ.①科学技术—文集 Ⅳ.N53

中国版本图书馆 CIP 数据核字(2011)第 204137 号

圈点每日环球科技
刘亚东 著

商 务 印 书 馆 出 版
(北京王府井大街36号 邮政编码 100710)
商 务 印 书 馆 发 行
北 京 瑞 古 冠 中 印 刷 厂 印 刷
ISBN 978-7-100-08656-1

2011 年 11 月第 1 版 开本 787×1092 1/16
2011 年 11 月北京第 1 次印刷 印张 22½ 插页 2
定价:44.00 元

序

有人说新闻是易碎品，无非是指其中的一些内容时效性强，过期作废。不能说这话没道理，但科技新闻肯定要另当别论。科技发展的渐进规律和连续性特点，使许多相关新闻报道具有长期留存以资跟踪和参考的价值。仅此一点，商务印书馆为《科技日报》的《总编辑圈点——环球科技 24 小时》栏目出书就很有意义。

整整一年，每个工作日圈点一件当天世界上发生的科技大事，这项工作本身就是一件大事。地理学和生态学里有一个名词叫冰芯，科学家们从冰川中钻取这种圆柱形的冰样，用以研究过去、现在和未来的气候与环境变化。就科技发展的历史进程而言，这部即将面世的《圈点每日环球科技》恰似这样一截可以温故知新的冰芯。

由此又想起唐代诗人王昌龄"一片冰心在玉壶"的佳句。冰清玉洁和晶莹剔透给人们带来的是一种精致的美感。《圈点每日环球科技》收录的 200 多篇新闻报道，特别是配发的短评，仿佛是用人文丝线穿起的一串科技珠玑，折射出人类科技发展在公元 2010 年到 2011 年这一时段的绰约风姿。同时，字里行间也彰明较著地表征了《科技日报》打造精品栏目的良苦用心。

在当今这个信息爆炸的世界上，每日环球科技新闻车载斗量。真正为读者挑选出"含金量最高"的一条，可不是说说那么简单。判断社会新闻的价值往往可以凭藉直觉或常识，而判断科技新闻的价值则必须以深湛的科技素养为基础，并要求高屋建瓴地把握科技发展的潮流。《圈点每日环球科技》中的很多成果都入选各种国际权威学术期刊的年度十大科技新闻，这或许在相当程度上说明了问题。我们应就此给刘亚东及其同事们以掌声。

亚东在新闻界获得过包括长江韬奋奖在内的各种荣誉，他不久前出版的《新闻眼看美国》一书也广受各界好评。然而，《圈点每日环球科技》收录的 200 多篇短评还是让我对这位老朋友刮目相看。区区 200 字的短评却每每自如挥洒于古今中外。尽管评论的对象是科技，但涉猎的内容却不囿于科技。用亚东自己的话说，他"对新闻事实品头论足时，总是搜肠刮肚地翻出那些'土豆和白菜'来说事儿，为的就是最大限度地贴近读者"。

大俗与大雅的同质化和统一，构成了亚东科技新闻评论的风格和特点。这与其说是学识和语言的功底，不如说是精神和思想的境界。其实，科学普及的要义也正在于此，否则我们如何能让公众走近科学以及让科学走近公众？从很多方面看，《圈点每日环球科技》都不失为科技新闻评论的一个范本。

科教兴国以及建设创新型国家，中国比以往任何时候都更加需要关注外部世界。新闻媒体有责任也有义务在第一时间把发达国家的重要科技活动报道给国内读者。亚东在这方面的建树无疑还得益于他良好的外语条件。当许多熟悉他的同行称其"中文呱呱叫，英文叫呱呱"时，不经意间也为我们急需的外向型新闻人才提出了一种时代要求。

亚东关于新闻评论的一种感悟是："有主张，才能有权威。"可问题是怎样才能有所主张？显然，任何有价值的主张都是不断学习、积累和思考的结果。无论是谁，他所掌握的科技知识都是有限的，但亚东始终追求在精通一两门专业的基础上，对其他各个学科"不光看热闹，也会看门道"，以使自己成为读者的合格向导。

从理论物理到生命科学，从航空航天到集成电路，从新材料到新能源……一个人能在这么多科技领域就冷不丁冒出的某个话题，以极具个性的表达方式"立等可取"地道出子丑寅卯。这看似不可能，却在亚东这位《科技日报》副总编辑身上成为可能，其才华和勤奋都如实记录在《圈点每日环球科技》中。亚东毕业于清华和北大两所名校，兼具自然科学和社会科学两种学历，但他从不沾沾自喜，而是孜孜不倦地汲取新养分，补充新能量。这种自我完善和自我超越的人生态度同样可圈可点。

《圈点每日环球科技》的新闻评论中鲜有无病呻吟的文字，更难找到那种"百分之百正确"的废话。亚东一贯如此，不说则已，说则旗帜鲜明、掷地有声，甭管说的是霍金还是"霍银"。俗语说，常在河边走，哪有不湿鞋！每天都把自己的"奇谈怪论"晾晒于大庭广众，所冒的风险是可以想象的。难能可贵的是，他的这些观点迄今没有发现"硬伤"，有的倒是广大读者包括许多科学家频频报以喝彩。

当然，科学和技术的很多结论都需要时间来检验，有的甚至要等几十年、上百年。我们今天对其做出的某些评价，对与错也许只有后人才能判断。所以，这部新著的出版既为亚东增添了新的光彩，同时也给他施加了"立此存照"的无形压力。如此说来，《圈点每日环球科技》中的诸多见解作为现有知识体系内的一家之言，便有了更多理由引起社会关注。事实上，科技领域里即使是错误的观点通常也比没有观点好得多，人类对自然界的认识就是在不断修正中得以深化的。希望我们的新闻界有更多人敢于并且善于为读者圈点每日环球科技。

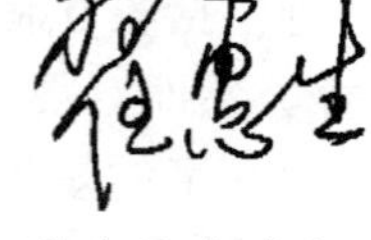

中华全国新闻工作者协会党组书记、常务副主席

2011年8月12日

目　　录

生命科学

天　文　学

航空航天与星际探索

计算机科学与集成电路

新　材　料

核能与新能源

前沿技术与实用技术

其　他

理论物理与化学

美观察到迄今最重反物质反氦-4

亚东评论 反氦-4的现身进一步证实了负性物质的存在，但反物质学说迄今仍只是建立在假设的基础上。现行主流观点认为，宇宙诞生之初曾有等量的物质和反物质，两者一旦接触便相互湮灭抵消并释出巨大能量。然而不知为什么，人类目前所见万物皆由物质构成，自然界里似乎根本找不到反物质。或许，物质和反物质之间还有某些我们尚且不知的区别，正是这些区别才让后者始终无法进入我们的视野。反物质谜团破解之时很可能就是人类揭晓宇宙起源之日。

据美国物理学家组织网3月23日(北京时间)报道，美国布鲁克海文国家实验室相对论重离子对撞机国际合作组的科学家，首次观察到了新型反物质反氦-4，这是迄今科学家观察到的最重反物质。

高能对撞能形成夸克胶子等离子体，这种炽热、稠密的物质包含数量大致相当的夸克和反夸克粒子。夸克胶子等离子体逐渐冷却后会变成一种强子气体并产生质子、中子和它们的反粒子。科学家们在金核相互对撞10亿次后形成的强子气体中共观察到了18个反氦-4，证明反氦-4确实存在，其包含4个反物质粒子：2个反质子和2个反中子。

科学家指出，反氦-4很可能是迄今观察到的最重的反物质，并预测下一个可能会"现身"的更重反物质将是反锂-6。

1932年，科学家首次观察到反物质粒子-正电子。从此，越来越多更重的反物质逐渐映入科学家的眼帘。1955年观察到的是反质子和反中子，在接下来的20年里，科学家们依次观察到了反氘核、反氦核-3。加速器和探测器技术的不断改进让科学家在1995年首次观察到了反氢；2011年观察到了新型反物质"反超氚"，"反超氚"是反氦-4出现之前最重的反物质，也是首个含有反夸克的粒子。

科学家们还表示，这次实验中观察到的反氦-4数量表明，宇宙中反氦-4并不多，在宇宙中观察到反氦-4的可能性微乎其微。如果真的在宇宙中观察到了反氦-4，那一定是由另一种机制所产生，这种机制很可能在宇宙中很多地方产生大量反物质。

4月发射的奋进号航天飞机将携带阿尔法磁谱仪前往国际空间站搜寻宇宙射线中的反物质。阿尔法磁谱仪肩负着寻找宇宙中的反碳核、反氦核及其他更重的反核来确定宇宙中是否存在反物质的重要使命。如果科学家能找到宇宙中某个包含更多反物质的区域，就能解决长期困扰他们的一个重大问题：为何可见的宇宙主要由物质而不是反物质组成，并厘清宇宙诞生之初所发生的事情。(刘霞)

(原载2011年3月24日《科技日报》)

大型强子对撞机制造“黑洞”失败

亚东评论 就像创立维基网站的阿桑奇，大型强子对撞机一开口，总是几家欢乐几家愁。由于描述微观的量子力学与描述宏观的广义相对论格格不入，当一些科学家试图寻找一种对宇宙的“万能解释”时，才对弦理论情有独钟，甚至期望它便是梦寐以求的“终极理论”。他们显然忘了地心说及日心说等科学史上众多前车之鉴。弦理论也许尚待发现，也许本来就大谬不然，无论如何都不可能成为包罗万象的“玄”理论。咱可别拿辩证唯物主义认识论的豆包不当干粮。

据美国《大众科学》杂志在线版 12 月 21 日消息，欧洲核子研究中心（CERN）的科学家们发表了大型强子对撞机（LHC）一系列测试报告，称迄今并未发现“迷你黑洞”，即 LHC 利用高能对撞制造“黑洞”遭遇失败。而在 LHC 的能级范围内制造出“黑洞”原是根据弦理论作出的预测，因而这相当于对弦理论及其支持者的一次打击。具体报告登在最新一期的《物理快报 B 辑》杂志上。

据英国广播网今年 9 月报道，LHC 项目的科学家表示，从 LHC 制造的极端环境中，对撞机的 CMS（紧凑缪子线圈）探测器已经看到了“全新而有趣的效应”，并在某种程度上模拟出宇宙大爆炸后的瞬间状态。

直到近日，CMS 探测器任务团队完成了对高能质子撞击产生的“迷你黑洞”的搜查工作。如果弦理论相关部分论述正确，LHC 应该能够制造出“迷你黑洞”，随后黑洞瞬间蒸发。然而 CMS 探测器数据分析表明，这种黑洞能量衰减的信号并不存在。

作为当今最有希望将自然界的基本粒子和 4 种相互作用力统一起来的理论，弦理论认为组成所有物质的最基本单位是一小段“能量弦线”，而宇宙除了传统四维度（长、宽、高、时间）外，还存在多个维度。只要这些维度存在，那么能传送重力的“重力子”必将渗入到其中，这就解释了为何在我们的维度中重力比其他力要微弱——其实它并不真的弱，只是粒子存在于我们看不见的维度中。而 LHC 的能量范围已令它有本事来测验这件事。

如情况属实，在 LHC 的高能对撞试验中，两个相撞粒子对额外维度变得敏感，它们以高强度发生重力相互作用，应会形成“迷你黑洞”，随后瞬间湮灭，届时在围绕对撞点安置的高敏度 CMS 探测器内，就可以观测到黑洞由诞生到消失的整个过程。然而直到今天证据也未曾出现。

不过，这项结果并不意味着弦理论就此灭亡，其说明了此前预测的“黑洞可在能量 3.5 万亿至 4.5 万亿电子伏特中被制造出来”这项认知已被排除，但理论上，它还有可能在更高能级中实现。因此 LHC 于 2013 年加满马力之时，就是弦理论的拥趸屏息静气等待宣判之日。（张梦然）

（原载 2010 年 12 月 22 日《科技日报》）

10 种元素原子量将用区间方式标注

亚云评论 测定原子量事关人类对世界认识的根本。倘若没有道尔顿 1803 年创造性地确立相对原子量概念，以及众多科学家的后续探索和完善，我们无法想象门捷列夫元素周期表的诞生，更无法想象现代化学特别是无机化学的发展。事实上，即使用目前最先进的质谱仪测得的原子量表，因某些元素的同位素丰度变化也需经常修订。以区间方式标注氢等 10 种元素的原子量，这件事本身也具有"标注"意义——人类正以空前的精准度了解自然，并跃上了一个新的台阶。

人们熟悉的《元素周期表》中一些元素原子量的标注方式将有历史性变化。在新表中，氢、锂、硼、碳、氮、氧、硅、硫、氯、铊 10 种元素的原子量将采用新的区间方式给予标注，即这些元素的原子量有其上限和下限。这种变化在元素周期表诞生以来还是首次。新的标注方式更能准确地反映这些元素在大自然中的实际存在状况。在最新出版的《理论和应用化学》杂志上，刊载了变化后的标准原子量表。相关文章发表在最新出版的《国际化学》杂志上。

国际理论和应用化学联合会所属的同位素丰度与原子量委员会负责原子量值的评估和发布。担任该委员会秘书的加拿大卡尔加里大学副教授迈克尔·维塞表示，一个半世纪以来，元素周期表中的元素都使用标准单一值的原子量。随着技术的进步，我们已经发现表中有些元素的原子量并不像我们以前所认为的是一成不变的。

现代分析技术能够精确地测量出许多元素的原子量，而这些原子量的细微变化对科学研究和工业生产都非常重要。例如，精确测量碳同位素的丰度可以用来确定食物的纯度和来源。氮、氯和其他元素的同位素测量可以用于追踪河流和地下水的污染源。同样，在体育违禁药品检查中，人体中的睾丸激素是天然的或是人为服用的，可以依据其碳原子量值的差别来分辨。

上述 10 种元素的原子量在新元素周期表中将以区间形式来标注，例如，硫的标准原子量通常认为是 32.065，然而，其实际原子量却可以根据其所处位置不同而在 32.059 和 32.076 的区间内。换句话讲，人们可以通过精确测量原子量来判断大自然中特定元素的最初来源和其历史。（杜华斌）

（原载 2010 年 12 月 17 日《科技日报》）

德实现光子玻色—爱因斯坦凝聚

亚东评论 1924年由玻色提出并被爱因斯坦肯定和完善的玻爱凝聚，指的是在接近绝对零度条件下所有原子整齐划一的情形。然而，早期的相关研究步履维艰。直到20世纪90年代，激光冷却和囚禁中性原子技术的突破才使玻爱凝聚成为现实。此后，世界各国的数十家实验室相继实现了多种元素的玻爱凝聚。可以说，“物质第五态”已经开始进入实际应用的快车道。光子的玻爱凝聚今天极大地拓展了我们在芯片制造、精密测量和纳米技术等领域的想象空间。

据美国物理学家组织网11月25日(北京时间)报道，德国科学家在11月24日出版的《自然》杂志上报告称，他们成功让光子形成“玻色—爱因斯坦凝聚”，创造出一种全新的光源。新方法可让科学家设计出新型紫外或X射线激光器，从而制备出功能更强的计算机芯片。

玻色—爱因斯坦凝聚是物质的一种奇特状态，处于这种状态的大量原子行为会像单个粒子一样。此前，玻色—爱因斯坦凝聚已在几个物理体系中被观测到，但科学家认为它不可能出现在光子中。这是因为当光子被冷却到某一点上，它将不再辐射出可见光范围内的光，而仅仅发射出不可见的红外线光子，同时其辐射密度会下降，温度越低，光子的数量越少，科学家很难得到玻色—爱因斯坦凝聚出现所需要的冷却光子的数量。

波恩大学的科学家让一束光线在两面高度反光的镜子间来回跳跃，并在两个反射镜面之间放置冷却的色素分子溶液。光子会周期性地同这些色素分子发生碰撞，在碰撞中，分子先“吞下”光子接着又“吐出”它们。参与研究的科学家马丁·威茨解释说，在这个过程中，光子表现出溶液的温度，并且整个过程没有光子损失。接着，研究人员通过激光激活色素溶液，增加了两面镜子之间光子的数量。这使科学家能够将冷却的光子紧密地聚集在一起，使它们形成一个“超级光子”。

这种光子玻色—爱因斯坦凝聚是一种全新的光源，其有些特征同激光相似。但与激光相比，它们也有自身的优势。简·卡拉斯表示，目前还没有能够发射出极短波长光(比如在紫外线或X射线范围内)的激光器，而使用光子玻色—爱因斯坦凝聚应该可以做到。

芯片产业或许也会因此受益。芯片制造商一般使用激光将逻辑电路制成半导体材料，所得半导体结构的精准度由激光波长和其他因素限定，长波激光不如短波激光适合精准性要求高的工作。而X射线的波长比可见光更短，从原理上来讲，X射线激光器应该允许制造商在同样的硅材料表面应用更复杂的电路，这将使他们制备出新一代高性能的芯片并最终研制出功能更强大的计算机。这个过程也可应用于光谱学或光伏电池等领域。(刘霞)

(原载2010年11月26日《科技日报》)

科学家首次在实验室捕获反物质

亚东评论 “反物质”并不玄奥。看看太极图就知道，我们的祖先也许 3000 年前就对其存在做过哲学上的暗示。欧洲核子研究中心首次捕获反氢原子，从而掌握了迄今最为确凿和有力的证据，把一个模糊已久的概念变成“看得见，摸得着”。长达 0.17 秒的持续时间无疑是关键，它使这项进展的意义怎么评价都不会过分。但若畅想未来的反物质应用，现在似乎为时太早。科学家只是获取一个必要的探索平台，而最终的研究结果可能和人们的预期毫不相干。

欧洲核子研究中心(CERN)的科学家在 11 月 17 日出版的《自然》杂志上撰文指出，他们首次成功捕获了 38 个反氢原子，并利月磁场使其存在了 0.17 秒的时间，从而将反物质的存活时间从之前的百万分之一秒量级提高到十分之一秒量级，为使用科学仪器研究和分析反物质提供了宝贵的时间。该项研究成果意味着科学家离最终揭开宇宙中反物质的奥秘更近了一步。

在反氢激光物理装置(Alpha)实验中，科学家使用先进技术冷却了带负电的反质子(氢原子核的对应反粒子)，并将其压缩进一团长 20 毫米、直径 1.4 毫米、约火柴杆大小的云中。接着，科学家向这些反质子中引入一团同样冷的正电子(电子的反物质)云。由于身处温度非常低的真空环境中，这些反质子和正电子基本不会移动，科学家采用了他们称之为非常“柔和”的方法将其混合生成反氢原子。

这种中性反氢原子带很弱的磁性。但就是这种磁力的存在，足以让科学家构建一个磁场“陷阱”，来捕获其中某些反氢原子。参与研究工作的加方负责人、加拿大国家粒子和核物理室科学家藤原城介绍，目前只能够捕获那些最慢的反氢原子。

在捕获到反物质一段时间后，研究人员关闭了磁场，反氢原子因此“逃出”陷阱，并很快撞到物质而湮灭，同时释放出可探测信号。借助信号，科学家相信他们成功捕获了 38 个反氢原子。

氢原子是只有一个质子和一个电子的最简单的原子。实际上，欧洲核子研究中心早在 1995 年就第一次制造出了反氢原子，但仅存在几微秒的时间，就与周围环境中的正氢原子相碰并湮灭。此次的突破之处在于，制造出数个反氢原子后，借助特殊的磁场首次成功地使其存在了“较长时间”——约 0.17 秒，从而可让科学家对反氢原子进行较为深入的观测和分析。因此，这一成果被看作是物理学领域的一大突破，将大大推动有关反物质的研究。(杜华斌　刘霞)

(原载 2010 年 11 月 19 日《科技日报》)

科学家首次将信息转化为能量

亚东评论 在"信息转化成能量"的机理和机制未被进一步阐释之前，该纳米级别的"信息—热机制"看上去仍像一台现代版的永动机。19 世纪热力学三大定律相继提出，不仅为热力学奠定了基本完备的基础，同时也使能量守恒和转化定律得到了近乎完美的体现。然而两百年来，总是不断有人绞尽脑汁试图实现那个天方夜谭式的神话。虽然我们相信任何一种真理都有其局限，但当麦氏"妖雾"作为一个"原子尺度的理智存在物"又重来时，我们首先想到的还是孙大圣和他的千钧棒。

日本研究人员在 11 月 15 日(北京时间)出版的《自然·物理学》网络版上报告称，他们在实验室中让一个纳米小球沿电场制造的"阶梯"向上爬动，爬动所需的能量由该粒子在任何给定时间朝哪个方向运动这一信息转化而来，这意味着科学家首次在实验室实现了信息到能量的转化，验证了约 150 年前英国物理学家詹姆斯·克拉克·麦克斯韦提出的"麦克斯韦妖"这一设想。

日本中央大学理工学部的鸟谷部祥一和东京大学的佐野雅树领导的团队在实验室让一个直径为 287 纳米的聚苯乙烯小球沿电场制造的微小旋转阶梯向上爬动，并将小球拍照。小球可以随机朝任何方向运动，由于向上爬会增加势能，因此其往下一层的概率更大，如果不人为干扰，小球最终会掉至最底层。在实验中，当小球沿阶梯向上爬一层后，研究人员就使用电场在小球爬上的那层阶梯加一面"墙"，让小球无法回到低的那一层，这样小球就能一直向上爬。

该小球能爬阶梯完全由"自己的位置"这一信息所决定，研究人员无需施加任何外力(比如注入新能量等)，仅需一个感应系统(比如摄像机)。另外，他们也能精确地测量出有多少能量由信息转化而来。

这是"麦克斯韦妖"第一次在实验中实现。1871 年，麦克斯韦提出了"麦克斯韦妖"设想：一个绝热容器被分成相等的两格，中间是由一种机制控制的一扇活板门，容器中的空气分子做无规则热运动时会撞击门，门则可以选择性地将速度较快的分子(温度较高)放入其中一格，将速度较慢的分子(温度较低)放入另一格，这样，两格的温度就会一高一低。麦克斯韦认为，整个过程中使用的能量就是"分子是热的还是冷的"这一信息。

"麦克斯韦妖"似乎违背了热力学第二定律，换句话说，这一过程不能毫无能量损耗地分离热分子和冷分子。后来，匈牙利物理学家冯·劳厄指出，该过程没有违背物理学法则，因为"麦克斯韦妖"实际上必须消耗能量来确定哪个分子是热的、哪个分子是冷的。而在本次实验中，损耗的能量是摄像机的能量通过信息这一媒介转换而来。

他们认为这完全是一种新机制，并称之为“信息—热机制”，这意味着，即使不直接同纳米机器接触，也能够使用信息作为媒介来转化能量。

没有参与该研究的比利时哈塞尔特大学的克里斯蒂安·凡登布鲁克指出，新实验直接证明了信息可以转化为能量，尽管如此，新技术仍无法解决人类目前面临的能源危机。他表示：“在将信息转化为能量时，真正的能源成本掩藏于外部(包括实验的操作者)，因此，该实验就如同人们试图使用原子核聚变来产生能量，其实核反应本身耗费的能源可能更多。”

研究人员自己也表示，实验中的摄像机很笨重，当务之急是找到可自动检测环境的显微技术，并将采集到的信息转化为能量。(刘霞)

(原载 2010 年 11 月 16 日《科技日报》)

LHC 撞出迷你版“宇宙大爆炸”

亚东评论 今天是个大日子！科学家们终于再现了梦寐以求的夸克—胶子等离子体。宇宙大爆炸后瞬间形成的超高能量密度，使夸克—胶子等离子体在数微秒内充斥整个宇宙，其后凝聚成原子核等物质，再其后才慢慢有了星系、星球和我们。欧洲大型强子对撞机此壮举为主流宇宙理论提供了迄今最有力的证明，在相当程度上肯定了现有粒子物理标准模型。这项重大突破把物理学疆域推进到宇宙诞生初始，从而让人类关于宇宙起源、物质本性的认识又迈出一大步。

据英国《每日邮报》11 月 9 日报道，科学家借助欧洲大型强子对撞机(LHC)，让铅离子以接近光速的速度对撞，成功创造出了迷你版的“宇宙大爆炸”，产生了一个温度为太阳核心温度 100 万倍的火球，也意味着产生了夸克—胶子等离子体。在宇宙大爆炸初期，正是这种夸克—胶子等离子体填满了整个宇宙。科学家表示，该项科研成果将用于解释 137 亿年前宇宙诞生之初的物质形成过程。

据悉，铅离子 4 日开始注入对撞机，7 日零时 30 分探测到首次铅离子束流的对撞，8 日 11 时 20 分获得铅离子对撞实验所需稳定条件，实验正式开始。现在，实验成功创造出了迷你版“宇宙大爆炸”。

ALICE(LHC 的一台探测器)铅离子对撞实验的科学家、伯明翰大学物理学家戴维·埃文斯表示，他们对这一成就激动万分，实验获得了有史以来最高的温度和密度。这个过程发生在一个安全、可控的环境内，生成了炽热和超稠密的亚原子火球，其温度超过 10 万亿摄氏度，在这样的温度下，组成原子核的质子和中子会被融化，产生夸克—胶子等离子体。

欧洲核子研究中心主任罗尔夫·霍伊尔解释道，之所以产生如此巨大的能量，是因为铅离子含有 28 个质子，因此，两束铅离子束流被加速后，单束最高能量远高于质子束流能量，达到 287 万亿电子伏特。

英国理论物理学家约翰·埃利斯自 1978 年起为欧洲核子研究中心工作，他撰文表示，从严格意义上说，LHC 没有重现大爆炸，但它确实成功再现了大爆炸发生后极短时间内宇宙小范围的情形。实验将为宇宙的早期演化研究提供新的线索；也为基础理论物理研究提供新的途径，包括一些由弦理论提出的观点。

科学家希望，通过研究夸克—胶子等离子体，可以加深他们对强相互作用力的了解，强相互作用力是自然界存在的四种基本作用力之一，它不仅让原子核紧紧地依附在一起，而且对它们 98%的质量负责。另外，研究夸克—胶子等离子体，也有助于科学家研究宇宙形成之初的状态以及物质变化过程。

LHC栖身于瑞士和法国交界地区地下100米深处的环形隧道内，隧道总长约27公里。科学家希望通过在对撞机内实现极高能量的粒子对撞，模拟出与宇宙大爆炸后最初状态类似的环境，从而深入研究宇宙起源和各种基本粒子的特性。（刘霞）

（原载2010年11月10日《科技日报》）

超重元素的6种同位素被发现

亚东评论 看中一件商品后，无论你与卖家如何讨价还价，最终都会在一个相对确定的区间成交，通常不会过于离谱(买房子是例外)。稳定岛理论在生活中的普适性毋庸置疑，但却困扰了核物理领域近半个世纪，至今不得证实。科学家们之所以不离不弃，是因为合成和鉴别双幻核并研究其衰变性质，对于检验超重元素的核结构理论具有特别重要的意义。新近发现这六种同位素让人们再次听到了遥远而真切的呼唤，但愿那依稀可辨的“岛子”不是海市蜃楼。

美国能源部劳伦斯伯克利国家实验室10月26日宣布，该实验室的科研小组发现了部分超重元素的6种同位素。据悉，科学家此次在获得了还未命名的第114号元素的新同位素后，通过观察阿尔法粒子连续性辐射，又发现了第112号元素(copernicium)、第110号元素(darmstadtium)、第108号元素(hassium)、第106号元素(seaborgium)和第104号元素(rutherfordium)的5种同位素。此项研究成果将发表在10月29日出版的《物理评论快报》上。

从新的同位素中获取的信息将有助于科学家更好地认识原子核壳体结构理论，该理论是“稳定岛理论”预测的基础。20世纪60年代，理论物理学家预言，位于质子数为114和中子数为184的双“幻数”球形核附近，存在一个“超重稳定岛”，岛内的元素具有超常寿命。

发现超重元素同位素科研小组的负责人为劳伦斯伯克利国家实验室核科学部重元素原子核与辐射化学组组长海诺·尼奇，他同时还是加州大学伯克利分校化学教授。研究文章第一作者为伯克利分校化学系研究生保罗·埃里森，他负责对具体实验提出建议并进行管理。尼奇表示，借助实验室的88英寸(约2.2米)回旋加速器，他们对钙48进行加速并撞击充气分离器中的钚242，从而获得了新的超重元素的同位素。这与他们去年证实第114号元素存在时的实验布置类同。

科研小组共有20名成员，他们来自美国劳伦斯伯克利国家实验室、加州大学伯克利分校、劳伦斯利弗莫尔国家实验室、俄勒冈州立大学、德国GSI亥姆霍兹重离子研究中心以及挪威能源技术研究所。他们中的许多人曾参与了2009年9月第114号元素的确认研究。第114号元素于10年前由俄罗斯杜布纳联合原子核研究所的科学家分离出来，但直到去年才被确认。(毛黎)

(原载2010年10月28日《科技日报》)

"牵引光束"实现1.5米外隔空取物

亚东评论 此"牵引光束"非彼"牵引光束"。科幻电影或小说中那种匪夷所思的超自然力量,大致都是建立在所谓"引力子"基础上的遐想。它不仅完全无法用人类现有的物理知识做出解释,而且在可预见的将来也不会成为现实。澳大利亚人的隔空取物虽在原理方面谈不上创新,但就"隔空"的距离和"取物"的重量而言,还是实现了较大突破。这很可能意味着此项技术会更加迅速也更加广泛地走向应用,只希望到时不要给我们防范鸡鸣狗盗之徒增添麻烦。

如果你在懒洋洋的时候曾希望能用科幻影片中的"牵引光束"来隔空取物,那这个成果一定会让你感到欣喜。据美国《大众科学》在线版9月9日(北京时间)报道,澳大利亚国立大学研究人员仅使用光束,使玻璃颗粒在空气中移动了至少5英尺(约1.5米),无论目标尺寸还是移动距离,这都超过了当前"光镊"技术所能实现的上百倍。

牵引光束,这一名词来自科幻作品。在人们的构思中,该装置能够突破引力范畴,将物体牵引到自己身边,看上去就似"隔空取物"。其出现的经典场面,如影片《第九区》中飞船被牵引光束引导上升的情景,及《星球大战》中千年隼号飞船被牵引光束拉进死星所体现出的"疯狂"力量。但这里的牵引光束实际上是一束高密度的引力子流,能产生高强度的引力波和引力场,将目标物体吸引过来。

而在实际范畴,建立在光辐射压原理上利用光去移动物体并不新鲜,强大的"光镊"已被广泛地应用于操作细胞,甚至是纳米水平的物质。但现在,安德烈·罗德及其同事开发的新系统能运用空心激光束击中目标,再利用空气温差使目标物体移动。据研究人员说,被移动的玻璃制目标物体,个儿头比"光镊"常移动的细菌大上几百倍,他们已使它移动了至少1.5米,这是目前"光镊"所能操控距离的100倍。而1.5米这个数字仅仅是因为受实验台的尺寸限制,罗德相信将目标物体移动30英尺以上(近10米)不成问题。

研究人员现已可通过改变激光亮度,使该玻璃颗粒移动的速度和方向做出改变。但该系统在操作中需要加热空气或其他气体,因此现阶段还不能在太空中大显身手,令星战迷们唏嘘惋惜。不过它在地球上将用处非凡,如在各种生物研究中代替人手移走有害物质。(张梦然)

(原载2010年9月10日《科技日报》)

科学家试制新型“激声”放大器

亚东评论 声子的确不是真实粒子，可“激声器”雏形今已真实存在。1930年，苏联物理学家塔姆率先提出声子构想，它是晶格振动的简正模能量量子。如果说光子是与电磁辐射对应的电磁场量子，那么声子便是对应于弹性波的量子。虽然声子已“伴随”我们整整80年，但提出声子激发理论不过是去年的事情。应该说，如此迅速地从理论走向实践，是这项研究的一大亮点。就其应用前景而言，我们不妨以激光为参照，对“激声”至少抱有同样乐观的期待。

据美国物理学家组织网9月8日(北京时间)报道，在今年庆贺激光诞生50周年之际，科学家正在研究一种新型的相干声束放大器，其利用的是声而不是光。科学家最近对此进行了演示，在一种超冷原子气体中，声子也能在同一方向共同激发，就和光子受激发射相似，因此这种装置也被称为“激声器”。

声子激发理论是2009年由马克斯·普朗克研究院和加州理工学院的一个科研小组首次提出的，目前尚处于较新的研究领域。其理论认为，声子是振动能量的最小独立单位，也能像光子那样，通过激发产生高度相干的声波束，尤其是高频超声波。他们首次描述了一个镁离子在电磁势阱中被冷冻到大约1/1000开氏温度，能生成单个离子的受激声子。但是单个声子的受激放大和一个光子还有区别，声子频率由单原子振动的频率所决定而不是和集体振动相一致。

在新研究中，葡萄牙里斯本高等技术学院的J. T. 曼登卡与合作团队把单离子声子激发的概念，扩展到一个大的原子整体。为了做到这一点，他们演示了超冷原子气体整合声子激发。与单离子的情况相比，这里的声子频率由气态原子的内部振动所决定，和光子的频率是由光腔内部的振动所决定一样。

无论相干电磁波，还是相干声波，最大的困难来自选择系统、频率范围等方面。曼登卡说，该研究中的困难是要模仿光波受激放大发射的机制，但产生的是声子，而不是光子。即通过精确控制超冷原子系统，使其能完全按照激光发射的机制来发射相干声子。

新方法将气体限定在磁光陷阱中，通过3个物理过程产生激态声子。首先，一束红失谐激光将原子气体冷却到超冷温度；然后用一束蓝失谐光振动超冷原子气体，生成一束不可见光，最后使原子形成声子相干发射，此后衰变到低能级状态。研究人员指出，最后形成的声波能以机械或电磁的方式与外部世界连接，系统只是提供一种相干发射源。

关于给声子激发命名，科学家先是沿袭“镭射(laser)”之名使用了“声射(saser)”，即声音受激放大发射。但曼登卡认为使用“激声(phaser)”更准确，它强调了声子的量子特性而不是声音，也暗示了其发射过程类似于光子受激发射。

高相干超声波束的一个可能用途是，在X光断层摄影术方面，能极大地提高图像的解析度。曼登卡说："激光刚开发出来时，仅被当做一种不能解决任何问题的发明。所以，对于激声，我们现在担心的只是基础科学方面的问题，而不是应用问题。"（常丽君）

（原载2010年9月9日《科技日报》）

“精细结构常数”实为变数

亚东评论 “世道无常”，这句俗话所包含的道理可能才真正“放之四海而皆准”。任何一个常数都是一个系统中的常数。当系统跨越整个宇宙时空时，常数便成为字面意义上的“常”数。到底有没有这种常数？虽然爱因斯坦的回答是肯定的，但多年来包括韦布在内的很多人却一直质疑，只是从来没有拿到如此有力的证据。无论“精细结构常数”对于广义相对论和量子电动力学等多么重要，我们都无法对这项观测结果视而不见，即使那意味着现代物理学的天翻地覆。

在宇宙学理论里，一项最有争议的问题是：为何自然界基本常数就像是为我们特别设计好的一样？据物理学家组织网 9 月 6 日（北京时间）报道，这些基本常数之一的“精细结构常数”，现在被科学家以确凿的证据表明其实为变数。假如结果得到公认，那么物理学家必然要重新思考许多他们所珍视的物理定律，甚至包括曾备受推崇的爱因斯坦的核心理论。

电子和质子之间的结合力，又被称为“精细结构常数”。有科学家们早就怀疑该常数可能从古至今不断在变化，为生命而调整。因为 100 亿年以前的这种结合力要比如今的要弱 20 万倍。

然而，用时空的几何性质来描述引力现象的广义相对论却不允许“精细结构常数”随时间改变——包括广义相对论在内的一切几何化引力理论，其基础是等效原理，它要求任何在引力场中做自由落体的局域参照系中所做的非引力实验都有完全相同的结果，而与实验进行的时间、地点无关。这是科学家们对“精细结构常数”发生明显变化仍持不同看法的原因。

日前，澳大利亚新南威尔士大学物理学家约翰·韦布和同事在一篇论文中指出，“精细结构常数”确实在变。他们运用位于夏威夷莫纳克亚山、面向北方的凯克望远镜，以及位于智利、面向南方的甚大望远镜，共观测了超过 100 个类星体，选择类星体的共同特点是：极其遥远，极其明亮，且内部中心都有一个大质量黑洞提供能量。

在类星体的光到达地球途中，会穿过气体云中的原子并被原子有所吸收，如果“精细结构常数”有任何改动，那么不同距离上气体云中的原子会吸收波长略有差异的光。而综合了这两台望远镜对相反方向观测而得的光谱数据后，科学家们发现了“精细结构常数”的空间依赖性：其在一个方向上（北方），会随时间而略微变弱；而同时在了另一个方向上（南方）则略微变强。

这一研究带来的直接影响，就是违反了物理定律在宇宙中“放之四海而皆准”的常规认识，广义相对论也必然要进行修正，因为它的核心——等效原理被打翻了。而爱因斯坦曾以此建立出有限的宇宙模型，它的打破意味着，宇宙可能远比目前所想要大得多，甚至无极限。

美国麻省理工学院的宇宙学家马科思·泰格马克评论说，如果结果得到公认，那必将是轰动性的。但他个人表示怀疑，因为对这种触及物理学最根本的发现，往往需要更多证据加以充实。（张梦然）

（原载2010年9月7日《科技日报》）

物理学家提出万有引力实验新方法

亚东评论 一只蚂蚁拖动细草梗的力量，竟然是标准体重的两个人相距半米时产生万有引力的1000倍！事实上，牛顿提出万有引力定律100多年后，卡文迪许才做出测得引力常数的扭秤实验，而这个实验的精度又保持了长达180年未被超越。的确，除描述天体运行规律外，万有引力由于太过纤弱，我们一般把它忽略不计。揭秘这个未知世界之时，才是牛顿闭上眼睛之日。其意义还在于开辟了实验物理学的新天地，正如文尾处盖瑞希所言。

据美国物理学家组织网9月2日(北京时间)报道，美国国家标准技术研究院的科学家设计了一项新实验，能在非常微小距离内测量万有引力，有助于发现更多万有引力作用带来的新奇而微妙的现象。实验的详细描述发表在近期出版的《物理评论快报》上。

宇宙中物质之间最基本的相互作用力有4种，其中万有引力人们最为熟悉，但物理学家却了解得最少。万有引力的作用在各个天体之间或人类尺度上都有很明显体现，然而在微距离内，电磁力占了主导，由于缺乏数据，是否存在万有引力还没有得到证明。

美国国家标准技术研究院物理学家安德鲁·盖瑞希和论文合著者提出了一个新的实验方法，利用光学滞留场和一个冷冻绝缘微球来测量微距内的力。一束激光能让一个直径约300纳米的小球漂浮起来，小球在真空中来回摇摆做质心运动，且摩擦阻力极小。由于小球的运动对最小量级的牛顿力也敏感，将一个重物移动到小球附近几个纳米的地方，就能测出两者之间的万有引力。这一系统还可以用来测定其他近距离的力，比如真空效应的卡西米尔力。

盖瑞希说，在微距离内万有引力作用是否不同？科学界对这个问题一直有争议。当把两个物体靠在一起非常近时，要精确测量它们之间的相互运动非常困难。

任何物体间都会产生某种摩擦，新实验在检验牛顿定律方面比现有实验要精确10万倍。盖瑞希说："一方面我们必须要让激光不受干扰，另一方面要把实验空间做成真空，即使这样可能还会有其他尚未考虑到的摩擦。"根据研究小组的说法，两个粒子的间距即使仅有头发直径的1/1000，该实验也能精确测出它们之间的万有引力作用。

盖瑞希说，科学的进步不仅仅来自于单个实验，也来自于新的想法。针对其微距精确性优点，新提出来的这项实验有助于开发其他新的检测方法和仪器设备。(常丽君)

(原载2010年9月3日《科技日报》)

科学家欲建更大型直线对撞设备

业东评论 作为公认的下一代用于高能粒子物理实验的对撞机，国际直线对撞机将能让科学家们一睹宇宙诞生后仅百亿亿分之一秒时所能见到的高能量景象。突破现有环形对撞机的极限，粒子经直线对撞机加速后携带着令人匪夷所思的能量发生碰撞，必定带来许多预料之中和意想不到的发现。即使因财力和技术条件限制，中国无法成为东道国，也应积极参与这一继 ITER 计划之后又一大规模国际合作项目。重温邓小平参观北京正负电子对撞机时那番评论，便不难理解其必要和重要。

耗资 100 多亿美元建成，却从启动之时就麻烦不断，一切都注定了大型强子对撞机(LHC)不平凡的生命历程。据英国《每日邮报》7 月 27 日(北京时间)报道，来自欧洲核子中心等研究机构的“LHC 幕后英雄”目前还有意建造更大型的直线对撞设备，作为大型强子对撞机的继任者，以便为寻找“上帝粒子”和探寻暗物质等提供新的帮助。

据英国《独立报》同日报道，与此前欧洲核子中心所采用的在巨大环形隧道内旋转加速原子的方式不同，科学家此次意图以直线的方式对粒子进行发射，构建出新一代的对撞设备。欧洲核子中心粒子物理学家盖·沃尔姆斯表示，该中心的研究人员将在巴黎召开的国际高能物理大会上，与来自中国、印度和俄罗斯等国的负责人员接洽，以获得其对此项约为 131 亿美元的科研新计划的资助和支持。

大型强子对撞机在 2008 年 9 月的开启仪式可谓大张旗鼓，但不久后就因过热而产生的一连串问题停机检修。欧洲核子中心不得不花费 2600 万英镑对这台“巨无霸”进行修复和改进，直至去年 11 月才重新投入使用。此后大型强子对撞机获得了部分科研进展：总能量达 7 万亿电子伏特的质子束流在今年 3 月 30 日对撞成功，意味着人类在探索宇宙的奥秘方面又迈进了重要一步。

沃尔姆斯称，构建安装在长达约 50 公里隧道内的“国际直线对撞机”的科研计划由来已久。新型对撞设备有望于 2020 年至 2025 年投入使用，其将对电子和正电子(电子的反粒子)等进行直线加速。欧洲核子中心总干事罗尔夫·霍尔表示，直线对撞机的建造地点目前尚未确定，愿意出资 100 亿美元的国家则有望将这一对撞设备“收入囊中”。此外，另一直线对撞机“紧凑型直线对撞机”的科研计划也在筹备当中。

沃尔姆斯表示，这些设备将能为科学家提供跨越式的启迪，直线对撞机将成为粒子物理研究的未来所在。虽然几种对撞机都不会即刻改善我们的日常生活，但却能为人类对于宇宙形成的理解提供相当帮助。（张巍巍）

（原载 2010 年 7 月 28 日《科技日报》）

“上帝粒子”卷入“博客门”

亚东评论 一天来发生的这个扑朔迷离又扣人心弦的新闻故事有三方面的解读。可以说，科学家们几十年来孜孜苦寻的上帝粒子的真相如今已近在咫尺，此其一；其二，虽然欧洲强子对撞机赚足了世人眼球，但美国人乘坐万亿电子伏特加速器这辆老爷车，依然有可能在争夺上帝粒子这场拉力赛中捷足先登；其三，请不要忘记，霍金大师两年前曾以100美元赌人类最终找不到上帝粒子，但“这会更加激动人心”。无论如何，“其结果都将告诉我们有关宇宙结构的更多知识”。

北京时间7月13日，包括《每日电讯报》在内的几家国外媒体报道了意大利帕多瓦大学物理学家托马索·多里戈日前发表的个人博客文章。文中称美国费米实验室的万亿电子伏加速器(Tevatron)很可能已经发现了希格斯玻色子，即所谓的“上帝粒子”。但14日清晨，《新科学家》却登文辟谣，几乎同时，各媒体纷纷跟进，多里戈亦更新博文以正视听。一时间，卷入者各执一词，讨论版沸沸扬扬。

多里戈的博客名为《量子日记生还者》，其自称是一名实验粒子物理学家，与欧核中心(CERN)的CMS实验小组以及美国费米国家实验室的CDF小组有协作关系。这篇题为“有关发现希格斯粒子的传闻”的博文早在7月9日就已挂到网上，其中那段备受争议的文字是：“我从两个不同的、可能是独立的信息源打听到，一万亿电子伏加速器实验即将公布一些发现轻微希格斯玻色子信号的证据，一个信息源称发现了‘三倍标准差效应’，而另一个信息源并没有明确指出这一发现，只是表示实验得到了一个意外的结果。”

或许当时这段令人既兴奋又疑惑的文字夹杂在篇幅庞大的数据分析中不易被人发现，直到13日经《每日电讯报》、《物理学家组织网》等主流媒体或科学网站报道可能已经发现了希格斯玻色子后，才惹出大范围的争议。

多里戈所谓的“三倍标准差效应”，是指一种关于结果确定性的统计数据，如果他获得的数据属实，从统计学上讲该实验的结果就有99.7%的可能性是发现了希格斯玻色子。通常，一个“五倍标准差效应”(正确的可能性达99.9999%)才能被认为确定性的程度已高到足以证明一个完全合理的新发现，一个“三倍标准差效应”不具有足够确定性，但仍能意味着这是希格斯玻色子存在的一个强有力证据。这正是科学类媒体加深关注的原因。

尽管对事件进行一手报道的几家媒体语气还算客观，甚至有些模棱两可，但经几手转载加工后的文章则显得不那么冷静，标题做得更是铁板钉钉，由此引发舆论与学界的轩然大波也就在所难免。一时间多里戈的博客几乎被寻找各自证据的人踏破。

14日，题为《“上帝粒子已发现”之说实无根据》的文章赫然登载于英国《新科学家》网站头条。文章称，正在都灵参加2010年粒子物理与宇宙学国际研讨会的物理学家们，对“上帝粒子被发现”的消息十分疑惑。《物理学家组织网》也随后查证说，多里戈并不是希格斯玻色子研究团队的成员。

被卷入事件的主角——费米实验室，发布在推特(Twitter)上的言辞更是分外犀利：“这就是一为求名气的博客作者散布的谣言，仅此而已。”

《纽约时报》却能以相对平和的心态看待此事，其描述是：可能的确还没达到能发现希格斯玻色子的数据规模，但如果加以证实，仍将能解开宇宙物质与反物质的反对称性之谜。

面对强大的质疑声浪，肇事者多里戈再发博文，指出自己的物理分析一贯清晰详尽，其又拿出了大量崭新的图表数据予以佐证。尽管与之前相比语气审慎了许多，但他依旧声言，关于这一主题的更多信息会在本月召开的巴黎高能物理国际会议上披露出来。(张梦然)

(原载2010年7月15日《科技日报》)

质子半径可能比以前的计算小 4%

亚东评论 足球的魅力无论如何都不可能是误判，只有科学的魅力才真正体现于一次又一次的“误判”中。科学史上的每一个废墟，都预示着一座更加辉煌的大厦拔地而起。量子电动力学是量子场论中一个最成熟的分支，而里德伯常量更被认为是世界上最重要的常量之一。这两样东西无论谁出了毛病，都足以改变现代物理学的乾坤。难怪在弗劳尔斯看来，质子半径这 4%的“缩水”如获证实，其意义甚至会让大型强子对撞机相形见绌。

据美国物理学家组织网 7 月 8 日(北京时间)报道，科学家在最新出版的《自然》杂志指出，质子的半径比以前认为的要小 4%。如果这个结论在未来进一步获得证实，那意味着，要么阐释光和物质相互作用的量子电动力学理论本身有问题，要么许多基于现有质子大小计算所使用的里德伯常量(原子物理学中的基本物理常量之一，为一经验常数)是错误的。不管是何种情况，都意味着我们需要重写基础物理理论。

一个由德国马克斯·普朗克研究所的伦道夫·波尔领导，有 32 名科学家参与的国际研究团队表示，他们的最新实验将精确度提高了 10 多倍，结果表明，质子半径要比以前认为的小 4%。或许，用来计算质子大小的里德伯常量将失去价值，如果出现这种情况，其他基础的计算也都要重新修订。

质子是带正电荷的基本粒子，它同中子和电子一起，组成了宇宙的基本元件——原子。几十年来，粒子物理学一直使用由一个质子和一个电子组成的氢原子作为基准来测量质子大小。

在实验中，科学家使用 μ 介子取代氢原子中的电子。μ 介子是一种带负电、质量为电子 207 倍的基本粒子，由于其质量比电子大许多，所带的负电可以屏蔽原子核的正电，所以，它能够同原子核更接近，发生的作用力更大，让科学家能够更精确地探测质子的结构。

另外，μ 介子以不同的能量状态存在，能量状态会影响其围绕质子旋转的方式，同时，质子的大小也会影响这些能量状态，也会影响让 μ 介子从一种能量状态跃迁到另一种能量状态所需的能量。

为了测量质子的大小，研究人员精确地让一束激光束对准包含了 μ 介子的氢原子，刺激 μ 介子从一种能量状态跃迁到另外一种能量状态，最终，研究人员精确地找到了他们正在寻找的跃迁，也测算出了质子的大小。

英国国家物理实验所的杰夫·弗劳尔斯表示，如果该研究获得证实，其意义可能要远远大于耗资 100 多亿美元的欧洲粒子物理研究所正在进行的测试，所谓“标准模型”的对撞，将会把粒子物理理论带入新的领域。

法国巴黎第六大学卡斯特勒·布罗塞尔实验室主任保罗·印第里卡托指出，现在很多理论学家准备重新进行演算，另外，还需要更多的实验来证实或者推翻新的结论。在接下来的两年内，该研究团队将使用同样的设备，使用含有 μ 介子的氦原子再进行一次实验。不管结果如何，都说明物理学还蒙着很多神秘的“面纱”，需要人们逐一揭开。（刘霞）

（原载 2010 年 7 月 9 日《科技日报》）

希格斯玻色子数据信号被模拟成乐曲

亚东评论 若想直观地感受科学的美，你不妨现在就到 BBC 网站聆听那神奇的天籁之声。1988 年的诺奖得主莱德曼称希格斯玻色子是“上帝粒子”，“指挥着宇宙交响曲”。到 1995 年美国费米实验室宣布发现顶夸克时，粒子物理标准模型所预言的 62 个基本粒子中的 61 个都已得到实验支持和验证。于是，希格斯玻色子作为第 62 个基本粒子（如果存在），似乎注定要把人类探索粒子世界这一宏大乐章完美地引向最高潮。我们热切期待着真正从超导环场探测器传来的宫商大音。

亚原子粒子会发出声音?！据美国《大众科学》杂志在线版 6 月 24 日（北京时间）报道，欧洲大型强子对撞机（LHC）的研究团队——亦是当今世上最顶尖的物理学家们认为：假若难以捉摸的希格斯玻色子确实存在，当会发出声音，而这声音亦将成为探测希格斯玻色子的绝佳途径。现今物理学家们已模拟出希格斯玻色子可能会发出的音频，并摩拳擦掌等不及要倾听这个“上帝粒子”带来的美妙弦音了。

世界瞩目的科学项目 LHC 让希格斯玻色子变得众所皆知。人们称它为“上帝粒子”，不那么拗口，也体现了它的神秘特性。LHC 研究团队现决定另辟蹊径来找寻喜欢躲迷藏的“上帝粒子”，即通过声音。

物理学家指出，粒子本身并不会发声，但 LHC 巨大的超导环场探测器（Atlas）可以让一切皆有可能。Atlas 的传感器和热量计可测量质子对撞时 7 个同心层所产生的能量，以音符来标记的话，每一层都各不相同，而依据粒子碰撞所产生的能量，其音调还可以改变。目前已模拟出希格斯玻色子在 3 种运动情况下的音频，物理学家可借此倾听到“上帝粒子”真实驾临的声音。

在英国广播公司（BBC）网站上，人们可亲耳试听这 3 段美妙的音频。

“零自旋”的希格斯玻色子之所以被认为非常重要，是因其惯性质量源头的身份：若该粒子出现，物质质量起源之谜也将会揭开；若该粒子不存在，理论上只能要求所有粒子无一例外地必须完全没有质量，这无疑与现行的实验观察相矛盾。

目前认为，寻找“上帝粒子”的方法离不开一个宇宙大爆炸发生后的模拟环境：比深空还要冷的温度，粒子接近光速的飞行以及对撞机发出的强大能量。就在今年 5 月，Atlas 首战告捷，在物理程序启动几天后，就报告它首次发现了 W 玻色子，这被物理学界看作是“上帝粒子”出现的一曲前奏。（张梦然）

（原载 2010 年 6 月 25 日《科技日报》）

英科学家测算出中微子质量上限

亚东评论 即使泡利料到自己1930年提出的中微子假说会让诸多从事其研究的科学家荣获诺奖，他也无法想象有关中微子质量的探讨日后对于从最微观的粒子物理到最宏观的天体物理，竟有如此广泛而深远的影响。近年来，不断有人根据中微子振荡理论或通过天文学方法来测算中微子质量，它已经是当前国际物理实验领域热点中的热点。由于中微子静止质量不为零日益成为主流观点，传统的粒子物理标准模型恐将不得不做出重大修正。

据英国伦敦大学学院网站22日报道，该校宇宙学家通过对宇宙星系3D图像的观察分析，测定出中微子的质量不超过0.28电子伏特。报道称，这是截至目前最精确的中微子质量测量值。该方法的运用使人类向最终准确测定中微子质量又迈进了一步。相关研究论文将发表在即将出版的《物理评论快报》上。

中微子，又被称为原子中的“鬼粒子”、宇宙间的“隐身人”。它们极小极轻，很难捕捉，虽然已证明其具有质量，但要对其质量进行测定却十分困难。

报道称，伦敦大学学院的宇宙学家采用了新的方法，即通过对宇宙星系的颜色测量估算出星系间的距离，然后结合巨型3D星系地图和大爆炸后的温度波动信息(即宇宙微波背景辐射)，计算出中微子质量的一个最小上限：不超过0.28电子伏特，该数值还不到一个氢原子质量的十亿分之一。

该研究基于以下原理：宇宙中的物质会自然而然地形成“团”和星系群，而大量的中微子会对这些宇宙物质产生巨大的累积影响。中微子极轻，它们在宇宙中以极高的速度穿梭，这种运动会对宇宙中的物质“团”产生“趋于平滑”的作用。通过对宇宙中星系分布情况的分析(比如星系趋于平滑的程度)，科学家就能计算出中微子质量的上限。而这种算法的核心则依赖于有史以来最大的星系3D图像——Mega-Z，它涵盖了斯隆数字巡天计划所记录的超过70万个星系，使得最大程度地测量已知宇宙成为可能。

该论文的作者、英国伦敦大学学院的肖恩·托马斯博士指出，虽然中微子不足宇宙中物质的1%，但它们却是宇宙模型的重要组成部分，其对宇宙的影响是令人惊异的。英国伦敦大学学院天体物理学学会负责人奥佛尔·拉乌教授则指出，在关于神秘的暗物质的所有假想中，中微子是迄今为止唯一能够证明暗物质实际存在的例子，而通过对星系大尺度分布状况的分析来测量中微子的质量，则是一个非凡的成就。

托马斯博士表示，通过更大规模的宇宙调查分析，比如正在进行的国际暗能量调查行动，将会得到关于中微子质量的更加准确的数据，其上限值也许仅有0.1电子伏特。（刘海英）

（原载2010年6月24日《科技日报》）

用阿秒激光脉冲首次拍到电子运动照

亚东评论 更短暂的激光脉冲意味着更广阔的科研领域。一个月前，德国一家研究所刚刚发布其12阿秒激光脉冲的佳绩。阿秒是个什么概念？这么说吧，100阿秒相对于1秒，如同1分钟相对于整个宇宙寿命的140亿年！如此短暂的激光脉冲成为科学家得以窥视微观世界的火眼金睛，就好比高速摄影机让我们看到了足球场上射门的慢镜头。理论上，激光脉冲甚至可以在仄秒级实现（1阿秒＝1000仄秒）。届时，即使原子核内部的“家长里短”也将昭然天下。

一个欧洲研究小组首次成功使用阿秒激光脉冲观测分子里的电子运动。相关研究发表在6月10日出版的《自然》杂志上。

为理解化学反应，科学家必须知道分子中电子的行为。但由于电子运动速度太快，一直以来，观测电子始终遭遇技术瓶颈。现在，一个由多国成员组成的欧洲研究小组在阿秒激光脉冲的帮助下攻克了这一难题。

20世纪80年代以来，科学家借助飞秒激光的帮助研究分子和原子（1飞秒＝10—15秒）；然而，飞秒激光可以追踪到原子和分子的运动，却跟不上电子的运动。而1阿秒是10—18秒，在1阿秒内光只走不到百万分之一毫米，也只有阿秒级激光才能“赶上”分子内的电子。为产生这样短的激光脉冲，物理学家付出了巨大的努力，直到2001年，研究人员才首次成功研发出脉冲长度为250阿秒的激光脉冲。现在，科学家终于成功用阿秒激光拍摄出了分子内“电子运动”的系列照片。

物理学家们最先研究的是氢分子，这是两个质子和两个电子构成的最简单的分子结构。研究人员先用一个阿秒激光脉冲照射氢分子，使一个电子从分子中删除，分子被电离；然后再用红外激光束将其剪为两部分，这样就可以观察到两个部分的电荷分配情况。因为缺少一个电子，剪切后一部分呈中性，另一部分带正电，剩余的电子也就包含在了中性部分里，这就给研究人员有针对性地观测电子运动提供了可能。参与研究的马克斯—玻恩非线性光学和光谱短脉冲研究所（MBI）主任马克·弗拉肯教授说：“我们的实验首次证明，通过阿秒激光我们的确有了能够观察分子中电子运动的能力。”

尽管欧洲团队的阿秒激光实验给科学家们带来了惊喜，但为了能更好地阐明他们的测量，马德里大学的一个理论研究小组又加入了该项目。他们花了150万小时的电脑计算时间，带来了全新的发现。这些计算结果表明，该问题的复杂性远远大于以前的设想。研究人员表示："我们还远没有解决问题，正如原先我们认为的，我们只打开一扇门，整个项目实际上会更加重要和有趣。"（李山）

（原载 2010 年 6 月 11 日《科技日报》）

科学家首次探测到中微子振荡

亚东评论 基于两个原因，这项发现的价值和意义怎么估计都难言过分。第一，中微子号称“隐身人”，即使在100亿个穿越地球的中微子里，也只有一个会与其他物质相互作用。所以，检测到它太不容易。在所有基本粒子中，人类对中微子的了解最晚，也最少。第二，中微子作为一种无处不在的粒子，其研究事关人类的宇宙观全局。随着中微子震荡的真相不断大白于天下，特别是中微子的质量如获进一步证实乃至直接测得，或将彻底撼动理论物理学大厦的根基。

据英国《新科学家》网站6月2日（北京时间）报道，科学家宣布，他们已经探测到一个中微子粒子的“华丽变身”——由μ子中微子变身为τ子中微子。欧洲核子研究中心（CERN）的物理学家表示，该发现将有助于更好地解释宇宙形成的奥秘。

中微子是宇宙中非常重要的基本粒子，它独有的物理特性一直深深吸引着科学家。中微子总共有3种类型：τ（陶）子中微子、μ（缪）子中微子和电子中微子。理论推测，它们会随着周围环境或由自身触发在这三种类型间不断转化，这也被称为“中微子震荡”。

科学家一直在寻找中微子相互转变的直接证据。2006年，CERN开始向地球的另一点——位于意大利境内的格兰—萨索实验室发射μ子中微子束。此次实验中，中微子束穿越地球所经过的距离达730千米。

科学家预测，当这些被发射出去的中微子到达格兰—萨索实验室时，其中一些μ子将转变为τ子。格兰—萨索实验室安装在地下的中微子监测仪届时就会收集到有关的数据，从而确定μ子是否真的转变成了τ子。

格兰—萨索实验室的研究人员表示，经过3年多的监测，他们终于观测到了μ子中微子中的1个已经变成了τ子中微子。

科学家表示，这是首次找到中微子震荡的直接证据，其意义十分重大，将有助于解释为什么中微子从太阳到达地球时的数量要明显小于粒子物理学标准模型计算出来的数量。

总结多年实验事实而发展起来的粒子物理的标准模型认为，中微子的质量为零，在相互作用中轻子数守恒，中微子不会从一种类型变成另一种类型。

然而近几年由不同国家、在不同地点、采用对不同能量中微子灵敏的不同技术，都测量到太阳中微子丢失，其最直观的解释是中微子有质量，且存在中微子振荡。

其实，科学家之前已经发现了中微子震荡的非直接证据。早在1998年，日本超级神冈探测器发现，大气和太阳中产生的许多μ子中微子和电子中微子在到达该探测器时消失了。

现在，科学家终于捕捉到了中微子“华丽变身”的直接证据。CERN 发言人詹姆斯·吉列斯表示，探测到中微子的“华丽转身”令人非常激动，它推翻了原有的粒子物理学标准模型。

另外，宇宙学的实验研究表明，90%以上的宇宙质量是暗物质。由于中微子充满整个宇宙，有质量的中微子是宇宙暗物质的候选者之一，对宇宙演化理论研究亦具有重要意义。（刘霞）

（原载 2010 年 6 月 3 日《科技日报》）

三个最轻夸克的质量被“称”出

亚东评论 一张五角钱的纸钞等同于十个五分钱的硬币。但它仅仅是一算式呢，还是你真有可能把这张纸钞撕成十份，并且发现每一份都是一个实实在在的五分钱硬币？这道类比夸克和物质结构的难题不仅阿西莫夫答不上来，理论物理学家们也莫衷一是。在那些否认夸克存在的人看来，测得这三个夸克的质量无异于议论嫦娥的三围。然而，夸克理论做出的几乎所有预言都已被实验测量证实，仅此一点就足以让我们对勒佩吉团队的成就刮目。

据美国物理学家组织网5月4日(北京时间)报道，美国科学家以超细微的误差幅度成功计算出了三个最轻的夸克——上夸克、下夸克和奇异夸克的质量。此项研究将夸克质量的误差幅度从10—20倍降低到了百分之几。相关研究发表在最新一期《物理评论快报》上。

有科学家认为，所有的亚原子粒子都由三个夸克组成，夸克是组成质子和中子的基本粒子。质子由两个上夸克和一个下夸克组成；中子由两个下夸克和一个上夸克组成。夸克本身“体态轻盈”，非常难以“捉摸”。

100多年前，科学家就知道了质子的质量，但是要获取质子内的单个夸克的质量一直是困扰科学界的一个难题。夸克存在于与其他夸克、反夸克以及胶子(一种理论上假设的无质量的粒子)等粒子组成的“夸克汤”中，经由强作用力混杂在一起，由于它们之间的作用力太过强大，以至于科学家很难将夸克隔离开来单独研究。

美国康奈尔大学文理学院院长彼得·勒佩吉解释说，为了确定夸克的质量，首先必须充分了解它们之间的强作用力。研究人员利用大型超级计算机来解决这个问题。超级计算机使科学家得以模拟质子等基本粒子中的夸克和胶子的“言行举止”。

勒佩吉表示，夸克之间的质量差异大得惊人。最轻的是上夸克，其质量只有一个质子的1/470；最重的是顶夸克，其质量是质子的180倍，与整个铅原子的质量差不多。

勒佩吉研究团队最终成功计算出了三个最轻的也因而最难捉摸的夸克的质量。上夸克的质量约为2兆电子伏(MeV，能量单位)；下夸克的质量约为4.8兆电子伏；奇异夸克的质量约为92兆电子伏。

勒佩吉称，它们的质量为什么会有如此大的差别，目前依然是理论物理学面临的巨大难题之一。事实上，连夸克为什么有质量也还是个未解之谜，或许欧洲大型强子对撞机(LHC)可以告诉人们答案。(刘霞)

(原载2010年5月5日《科技日报》)

电子自旋的原子终于有了“身份照”

亚东评论 近代人类物质文明大都可以归结为两个字——电子。以电荷为载体，我们先是鼓捣电流，尔后又折腾信息。电子的带电特性已足足让我们快活了200年，而电子的自旋特性或将滋润我们未来200年。一个原子能干成千上万个原子的活儿，萨瓦·拉描述的这种计算机如果说昨天还只是一种猜想，那么今天透过这张照片，我们则真切地看到了隧道尽头的光亮。

据物理学家组织网4月27日(北京时间)报道，虽然许多科学家们认为，在制造下一代更快、更小、更高效的计算机和高技术设备上，新兴的电子自旋技术将胜过传统电子技术，但电子自旋对单原子的影响至今尚无从观察。而最新推出的《自然·纳米技术》网络版上，美国俄亥俄大学和德国汉堡大学的科学家们展示了他们首次获得的，电子不同自旋状态下的单个钴原子图像(彩图1)。

为获得这个图像，研究人员使用一台在其探针的尖端涂覆有金属铁的特制隧道扫描显微镜，对一个金属锰盘上的钴原子进行了操纵。借助这个特制探针，通过改变单个钴原子在锰板表面的位置，使钴原子中电子自旋的方向产生了变化。捕捉到的图像显示，当原子中的电子自旋方向向上时，整个原子的形状呈单突状；若自旋方向向下，则整个原子形状呈双突状，且两者等高。

这项研究表明，通过对单个金属原子的操控，科学家具有了探测和操纵单原子中电子自旋方向的能力，这将极大地影响纳米级磁存储器、量子计算机和自旋电子器件的未来发展。研究小组主要成员之一、俄亥俄大学纳米和量子研究所的物理和天文学副教授萨瓦·拉表示，电子的不同自旋方向可代表数据存储的不同状态，目前计算机存储器单元需要的原子数量成千上万，未来也许用单个原子就能满足需求，同时将计算机的能力提高数千倍。而且，与电子器件不同的是，基于电子自旋的器件不会产生热量，从而达到更少的功率损耗。

此次实验是在10开尔文低温的超真空环境中完成的。科学家表示，要想将电子自旋应用于计算机存储器中，必须能在室温下探测到自旋现象。不过，文章的主要作者、汉堡大学的安德烈·库柏兹卡认为，这项新完成的研究为未来的应用提供了途径。在研究中，研究人员不仅使用了新技术，还使用了一个带有自旋的金属锰板，这使得他们可对钴原子的电子自旋进行操纵。(毛黎　冯卫东)

(原载2010年4月28日《科技日报》)

俄美科学家首次合成第 117 号元素

亚东评论 1869 年问世的门捷列夫元素周期表是宇宙的基本规律之一，也为人类认识自然提供了一把刻度精准的尺子。紧握这把尺子，核物理学家于 20 世纪 60 年代提出了“稳定岛”理论。迄今为止，人类能够合成重元素，但却始终没有登上“稳定岛”。而“岛”上的无限风光正是科学的无限魅力，它将刷新人类物理学、化学、天体演化乃至宇宙观的所有基本“页面”。成功地合成 117 号元素，也许能够成为通往“稳定岛”的一座航标。

据美国《纽约时报》4 月 7 日(北京时间)报道，俄美科学家成功合成了一种拥有 117 个质子的新元素，它可能就是科学家一直寻找的第 117 号元素(ununseptium)，这将填补目前已被发现的第 116 号和 118 号元素之间缺失的“一环”。相关研究论文将在近期出版的《物理评论快报》上刊发。

以俄罗斯杜布纳联合核研究所尤里·奥加涅相为学术带头人的国际科研小组，使用该研究所的粒子回旋加速器，用由 20 个质子和 28 个中子组成的钙 48 原子，轰击含有 97 个质子和 152 个中子的锫 249 原子，生成了 6 个拥有 117 个质子的新原子，其中的 5 个原子有 176 个中子，另一个原子有 177 个中子。

杜布纳联合核研究所于 2000 年和 2006 年分别合成了第 116 号和迄今为止最重的第 118 号元素。第 117 号新元素成功合成后，从第 112 号至 118 号这 7 种相邻新元素都出自同门，这不能不说是人类科技史上一大奇观。

该项科研成果也支持了理论界长期以来的假设：新合成的元素会越来越重，它们最终会变得更加稳定，其寿命也比迄今为止的人造元素更长，这将证实“稳定岛”的存在。第 117 号新元素的相关实验证实了这一观点。奥加涅相小组对新元素进行放射性衰变分析后认为：“为预测超重元素‘稳定岛’的存在提供了实验证据。”

20 世纪 60 年代，科学家提出了“稳定岛”理论。该理论认为，在质子数为 114、中子数为 184 的区域附近存在一些衰变相对稳定的元素，这就是超重元素稳定岛。在这个“稳定岛”内的超重元素是相当稳定的，它们的半衰期甚至可能达到 1015 年。但到目前为止所生成的超重元素及其同位素的寿命都很短，大多在秒和毫秒的量级。

据悉，该研究的各项工作分别在俄罗斯杜布纳联合核研究所、美国加州劳伦斯利弗莫尔国家实验室、美国橡树岭国家实验室、范德堡大学、内华达大学完成。(张浩　刘霞)

(原载 2010 年 4 月 8 日《科技日报》)

奥开发出能量更强单原子激光器

亚东评论 根据定义，激光不可能在少于一个原子的系统中产生。从这个意义上讲，这些可敬的科学家们已经跋涉在科学的珠穆朗玛峰上。当单个原子的独舞更趋完美的时候，它意味着激光光子更加有序、可控，我们期待的那个光子信息世界也就渐行渐近了。

单原子激光器并非首次问世，但据美国《每日科学》网站 3 月 31 日报道，奥地利因斯布鲁克大学研究小组最新实现的更高能量单原子激光，不但具有传统激光器的属性，还展示了单个原子相互作用的量子力学性质。

在传统型激光器中，光学性质活跃的物质被放置在两面镜子之间的一个空腔内，然后用电流或另一束激光将其激发。光学性质活跃的物质所发射出的光子被反射再次穿过物质，会激发更多光子的发射，最终产生激光。系统中单个电子或光子的量子涨落对整个激光器几乎没有影响。

单个原子激光器，其激光出自于单个原子。首先对于激光系统性能而言，其工作阈值条件具有非常重要的意义。因斯布鲁克大学的科学家瑞纳·布拉特与皮特·施密特领导的研究小组，展示了激光阈值高度完美化的最小可能：单个原子可在光学腔中单模交互。被“囚禁”在离子阱中的单一钙离子，因接受外部激光刺激而活跃，释放出一个光子。由两面镜子组成的高精度光学腔，能捕捉并聚集该光子，离子循环的每个周期都有一个光子被添加到腔洞系统中，使光线得以增强。

单原子激光器可促进人们了解单个原子与单个光子之间的相互作用，由单原子激光器产生的非经典光将实现对光子流量的精细控制，在光子信息工程中具有很大的应用前景。自 1958 年研制成功以来，激光就被冠以“最快的刀、最准的尺”之名。但现今的这项技术正在将此概念延伸到一个全新的领域。

该项成果发表于最新一期《自然·物理学》杂志上。（张梦然）

（原载 2010 年 4 月 2 日《科技日报》）

量 子 力 学

科学家首次在晶体中存入量子纠缠态信息

亚东评论 量子纠缠态并非我们想象的那样脆弱，泰特尔等科学家的发现让人印象深刻。物理实现是当前量子计算和量子通信研究的核心问题，也是该领域的最大难点。1998年，日本研究人员首次演示了单个量子比特的全部操作，表明了在保持量子相干的时间尺度上完成足够的量子运算的现实可能。此后，科学家们也在努力探索量子纠缠态存贮的途径和手段。其中，减少或消除量子退相干的影响始终是一个“纠缠”不休的麻烦。就此而言，这项进展无疑是有益的启示。

加拿大卡尔加里大学科学家和德国科学家合作，首次成功在一种特殊晶体中存入光量子纠缠态的编码信息。参与研究工作的加拿大科学家认为，该项研究成果是量子网络发展的一个里程碑，有望在不久的将来让量子网络成为现实。相关研究论文发表在最新出版的《自然》杂志上。

参与研究工作的卡尔加里大学物理系教授沃夫冈·泰特尔介绍，他们在研究工作中将数据信息编码成光量子的纠缠态。在这种状态里，光量子之间形成“纠缠”关系，即便是它们游离开来相距甚远，也会保持这种“纠缠”关系。在某种程度上讲，这种“纠缠”关系意味着量子之间尽管相距甚远仍将存在着通信联系。但困难在于，如何能够使它们固定不动而不破坏这种脆弱的量子链接。

为了实现这个目的，研究人员使用了一种掺入稀土离子的晶体，并将其冷冻到零下270摄氏度。在此温度下，晶体材料性质发生变化，使得研究人员可以存储和提取这些量子，而不产生明显的退化。泰特尔表示，研究结果显示，量子所拥有的“纠缠”这种物理性质，并不像我们以前所通常认为的那样“脆弱”。

研究人员表示，研制这种记忆存储元件使用的几乎全部是现存的标准制造工艺。他们认为能够与现有技术实现成功嫁接非常重要，这样可使这种基础研究成果尽快进入实际应用。

目前的网络通信，信息是通过光脉冲在光纤中传输实现的。传输的信息可存储在计算机硬盘里以备使用。而量子网络与光纤网络的传输原理相似，但传输载体却非使用光脉冲。在量子通信中，也需要存储和提取数据信息。量子网络的一大优势是可以保护信息在传输过程中不被第三方截取。（杜华斌）

（原载2011年1月14日《科技日报》）

荷兰用砷化铟纳米线获得新量子比特

亚东评论 正是由于自旋特性，电子的身份才从独轮搬运车摇身一变，成为可承载复杂信息的集装箱。然而，要把自旋电子器件真正应用于量子计算机，则必须精确控制自旋纠缠并利用局域磁场来操纵单一自旋。对此，虽然各庄都有自己的高招儿，但至今还没看到实际效果。通过改变电场来改变磁场，柯文采团队的“曲线救国”方针实现了对电子自旋的干预，但愿所获量子比特成为忽如而来的一夜春风，吹得千树万树梨花盛开，让我们走进一个全新的电子时代。

据12月23日(北京时间)出版的《自然》杂志报道，荷兰科学家利用砷化铟纳米线，研发出一种基于电子自旋和电子围绕原子核旋转的量子比特，新系统能更容易同其他电子设备结合在一起，非常适合用于未来的量子计算或密码系统中。

量子计算依靠量子机制内在的不确定性来处理信息，其处理信息的速度远远快过传统机器。普通的信息比特只能代表0或者1，而量子比特以0和1的叠加状态存在，这种模糊性使几个量子比特可以被并行处理，因此可以一次执行多个运算。

电子自旋具有磁性。磁场可以控制所有电子的自旋，但由于磁场振动很难在纳米层级实现，通过磁场控制单个电子的自旋非常困难。荷兰代尔夫特理工大学利奥·柯文采领导的研究团队通过使用电场而不是磁场控制电子自旋规避了这个问题。尽管电场并不会直接影响电子自旋，但电场能通过影响电子围绕其原子核的旋转来间接地影响自旋。

当电子围绕原子核旋转时，原子核的电荷就会移动，通过改变电子围绕原子核的旋转，就可以改变这个磁场，反过来改变电子自旋——这种现象被称为电子自旋—旋转交互作用。

在实验中，柯文采团队使用了一根砷化铟纳米线，产生了一个强烈的电子自旋—旋转交互作用。研究团队朝环绕在纳米线周围的5个窄门施加电压，隔离出两个电子，这两个电子就像两个量子比特，沿着纳米线施加电场脉冲，研究人员能将量子比特的自旋从并行改变到非并行。

澳大利亚悉尼大学半导体自旋传输专家丹纳·麦卡密表示，展示出自旋—旋转量子比特是一个“重要的结果”，但他也提醒说，在实验中，研究人员测量出的自旋—旋转连接的存在时间短于之前在半导体砷化镓中的电子上测量的结果。然而，砷化镓内的自旋—旋转交互作用比新的砷化铟内的交互作用更加微弱。麦卡密也认为，砷化铟自旋—旋转交互作用的存在时间可以改进。

与砷化镓内的电子相比，砷化铟纳米线也有另外一个优势。今年早些时候，美国研究人员首次以纳米线或纳米颗粒的形式合成了四元半导体，这种半导体可以用来制作发光二极管，这让电子态被转变到光子态成为可能，而电子态被转变到光子态是量子密码学的基础。（刘霞）

（原载 2010 年 12 月 24 日《科技日报》）

量子加密通信被不留痕迹地截获

亚东评论 打破量子通信绝对安全的神话，这样的高手如果不是出自这个国家才怪！对于1000多年前那部维京时代的海盗史，现代挪威人总是津津乐道并引以为荣。终于，他们光宗耀祖地续写了21世纪的高科技传奇。发人深省的是，量子通信真的那么安全吗？即使堵住这个“技术漏洞”，还有没有更多？哲学的思辨无疑排斥着“绝对”。且不说理论上的未来挑战，只要是人造的系统必定会有破绽。当然，新“矛”出现之前，或可誉之曰：“吾盾之坚，莫之能陷也。”

量子密码术是已知最安全的加密手段，但据美国《大众科学》杂志网站8月31日（北京时间）报道，挪威科技大学等机构的研究人员找到一种截获量子加密通信内容且不留下任何痕迹的方法。研究报告发表于新一期英国学术刊物《自然·光子学》。

量子密码通信的出现一直被视为“绝对安全”的回归，这是一种利用量子纠缠效应、基于单光子偏振态的全新信息传输方式。其安全之处在于，每当有人闯入传输网络，光子束就会出现紊乱，每个结点的探测器就会指出错误等级的增加，从而发出受袭警报；发送与接收双方也会随机选取键值的子集进行比较，全部匹配才认为没有人窃听。因而在理论上，黑客无法闯入一个量子系统同时不留下干扰痕迹，也就是说对量子通信的窃听定会被发现。

但挪威科技大学等机构研究人员在最新报告中说，利用一种特殊的激光，可将接收方的量子探测器“致盲”，量子通信系统也就随之转化成了传统通信系统。实验中，窃密者截获量子信号的同时，向接收方发出激光。这束激光可导致接收方的量子探测器失效，但同时仍使其具有传统光学探测器的功能。窃密者在拿到通信内容后，再向接收方发出内容完全一样的传统光学信号，接收和发送双方察觉不到任何异常。

目前两种已经商业化的量子密码通信——瑞士IDQ公司通信系统和美国MagiQ公司通信系统，都可被这种方法不着痕迹地截获。不过，研究人员已于成果发表前提前通知了这两家公司。

研究人员亦指出，尽管这种方法可不留痕迹地获得百分之百加密内容，但只是利用了现有技术上的一个漏洞，在完善后即可趋避，并不能因此说量子通信的高度安全理论基础出了问题。（张梦然）

（原载2010年9月1日《科技日报》）

美物理学家提出量子状态新理论模型

亚东评论 在一次国际学术会议上听完爱因斯坦演讲，他站起来说："我觉得爱因斯坦不完全是愚蠢的。"这就是沃尔夫冈·泡利，一个20世纪罕见的物理学天才，也是一个以尖刻和挑剔闻名的人。有趣的是，曾对微观世界认识发挥过革命性影响的泡利不相容原理，在泡利身后竟也不断遭到诸多科学家质疑和挑剔。做人不能这样，但做科学本该如此。只是一种理论模型从提出到确立，还要经过一条漫长和艰苦的求证之路。"否定"泡利，也绝不是件容易的事。

据物理学家组织网8月4日(北京时间)报道，美国锡拉丘兹大学的物理学家提出了一种违反泡利不相容原理的理论模型，拓展了量子理论和相对论，有助于理解黑洞边界的物质行为。

宇宙中可看到、闻到、感觉到的所有事物，都具有一定的可预见结构，这是由于电子围绕着原子核的旋转都是按原子能阶一层层排列的。有序结构的基本原则就是没有两个电子同时处于同样的原子能阶(量子态)，即一个原子中不可能有电子层、电子亚层、电子云伸展方向和自旋方向完全相同的两个电子，这就是泡利不相容原理。该原理是以爱因斯坦相对论和量子理论为基础的。

然而，锡拉丘兹大学物理学家最近提出一种违反泡利不相容原理的新理论模型，即在特定条件下，不止一个电子能同时处在相同的量子态。发表在最新一期《物理评论快报》上的这一模型，或有助于解释黑洞边界的物质行为，以帮助科学家探索建立一个统一的量子引力理论。

像元素周期表中的化学元素那样，电子以有序的方式排列在原子能阶层，这使得物质都具有稳定的结构。正是这种潜在的稳定性，使我们能在时间和空间中准确定位一个目标物体(电子、质子和中子)。然而新模型指出，在量子引力巨大的地方，时空连续统一的景象就会被打破，极大地影响原子和电子跃迁中的旋转对称，电子从一个原子能阶跃迁到另一个能阶时，泡利原理就会被打破。

研究人员表示，尽管这种影响很小，但他们正利用高精度仪器进行观察以期发现这种状态。一旦发现，这将极大地动摇当前基本物理理论的基础。根据该理论模型，违反泡利原理在自然界存在过很长一段时间，甚至比现在宇宙的年龄更长久；或者相反，其出现频率比一次著名的"蓝色月亮"(意即不可能之事)事件更少。

违反泡利原理还有助于理解黑洞边界的物质是什么样子，虽然尚不清楚黑洞中会发生什么，但新模型提供了关于物质在黑洞引力之下原子塌缩的线索。此外，一个违反泡利原理的世界中，化学和生物也将迥然不同。(常丽君)

(原载2010年8月5日《科技日报》)

量子态隐形传输否定穿越时空的“祖父悖论”

亚东评论 “多亏”有了量子态隐形传输，不然我们的世界会陷入怎样的混乱！时间旅行的概念最早出现在科幻作品中，那种妙不可言和激动人心的体验无疑是人类想象力的一件杰作。然而当它真正闯入学术殿堂时，诸多类似于“祖父悖论”的荒诞使之招致一些科学家厉声斥责。就连痴迷于“时间”的霍金也认为，任何通过虫洞和其他方式回到过去的时间旅行都是不可能的。今天我们之所以推介这篇报道，是因为读者可以藉此放飞一次科学的梦想。

若真的存在“穿越”之人，能返回过去杀死自己的祖父，岂不是可以阻止自己的降生，那这个“穿越”凶手又怎么可能存在呢？这就是时间旅行里著名的“祖父悖论”。该悖论一直被看成攻击时间旅行可能性的致命武器。但据物理学家组织网 7 月 22 日(北京时间)报道，麻省理工学院的物理学家们提出了一个崭新理论：量子态隐形传输会决定此人在时间旅行中“有所为”且“有所不为”，即使重返历史之旅能够实现，人们也不可能改变历史。

新理论的关键是封闭类时曲线(closed timelike curve，CTC)这一概念，封闭类时曲线就像一个封闭的时间圆环，出发后还会返回到起始时间点。该概念的研究风潮自 20 世纪 40 年代便已展开，虽然其完全符合广义相对论，但它关系到时光倒流的可能性，因此究竟是否存在一直引发广泛争议。

在一份最新报告中，科学家们发现封闭类时曲线的存在可建立在一种糅合了“量子态隐形传输”与“后选择”的新理论模型上。

量子态隐形传输就是远距离传输，是在无比奇特的量子世界里，量子呈现的“纠缠”运动状态。该状态的光子如同有“心电感应”，能使需要传输的量子态“超时空穿越”，在一个地方神秘消失，不需要任何载体的携带，又在另一个地方瞬间出现。在“超时空穿越”中它传输的不再是经典信息，而是量子态携带的量子信息，这些量子信息是未来量子通信网络的组成要素。

在建立量子态隐形传输的基础上，科学家又叠加上了“后选择”算法，完成了一种新模型(P-CTCs)。“后选择”算法能够确保某一特定类型的量子信息态进行隐形传输，而将其他量子信息过滤掉。只有经“后选择”法认定传输前后能自相一致的量子信息态，才有资格得到这种“通行证”，进行隐形传输。这种情况下，时间旅行成立的先决条件就是一个自洽、不产生矛盾的环境状态。它允许回到过去时空，但禁止一切可能在未来导致悖论产生的行为。

研究人员在报告中称，暂且不考虑时间机器怎么造，只在重返历史的理论中，就一直匮乏某条路径。而在“量子态隐形传输”与“后选择”模型叠加的 P-CTCs 形式下，量子的表现可看作是量子所做的一种时间旅行，同时，这一现象也会发生在任何一个常规量子力学实践中，进一步为经典的“祖父悖论”提供了“首尾必相一致”的论断，理论上使时间机器可迈出“祖父悖论”的梦魇。具体的情形有点难以想象，研究者戏称，可能就像电影中孤胆英雄总会撑到最后，所谓的“祖父”也可能在他孙子的阴谋中百杀不死，屡次逃避死神。（张梦然）

（原载2010年7月23日《科技日报》）

以人造单原子制成量子放大器

亚东评论 人造原子这两天成了国际物理学界的大明星。就在《物理评论快报》宣告这项成果之前，最新一期《自然—纳米技术》刚刚发布了世界上最小的晶体管——由7个原子在单晶硅表面构成的一个“量子点”，它是另外一种人造原子。接踵而至的这些“不可思议”尤其让我们对人造原子啧啧称奇。完全可以期待，科学家在人造原子这个微型实验室里必将制造更多的惊喜，引领人类走向未知的新天地。

据物理学家组织网5月26日(北京时间)报道，俄罗斯和日本科学家利用“人造单原子”方法，成功研制出量子放大器，使在芯片上建立量子放大器等量子元件的技术向前推进了一步，该科研成果将在电子和光学等领域得到广泛应用。相关研究报告发表在近期出版的《物理评论快报》上。

作为利用量子效应来放大信号的设备，量子放大器以多种不同形式呈现在人们眼前。其中最普遍的形式应该是激光，借助受激辐射过程将光子从原子中激发出来。而实现量子放大器可调可控的一种途径就是利用单个原子或分子建立相关系统。然而，由于自然的原子与需放大的电磁波的耦合性很弱，单原子的量子放大器迄今为止都难以制成。

俄罗斯科学院列别德物理研究所和日本电气公司(NEC)纳米电子研究实验室组成的研究小组，利用“人造单原子”方法成功解决了这一问题。

研究人员介绍说，所谓“人造单原子”，就是一种在普通硅基芯片上人工制成的金属薄膜，它由多个单元组成，包括高频辐射传输线、共振器和一个纳米超导结构等。这一“单原子”能与一维空间的电磁模式强烈耦合，从而可实现电磁波放大过程的可调可控。

研究人员表示，研究的关键在于粒子数反转的准备，这在激光中也是一样。实验中所用的“人造单原子”具有三个分立能级，研究人员通过向该“人造单原子”发射特定频率的电磁信号，可使其从基态激发至第二受激态。此后，“人造单原子”将部分恢复至基态，部分恢复至第一受激态。当处于第一受激态的光子数多于处于基态的光子数时，就会发生粒子数反转。随后科研人员将另一个需放大的脉冲信号传递给“人造单原子”，这时，就会与基态粒子和第一受激态的粒子状态转换产生共振，刺激这一转换使光子从“人造单原子”中释放出来，从而实现了信号的全面放大。

研究人员计算出的放大器的最大增益可达1.09，相当于平均每100个入射光子就会释放109个辐射光子，而理论最大增益为1.125。研究人员称，如果使用更多的原子，则可获得更大的增益。

研究人员表示，“人造单原子”为制造基本的量子放大器提供了新思路，其可被用作大规模、可调整的量子放大器组件，也为实现量子太阳能电池的量产带来了希望。（张巍巍）

（原载 2010 年 5 月 27 日《科技日报》）

量子信号放大器抗噪性能接近极致

亚东评论 3年前，由郭光灿院士领导的中国科学院量子信息重点实验室，曾用多光子干涉的方法使光子测量精度逼近了极限。耶鲁大学的科学家们这次又以超导手段冲击着量子力学领域的“8844米”最高峰。根据海森堡不确定性原理，噪声降到了头也不能小于普朗克常数的一半。就此而言，这是一项几乎“好得不能再好”的成果。它不仅在固态量子计算中有着很好的应用前景，同时也把量子度量学向前推进了一大步。

据美国物理学家组织网5月6日(北京时间)报道，来自美国的研究团队研制出一种量子计算机信号放大器，能够传输小到一个光量子所包含的微弱信号，而且产生的“噪声”非常少，几乎达到了量子计算机的理想要求。相关研究发表在5月6日出版的《自然》杂志上。

量子计算机和手机一样，依靠复杂的微波放大器来确保信息能够被精确地接收和还原。然而，所有的放大器都有天生的缺陷，其中最大的缺陷在于它们会随机产生噪声，这些噪声会让信号变得模糊。在量子物理学层面，海森堡不确定性原理表明，不管放大器做得多么好，少量的“噪声”都是不可避免的。

该研究团队的领导者之一、耶鲁大学应用物理学教授米歇尔·德沃雷表示，量子计算机如果要想获得其理论上具备的巨大潜力，需要新的放大器，其应能传输小到一个光量子(也称光子，是光线中携带能量的粒子)所包含的微弱信号。

德沃雷和耶鲁大学物理学和应用物理学教授、科学和技术学院代理院长史蒂文·格文领导的研究团队现已研制出了这种新的实用放大器，该放大器使用了在低温环境下工作的超导电路，产生的“噪声”很少，非常接近量子计算机要求的理想最小值。

2005年，史蒂文·格文和同事们经过12年的摸索之后，向外界展示了如何创建运行在量子位(qubits)上的量子计算机。这种量子计算机用微波代替了原来的激光来控制量子位，采用超导体“库珀盒”(Cooper box)来存储振荡的微波量子，它们可在不改变量子态的前提下实现读写。

而此次耶鲁大学研制的基于超导电路的量子计算机，则可传输对量子态的控制和测量来说都非常微弱的微波信号。一般的信号强度约为10—18瓦，相当于在月球上收到的从地球发出的手机信号的强度。(刘霞)

(原载2010年5月7日《科技日报》)

日本科学家实现视频量子密码传输

亚东评论 从电子时代到量子时代，21世纪信息技术的这种走向得到日本东芝公司研究人员的最新佐证。量子的纠缠性将使信息传输突破光速极限，而量子的不可复制性又让绝对意义上的信息安全不再是神话。爱因斯坦要是在场，这些话咱得悄悄说，千万别惹他老人家生气。可事实上，量子密码通信确已开始改变我们的生活。让人高兴的是，中国该领域的研发也已跻身世界前沿。国家中长期科技规划关于“量子调控”的专门安排，更为量子计算机这座“期房”预付了“定金”。

据美国《科学》杂志在线版4月20日（北京时间）报道，日本东芝公司研究人员利用新研发的光电二极管，使量子密码密钥通信速度大幅提升，视频传输加密得以实现。成果发表于最新一期出版的《应用物理快报》。

量子密码通信是一种基于单光子偏振态的信息传输方式，其独特之处在于，每当有人闯入传输网络，光子束就会出现紊乱，每个结点的监测器就会指出错误等级的增加，从而发出受袭警报；发送与接收双方也会随机选取键值的子集进行比较，全部匹配才认为没有人监听。闯入者不被发现的几率仅为万亿分之一。

研究人员已为这一理论上无法冲破的密码系统奋斗十数年。继2008年具备6个结点的量子密码网络试验系统在维也纳实验成功后，该系统的参与者之一、日本东芝公司研究人员目前已将其密钥的传输速度提升到一个新的高度：系统能以“兆比特/秒”级的速率分配少量密钥穿过50公里光纤，而非以前仅仅“千比特/秒”级的速率；且该系统可连续运行36个小时，这之前，达到“兆比特/秒”的速度仅能维持几分钟。

据剑桥东芝实验室应用物理学家安德鲁·希尔兹介绍，提速的关键在于性能更“强悍”的光子探测器。东芝公司闻名的接收装置“雪崩光电二极管”在2008年曾使量子密码通信有过一次百倍提速，但它的一个“感知”过程限制了探测器的速率，新研发的光电二极管感觉更为灵敏，所需时间也更短。研究团队还实施了一个反馈系统来稳定运行，使密钥分布不再像从前那样每隔几分钟就得停下来自我校准。

加拿大多伦多大学物理学家卢凯光（音译）评价该成果“以应用观点来看非常之重要”。新系统将在10月后开始实际应用。日本国立信息与通信技术研究所物理学家佐佐木表示，以前技术只可应对语音会议，能够处理视频会议才是走向通信高端应用的关键。研发人员称量子密码网络仍有很长的路要走，目前网络中仍有容易受到攻击的部分，一个完美网络所必需的量子中继器还有待进一步发展。（张梦然）

（原载2010年4月21日《科技日报》）

生 命 科 学

基因、环境，谁决定动物性别?

亚东评论 这篇报道的一句潜台词也许是性染色体决定可以归于基因决定一类，其实不然，因为两者间有很大差异。性别是生物界最普遍、最引人关注的现象之一，而性别决定机制更是生命科学中一个历久弥新的话题。目前，这方面的研究已经形成了由发育生物学、分子生物学、遗传学以及进化等多学科交叉的前沿领域。以往的各种性别决定机制研究大都在相对独立的系统中进行，日本科学家探究其相互联系是有益的尝试，将丰富和深化人类对于生物性别的理解。

是基因还是环境决定了动物的性别？这两种机制之间有什么关系？据美国物理学家组织网3月25日（北京时间）报道，日本大阪大学和国家基础生物研究院通过研究一种甲壳纲动物水蚤，发现环境性别决定（ESD）通过选择性地表达某种基本基因来实现，在基因和环境性别决定机制中，存在一种古老的联系。该研究发表在近日的《公共科学图书馆·遗传学》网站上。

在动物家族中，性别的决定方式有多种，但大体可分为两类：基因决定和环境决定。在基因性别决定（GSD）机制中，性别差异由雌雄两性的内在基因不同造成；而在环境性别决定机制中，依赖环境信号的诱导决定动物雌雄。与基因性别决定模型相比，人们对环境性别决定的基因机制还了解得很少。

研究人员以一种名为 Daphnia magna 的水蚤为对象，集中研究了双性基因（Dsx）在环境性别决定中的作用。这种水蚤在特定的环境刺激下，能通过无性繁殖生出雄性个体。研究小组鉴别出两种 Dsx，分别命名为 DapmaDsx1 和 DapmaDsx2。DapmaDsx1 的表达，导致了雄性特征发育。如果使 DapmaDsx1 丧失功能，会在雄性胚胎中造成雌性特征，比如成熟的卵巢；而雌性胚胎中 DapmaDsx1 表达异常会类似地导致雄性特征显现。

在一些基因性别决定的动物，如线虫、昆虫和脊椎动物中，Dsx 也在控制两种性别状态上起着重要作用。DapmaDsx1 控制的器官和来自昆虫中的 Dsx 相似，被认为是叶足动物甲壳纲的姐妹组。而 DapmaDsx2 的表达方式和 DapmaDsx1 类似，但它的沉默或过度表达不会产生明显的表型变化，因此 DapmaDsx1 是雄性表型的主要调控基因。

研究人员指出，该研究在环境信号和 Dsx 表达之间建立了显著联系，也为性别决定的“双性假说”提供了支持。双性假说认为，许多不同种类的上游调控路径能在 Dsx 基因家族会合，在整个动物世界，这一基因家族是性别差异机制的基础。（常丽君）

（原载 2011 年 3 月 26 日《科技日报》）

神经药物首次突破血脑屏障

亚东评论 把蓝色活性染料注入动物血管，其身体迅速变蓝，惟有脑组织和脊髓保持了革命本色。生物学家一百多年前发现这种现象时，便认定血脑之间有一层屏障。虽然后来证实这层屏障并非固若金汤，但也着实给阿尔茨海默病等顽疾提供了有效庇护。突破这条马其顿防线的两条已知路径除“扩散”外，便是本文涉及的“载体转运”。马修·伍德此项成果的独到之处是，首次在天然系统中实现了向大脑内部递送药物，因而有望成为一系列重大医学进展的序曲。

据英国广播公司(BBC)3月21日(北京时间)报道，将药物递送入大脑细胞内一直是医生治疗脑神经疾病时面临的重大挑战。最近，英国科学家研发出了一种能将药物直接递送入大脑细胞内的方法，攻克了治疗阿尔茨海默病、帕金森病和肌肉萎缩症的重大障碍。研究发表在《自然·生物技术》杂志上。

目前，治疗脑神经疾病面临的挑战之一是找到让药物突破血脑屏障的方法。血脑屏障是介于血液和脑组织之间的屏障结构，其对血液中的物质进入大脑具有选择性通透的作用，能在阻止细菌的同时让氧气进入大脑，以保障脑内环境的稳定。然而，血脑屏障也将药物阻挡在外，成为科学家治疗脑神经疾病时的障碍。在最新研究中，牛津大学的科学家使用实验鼠体内的运载蛋白——外来体将药物直接递送到了实验鼠的大脑细胞内，突破了这道屏障。外来体是一种可由多种细胞分泌的纳米膜性小囊泡，它犹如体内小小的穿梭巴士，能在细胞之间来回运送物质。

科学家收集了从实验鼠的树枝状细胞(免疫系统的一部分，可以产生大量外来体)内提取出来的外来体，然后，让其同从实验鼠的病毒(会依附于大脑内的乙酰胆碱受体上)中提取出来的蛋白质靶结合在一起，随后，他们将一段遗传代码 siRNA 填入外来体，再将外来体重新注入实验鼠体内。siRNA 被递送到了大脑细胞内并关闭了一种同阿尔茨海默病有关的基因 BACE1，结果显示，BACE1 基因的活动能力降低了 60%。

研究主要负责人马修·伍德表示，这是科学家首次使用天然系统向大脑内递送药物。这种方法经过修正后也可用来治疗其他身体组织疾病，比如让外来体进入肌肉中。

研究人员打算用这种方法对罹患阿尔茨海默病的老鼠进行实验以观察疗效，并希望 5 年内在人体身上进行同样的实验。

英国阿尔茨海默病协会的研究主管苏珊娜·索伦森表示，这项研究“令人兴奋”，将有助于科学家研发出治疗阿尔茨海默病的新疗法。该协会首席研究员西蒙·雷德利也表示，该方法能设计出突破血脑屏障的药物，但还处于实验初期阶段，想造福人类，需要很长时间和进一步的实验。（刘霞）

（原载 2011 年 3 月 22 日《科技日报》）

大脑具有惊人可塑性

亚东评论 一首描绘阿兰胡艾斯宫的旷世吉他协奏曲曾让无数人如醉如痴。长久以来，我们一直对西班牙国宝级盲人作曲家罗德里戈做出种种设想：假如不是双目失明，他能否具有更大的音乐建树？也许正是得益于失明后听觉能力增强，他才取得此般骄人的成就？现在，加拿大研究人员为“盲人的耳朵具有非凡感知能力”这个备受争议的命题，找到了更多的科学依据。虽然“大脑具有惊人可塑性”的结论尚待检验，但也足以在医学和生命科学领域激起新的涟漪。

据每日科学网站3月18日(北京时间)报道，加拿大蒙特利尔大学科学家发现，大脑具有惊人的可塑性，正常情况下与眼睛相连的视觉信息处理与空间感知脑区，也能与声音信息形成重新连接，因此一些先天性失明的盲人能通过声音来感知空间，实现以耳代目。该研究发表在3月15日的美国《国家科学院院刊》上。

蒙特利尔大学圣-贾斯汀医学研究中心奥利弗·柯利根和神经心理学与认知研究中心的弗朗哥·莱普合作，对11位先天失明者和11位正常人进行了比较研究。研究人员在给他们听不同声音的同时，用核磁共振成像(MRI)扫描他们的脑部活动。此前的一些研究也显示，盲人在将声音处理作为空间感知方面的能力比正常人要强。柯利根解释说：“之前的研究表明，先天失明的人脑部枕区与非视觉信息处理过程有关。而我们最近的研究表明，盲人的脑部枕区在与声音信息处理系统重新连接之后，其视觉皮层还保留着像正常人那样的功能组织。视觉皮层中右背侧枕流区的某些地方能将原有大脑神经网络的功能重新组合，以处理空间信息。”视觉皮层位于大脑后部，左右半球各有一个，称为枕叶，负责处理视觉画面。

柯利根认为，这证明大脑具有惊人的可塑性，而可塑性是指大脑由于阅历经验变化而发生变化的能力。大脑中有专门的脑区用于空间处理，即使一个人刚出生就失明，他的大脑也非常灵活，可以让神经元周围的微环境发展变化，使神经元拥有并执行一些新功能。

对于先天失明婴儿的大脑如何发育出这种重新连接，柯利根解释说，在早期生命中，大脑在经验感受的基础上塑造着自身，某些突触连接消失了，而另一些会得到加强，突触连接使神经元得以互相交流。“在婴儿8个月左右，大脑发育高峰结束，此后大约40%的视觉皮层突触开始逐渐移除，到11岁左右突触密度达到稳定。重新连接的发生，可能是作为不断变化的神经连接维护机制的一部分，但这一理论还需要进一步检验。”(常丽君)

(原载2011年3月19日《科技日报》)

轴突回传信号颠覆传统神经元理论

亚东评论 轴突之间“私通”被逮了个正着，轴突可以回传信号也被发现，这些说明人类过去对它们的“信任”多么盲目，对神经元乃至思维的认识多么肤浅！第二次国际象棋人机大战刚刚落下帷幕，IBM 超级计算机沃森战胜了两位顶尖人类选手。但这丝毫不意味着电脑超越了大脑，或晶体管打败了神经元。从深蓝到沃森，改变的是运算和存储能力更强，不变的是他们只会模仿而不能创造。智慧，连我们自己都没有理解其于万一，电脑怎么会平白无故拥有？

据美国物理学家组织网 2 月 18 日(北京时间)报道，美国科学家最近在对神经元的研究中观察到，轴突可以将信号传回到神经元的细胞体，不同神经元的轴突之间也能互相“交流”，神经元还能在较长时间内将外部刺激存储和整合在轴突内。这些新发现颠覆了传统的教科书理论。

神经元是构成神经系统结构和功能的基本单位，它由细胞体和细胞突起(分为树突和轴突)构成。传统理论中，每个神经元可以有一个或多个树突，用以接受刺激并将兴奋信号传入细胞体。每个神经元只有一个轴突，可以把兴奋信号从细胞体传送到另一个神经元或其他组织，如肌肉或腺体。该研究的主要负责人，美国西北大学的神经生物学家尼尔森·斯普斯顿表示，轴突也能向细胞体发送信号，这一发现让他们非常吃惊，它颠覆了教科书中的观点。

科学家同时证实，不同神经元的轴突之间也能互相“交流”。而且，在发送信号前，轴突能自行进行神经计算，无需细胞体或树突的参与。此前科学家认为，在轴突内的神经计算中，一个神经元的轴突会同另一个神经元的树突或细胞体相连，而不会同轴突相连。

轴突之间相互交流的现象是斯普斯顿团队在对老鼠的海马体和新皮层中单个神经元进行研究时观察到的。科学家希望接下来能弄清这种行为究竟是个别反常现象还是在很多神经细胞内都会发生。斯普斯顿表示，他们并不认为这种情况很罕见，但对他们来说，了解这种现象在什么情况下发生以及如何发生更为关键。

此外，斯普斯顿和同事还首次发现，即使细胞体或树突内没有受到刺激，单个神经元也能靠轴突传送信号。实验中，他们对一个神经元进行电刺激，历时一两分钟，每隔十秒刺激一次。在这段时间内，该神经元持续发送信号，但当电刺激终止时，神经元仍然会发送信号，历时一分钟。斯普斯顿表示，神经元在没有刺激的情况下还能持续发送信号，令人很难想象。这表明，神经元能在较长时间内(从几十秒到数分钟不等)将外部刺激存储和整合在轴突内。

这个独特的神经功能可能与记忆有关，也可能同疾病有关。有些受到抑制的神经元持续发送信号或许可以抵消大脑内极度活跃的状态，比如预防癫痫发作过程中无法抑制的兴奋等。

对于研究癫痫、自闭症、老年痴呆症和精神分裂症等神经疾病的科学家来说，更深层地理解普通神经元的工作原理非常重要。该研究发表在2月份的《自然·神经科学》杂志上。（刘霞）

（原载2011年2月19日《科技日报》）

保持生物钟周期性另有机制

亚东评论 一只“咔哒”作响的闹表掌控着房间里的一切，但任凭你挖地三尺就是找不到它——似乎哪里都有，又似乎哪里都没有。长久以来，生物钟的作用机制一直是个谜。分子生物学的发展曾使该领域研究取得突破。1985 年，科学家首次找到导致果蝇生物钟异常的基因，被《科学》杂志评为当年十大科学突破之一。从那时起人们便认定，生物生长发育的节律是由染色体上的基因决定的。然而，瑞迪的发现无疑表明，驱动生物钟运转的还有其他发条。

从人体细胞到深海藻类，控制所有生命形式内部的生物钟无处不在。以前科学家认为，这种以 24 小时为周期的生理节奏和脱氧核糖核酸（DNA）活动有关，但人体血液红血细胞中却没有细胞核和 DNA。据美国物理学家组织网 1 月 27 日（北京时间）报道，最近英国剑桥大学和爱丁堡大学的合作研究，发现一种称为 peroxiredoxins 的抗氧化蛋白对生物钟周期性也具有调控作用，这种机制能追溯到数百万年前的地球早期生命。研究论文发表在 1 月 27 日的《自然》杂志上。

论文主要作者、剑桥大学的阿克莱斯·瑞迪介绍说，身体中所有细胞都存在生物钟，如果没有生物钟来协调我们每天的日常活动，细胞将总是处于同样的位置。但红细胞与体内大部分细胞不同，它没有 DNA。剑桥大学代谢科学研究院首次证明了人体红细胞中的 24 小时节奏。在实验中，研究人员从健康志愿者身上抽取并提纯红细胞，在黑暗的体温环境下进行培育，以相同的时间每隔几天抽样检查一次其中抗氧化蛋白 peroxiredoxins 的水平，结果发现它在血液中的含量水平很高，担负着调控 24 小时周期的任务。抗氧化蛋白是一种细胞的生化标志，它在所有已知的有机生物中都存在。

剑桥大学和爱丁堡大学、法国巴纽尔斯海洋观测站进一步合作，在一种名为 Eukaryote 的海洋藻类中也发现了类似的 24 小时周期。他们在实验中，也按相同的时间每隔几天对海藻中的抗氧化蛋白进行抽样检查。当海藻处在黑暗环境中，它们的 DNA 不再活动，但海藻的生物钟依然起作用。科学家曾经认为，生物钟的运行是受基因活动的驱动，但海藻和红细胞都能不需要基因而保持周期节奏。

研究人员还表示，生物钟对健康具有多重意义。众所周知，倒班、时差等原因会导致生物钟紊乱，进而导致代谢紊乱，使人罹患糖尿病、精神病甚至癌症等疾病。进一步研究生物钟在细胞中的运作机制，有助于理解与生物钟紊乱有关的疾病，找到新的治疗方法。（常丽君）

（原载 2011 年 1 月 28 日《科技日报》）

单靠基因测序无法提供疾病真实情况

亚东评论 当初，一些科学家一手拎着首次完成的人类基因图谱一手拍着胸脯，不知让多少癌症、心脏病或精神分裂症患者的眼里闪出喜悦的泪花。然而10年过去了，显著提高疗效那一幕至今没有出现。新的解释是，科技还未强大到足以破解潜伏在这些病症之后的基因秘密。谁都不会贬损基因组研究的重大科学意义，但杜克大学今天的结论是一瓢难得的冷水，提醒那些迫不及待预断基因测序仪器市场前景的人们，应当审慎地对其医疗价值做出恰如其分的评估。

用基因测序来检查人们可能患有哪种疾病，这种方法曾让很多人兴奋。然而，据美国物理学家组织网1月24日（北京时间）报道，美国杜克大学医疗中心一项新研究显示，遗传变异也会和其他致病基因互相反应，在不同病人身上造成完全不同的症状。因此单独用基因测序来了解人类疾病是不够的，要掌握测序结果和对应病症之间的生物相关性，功能性检测必不可少。相关研究发表在1月23日的《自然·遗传学》网站上。

杜克大学人类疾病模型中心的尼古拉斯·卡山尼斯实验室，主要研究一类名为“纤毛运动障碍”的疾病。纤毛是一种类似天线的投射器官，对细胞的正常功能运作起着关键作用。纤毛运动障碍可涉及所有分布纤毛的部位，气道纤毛功能障碍导致的呼吸道感染最常见，可引起反复的呼吸道感染。每1000名初生婴儿中约有1名纤毛运动障碍患儿，这一概率和道恩综合征（又名先天愚型）相仿。

研究人员对控制纤毛的关键基因TTC21B进行了测序。尽管许多基因变异和人类的两种功能紊乱疾病——肾病和窒息性胸廓发育不良有关，但大部分DNA测序都无法确定是哪种基因变异。论文主要作者艾利卡·戴维斯在斑马鱼模型中测试了这些变异（它们的许多基因都和人类相似），结果发现TTC21B基因对人类纤毛运动障碍的致病变异贡献率约为5%。

“目前常规方法就是给大量的病人测序，看看是否发生了变异。”卡山尼斯说，“根据我们的研究，基因测序虽然重要，但其能解决的问题有限。还必须对病人变异基因的相关功能进行检测，并结合生理学、细胞生物学、生物化学及其他学科，才能透彻而全面掌握疾病相关情况。”

戴维斯还指出，每个病人都有自己独特的基因变异，基因测序和功能检测同时进行，才能更加接近真实，对于病人及其家族意义也就更大。（常丽君）

（原载2011年1月25日《科技日报》）

“人以群分”受基因构成影响

亚东评论 除有形的躯体外，构成人类生命的另一半是无形的，包括性格和知识两个方面。性格是先天赋予的行为本能，知识是后天得到的行为依据，二者皆因生命个体的不同而不同，所以每个人便有了千差万别的行为特征。而较之性格，知识对于行为的影响才是决定性的。不然的话，怎么解释民族英雄和卖国贼竟可以出自同一屋檐！克里斯塔克斯的“基因影响论”当然可以作为社会学和行为学研究的一种参考，但仅此而已。就是那句话：别不信，也别全信。

据英国《自然》网站、《每日电讯报》等1月18日(北京时间)报道，美国加利福尼亚大学的一项最新研究表明，基因——特别是对行为方式有影响的基因——也影响着人们选择朋友。该项研究成果发表在近日出版的美国《国家科学院院刊》上。

研究人员研究了5000个人的6个基因型数据，并对朋友和非朋友群体之间单核苷酸多态性(SNP)进行了对比分析，SNP是一种基因组水平上由单个核苷酸的变异所引起的DNA序列多态性。结果发现，除了由性别、年龄、种族、共同祖先这些因素产生的基因联系之外，有朋友关系的人也倾向于拥有相同的SNP，不仅表现出“物以类聚”，还表现出一种“反向吸引”。

比如一种与酗酒相关的DRD2基因型，携带这种基因型的人倾向于和具有同类基因标志的人成为朋友，而那些没有这种基因标志的人彼此成为朋友的可能也很大。研究人员解释说：“这不难理解，不饮酒的人可能会主动避开酒鬼，或者吸引酒鬼的环境是不饮酒者所避免的。”酗酒基因将相同特征的人拉在一起，而具有不同DNA的人可能会和这个群体发生冲突。而“反向吸引”则表现在与“外向”性格有关的细胞色素基因CYP2A6的某个基因位点，具有这种基因标志的人倾向于和没有这种标志的人在一起。

论文作者之一、美国哈佛大学社会科学家尼古拉斯·克里斯塔克斯说：“当人们选择有相似基因型的人做朋友时，个体适应性，即从生存到生殖的过程，不仅从他们自身的基因上得到反应，也能从他们选择的朋友的基因中得到反应。”即使一个人没有自己的后代，选择具有基因相容性的朋友，也能使他获得一种进化上的益处。比如天生不容易细菌感染的人在一起，他们作为一个群体的整体健康水平就会加倍，因为细菌找不到易于入侵的寄主。

这项研究带给人们一个重要提示，在人类内部，基因构成不仅导致了繁殖和婚姻关系，也对朋友关系的形成起导向作用。有相似基因结构的人成为朋友，能对个人特征产生一种放大作用。研究人员还指出，在某种程度上，人类进化可能由基因和朋友关系选择的互动形成。进化环境并不限于物理和生物环境，还包括社会环境，社会环境也是一种进化的动力。（常丽君）

（原载2011年1月19日《科技日报》）

甲流患者抗体能对抗多种流感病毒

亚东评论 打一针万能疫苗，终身不再感冒。这听上去很像广告台词，但科学家们几十年来一直费尽心机，试图开发出能抑制所有类型流感的所谓通用流感疫苗。而一旦研制成功，每年一次的预防注射就将成为历史。虽然这种构想已在老鼠、白鼬和猴子身上证实可行，并开始进行人类临床试验，但由于理论和实践中大量难题未解，我们不要指望它彻底阻止病毒感染，最好的结果也许只是极大地缓解病情和限制蔓延。发表这篇论文的研究人员很可能也是这么想的。

据英国《每日电讯报》1 月 11 日(北京时间)报道，美国研究人员对 2009 年感染了甲型 H1N1 流感病毒的患者体内产生的抗体进行了研究，发现其中的一些抗体能对抗多种流感病毒。发表在最新出版的《实验医学》杂志上的该项研究成果，离研制出通用流感疫苗更近了一步，科学家或许可据此研制出一次注射即可终身免疫的疫苗。

2009 年席卷全球的甲型 H1N1 流感病毒让 1.4 万人丧生。由美国埃默里大学医学院和芝加哥大学科学家组成的研究团队，对 9 名年龄介于 21 岁到 45 岁之间的病人进行了研究。这些病人都在 2009 年感染过甲型 H1N1 流感病毒，其严重程度不同，有的病人几天后症状消失；而有的病人则非常严重，接受了长达 2 个月的入院治疗。

研究人员发现，这些病人体内都产生了能对抗流感病毒的抗体，研究人员分离出来的 5 个抗体可对抗过去 10 年出现的各种季节性 H1N1 流感病毒株、1918 年出现的"西班牙流感"病毒株、致命的 H5N1 禽流感病毒株。

芝加哥大学研究人员帕特里克·威尔森表示，科学家或许可以据此顺藤摸瓜，研制出能对抗所有流感菌株的通用疫苗，甚至研制出一次注射即可终身免疫的疫苗。

埃默里大学微生物学和免疫学助理教授詹斯·沃瓦莫特表示，数据显示感染 2009 年的流感菌株可能诱导身体产生具有保护作用的抗体，而感染季节性流感或注射流感疫苗之后几乎无法看到这种抗体的生成，这表明，如果人体免疫系统受到正确的刺激，人体内就会生成此类抗体，科学家可据此研制出通用流感疫苗。

有效通用流感疫苗对控制流感意义重大。目前，很多科研团队都在研制通用流感疫苗，以使人们数十年不患流感或终生免疫。

抗体由某些白血细胞制造，能攻击外来细菌和病毒携带的有害分子或病原体。研究人员从病人体内提取出了病人制造抗体的白血细胞，并将抗体基因从白血细胞中分离出来，随后使用这些基因制造出了 86 种抗体，并测试了这些抗体能对抗哪种流感菌株。该研究团队接下来计划检查那些感染了流感病毒但没有生病的人的免疫反应。（刘霞）

（原载 2011 年 1 月 12 日《科技日报》）

美首次人工合成能维持生命的蛋白质

亚东评论 虽然“人造细胞”被多家国际顶尖媒体的2010年十大科学新闻金榜提名，但这并不意味着人造生命已经唾手可得。其实，文特尔只是把人工合成的基因组注入一个被掏空的单细胞细菌，并使之起死回生。然而，细胞的内涵远远不止这些。就拿其中蛋白质来说，科学家们现在对它的种类、功能和相互作用还所知甚少。所以，赫克特团队用人造基因合成出能维持天然细胞生长的蛋白质，较之文特尔的工作无疑是把人造生命的尝试又向前推进一步。

据美国物理学家组织网1月7日(北京时间)报道，美国科学家宣称，他们首次使用人造基因合成出了能维持活细胞生长的人造蛋白质，其功能同自然界中存在的蛋白质一样，新突破有助于科学家研制出新的生物系统。相关论文发表在1月4日出版的《公共科学图书馆·综合》上。

领导该项研究的普林斯顿大学化学系教授迈克尔·赫克特表示，这是合成生物学领域的一个重大突破。方兴未艾的合成生物学领域的科学家希望设计和构造出自然界中并不存在的生物“零件”和系统，终极目标之一是使用化学物质人工合成一个完整的基因组。新研究表明，制造出能维持细胞生命的人造基因组或许指日可待。

之前几乎所有的合成生物学研究都强调对从自然有机体中提取出来的生命“零件”进行重组。但赫克特认为，最新研究表明，组成生命的分子“零件”并不囿于自然界中已存在的基因和蛋白质，在实验室中合成的大分子也能提供生物功能。尽管科学家已经证明，可以对蛋白质进行设计，让其折叠甚至加速反应，但新研究代表了人工蛋白质制造方面的最前沿。

生物大分子蛋白质是生命的物质基础，与生命及与各种形式的生命活动紧密联系在一起。人体内蛋白质的种类很多，性质和功能各异，但都由20多种氨基酸按不同比例组合而成。赫克特表示，如果一个蛋白质由100个(甚至更多)氨基酸组成，那么就可能存在更多不同的蛋白质序列。该研究团队想弄清楚，为何人体内仅有10万种不同的蛋白质，尽管可以产生的蛋白质数量比这更多。

因此，赫克特团队开始着手制造人造蛋白，其由自然界中并不存在的基因序列所编码。最终，他们合成了约100万个氨基酸序列，并让其折叠成稳定的三维结构。

研究团队另一位负责人、加州大学伯克利分校的访问学者迈克尔·费舍尔表示，研究最有趣的部分是，这些人造基因编码的信息完全是新的，并非来源于自然基因所编码的信息，而且二者之间也没有关系。

该团队将合成的人造蛋白插入不同的变异细菌菌株中，这些变异菌株内某些特定的天然基因事先已被删除，因此它们在特定的环境下会死亡。而实验证明，原本会死亡的细菌菌株被这种可维持生命的新奇人造蛋白质所“拯救”。赫克特说:“这些人造蛋白质同任何已知的生物序列没有关系,但它们能维持生命的生长。这是一个令人兴奋的结论,因为它证明非天然的蛋白质也能维持天然有机体系统的生命。”(刘霞)

(原载 2011 年 1 月 8 日《科技日报》)

临床数据首次证实癌症干细胞概念

亚东评论 那么多治疗癌症的医学进展都曾风风火火，尔后便石沉大海。但若据此把斯坦福大学研究人员这项发现视为又一次“狼来了”，恐怕也有轩轾不分之嫌。十多年来，有关癌症干细胞的探索从猜想到发现，再到今天的临床证明，的确独辟了一条可望走向圆满的蹊径。果真揪出了致使固体肿瘤生长的这只“黑手”，获诺贝尔奖注定犹如探囊取物。然而，一种有的放矢的全新治疗方案可能意味着科学家们最终必须回答，这些癌症干细胞是从天上掉下来的吗？

据美国物理学家组织网12月22日（北京时间）报道，斯坦福大学研究人员通过对白血病干细胞的基因表达方式研究发现，癌症干细胞基因表达水平更高的病人比表达水平低的病人预后效果要差很多，该发现首次通过临床数据证明了癌症干细胞概念。医疗人员可据此预测群体病人的治疗结果，并帮助开发新的临床疗法。研究发表在12月22日的《美国医学会》杂志上。

几年前提出的癌症干细胞概念认为，某些癌症起源于一小撮自我更新能力很强的细胞，这一小撮细胞即是癌症干细胞。这些癌症干细胞能不断补充生成新的癌症细胞，癌症要彻底治疗，必须清除这些干细胞。癌症干细胞对抗治疗已经在一些固状肿瘤和血癌的动物模型中得到验证，虽然有大量实验室证据支持，但至今还缺乏临床证据。

论文合著者、斯坦福癌症中心医务部艾什·埃里沙德和同事拉文达·马杰提今年9月曾在实验室小鼠中，对非霍奇森淋巴瘤癌症干细胞表面发现的蛋白质CD47研究发现，CD47是癌症干细胞的“保护伞”，有了它，很多药物对这些细胞无效。CD47在其他几种癌症干细胞中也存在。马杰提认为这些动物实验中发现的证据在人体中也应该存在。

他们用两种能识别白血病干细胞的表面标记，从7个白血病患者的肿瘤样本中分离出这些白血病干细胞，将肿瘤干细胞和其他肿瘤细胞的基因表达方式进行了对比，结果有52%的基因表达不同。

癌症干细胞基因表达方式和正常的血液干细胞很相似，不仅能自我更新，还能像正常干细胞在需要时候才分裂。为了逃避那些针对迅速分裂细胞的传统治疗方法，它会选择少量分裂，潜伏着，等待机会“东山再起”。

研究人员还对来自1000多位急性骨髓白血病病人的4组肿瘤样本进行了对比研究，发现在“癌症干细胞基因高表达”和“治疗结果差”之间存在很强的相关性。在一组德国样本中，高表达病人3年内死亡的绝对风险高达78%，而低表达病人仅为57%。同样，无病生存率、某个时期再度恶化可能性、对抗初次治疗顽固性等指标也如此。

论文第一作者、斯坦福大学癌症系统生物学中心安德鲁·简托斯表示，白血病干细胞的信号越强，病人寿命越短，病情恶化得越快，治疗效果就更差。目前，研究小组正在继续研究数据，以最终从各种结合抗体疗法中确定哪些疗法对癌症干细胞高表达基因信号的病人最有效。（常丽君）

（原载 2010 年 12 月 23 日《科技日报》）

重建30亿年前生物基因组探源地球氧气

亚东评论 30亿年，它简直漫长得让人难以想象，其间生物进化注定是一个跌宕起伏、波诡云谲的过程。以现有DNA的蛛丝马迹来拼构早期生命基因，麻省理工学院生物学家这项工作的创造性毋庸置疑，但他们关于氧气造成“太古代大爆发”的结论恐需更多的论据支持。无数次基因突变留给这个世界的扑朔迷离，至少和它为生物进化提供的不竭动力一样多。人类仅凭今天的三头六臂，就想穿越这部写满了“突变”的历史盲区，绝没那么容易和简单。

据美国物理学家组织网12月20日(北京时间)报道，化石有助于古生物学家编写自那时起的生命进化史，但要绘制出早于寒武纪的30亿年前的生命图景，还非常困难。因为寒武纪前的软体动物细胞很少留下化石印记，但这些早期的生命却留下了一些微小的化石：DNA。麻省理工学院的生物学家利用现代基因组，在一系列基因进化规则之下重新构造了古老的微生物，并鉴别出了许多跟氧气有关的新基因，首次提出可能是氧气的出现导致了“太古代大爆发”(Archean Expansion)。

研究人员埃里克·阿尔姆和博士生劳伦斯·戴维从100个现代基因组中找到了曾首次在地球上出现的数千个基因，并用这些基因生成了基因组化石，通过对基因组化石的研究，可以发现这些基因的出现时间和哪些微生物拥有这些基因。研究显示，该基因组化石为33亿—28亿年前这段时间所有生命的共同基因组，而在此期间，地球现存基因族系中的27%已经出现。他们将这一时期命名为“太古代大爆发”。

研究发现，直到25亿年前，地球大气中才出现了氧气并逐渐积累，由此在“大氧化事件”中杀死了大量的厌氧生物。“大氧化事件”可能是细胞生命史中最大的悲剧事件，我们却没有它的任何生物记录。

经过进一步分析显示，利用氧气的基因直到28亿年前“太古代大爆发”末期才出现，这更为基因化学家所设想的“大氧化事件”增加了证据。

研究人员认为，正是一种有氧光合作用，形成了“大氧化事件”中的氧气，也形成了我们今天所呼吸的氧气。太古代时期电子转移(指细胞膜内部的生物化学过程，伴随着植物或微生物呼吸氧气的光合作用而发生，由此直接固定来自于阳光的能量。)逐渐进化，经过生命历史的几个关键阶段，包括光合作用和呼吸，最终使大量的能量被固定下来，存储在生物圈中。

“据我们的研究结果，尚不能判断是否电子转移的进化直接造成了‘太古代大爆发’。”戴维说，“但我们推测是出现了一种让生物圈获得大量的能量的方法，从而产生了更复杂的微生物系统。”

通过分析与基因有关的金属和分子，以及它们在长期内的演变，戴维和阿尔姆也研究了“太古代大爆发”之后微生物基因组的进化。他们发现利用氧气的基因比例越来越大，与铜和钼相关的酶也是如此，这与地质学的进化记录相一致。（常丽君）

（原载 2010 年 12 月 21 日《科技日报》）

美首次将干细胞变成功能性肠组织

亚东评论 公元2029年一个冬日，你走进一家集销售、维修、配件和信息服务为一体的人体器官4S店。因长期吸烟而胸闷气短，你不得不求助那里的值班医生。完成一系列体检后，你欣然订购一套基于自身多功能干细胞的呼吸系统。两星期后，全新的肺和气管等组织被成功地移植到你体内。威尔斯的“肠子”不禁让人联想到这未来的一幕。尤为可嘉的是，胚胎干细胞与诱导多功能干细胞双管齐下，其比较研究和参照实验更使规避伦理雷区成为可能。

据美国物理学家组织网12月13日(北京时间)报道，美国科学家首次在实验室中将多功能干细胞变成了功能性的人体肠道组织。辛辛那提儿童医院医学中心的科学家在12日出版的《自然》杂志在线版上表示，最新突破为人体肠道的发育、功能和有关疾病的研究打开了一扇大门，并有望研制出用于移植的肠道组织。

该研究主要负责人、辛辛那提儿童医院发育生物学分部高级研究员詹姆斯·威尔斯表示，这是科学家首次证明，皮氏培养皿(用作细菌培养的有盖玻璃碟)中人体多功能干细胞能转变为具有三维架构、细胞组成成分同人体肠组织非常类似的人体组织。将干细胞变成肠道组织最终会让罹患坏死性小肠结肠炎、炎性肠病、短肠综合征的病人大大受益。

威尔斯团队在研究中使用了两类多功能干细胞：来自于几个月大的人体胚胎干细胞(hESCs)和基于人体皮肤细胞的诱导多功能干细胞(iPSCs)。hESCs能变为人体内200多种细胞类型中的任何一种，因此也被称为多功能干细胞。iPSCs可以使用病人的细胞来获得，因拥有该病人的遗传成分而不会发生排斥反应。威尔斯解释到，因为iPSCs技术非常新颖，其是否具有hESCs所拥有的全部潜能还是未解之谜，因此，研究人员在本次实验中使用了这两种干细胞，以进一步测试和比较这两种干细胞转化为其他细胞的能力。

为了将多功能干细胞变成肠道组织，科学家使用化学物质和生长因子蛋白进行了一系列细胞操作，在实验室中模拟出了胚胎肠的发育过程。

科学家首先将多功能干细胞变成名为定型内胚层(其会产生食道、胃、肠、肺、胰脏和肝脏的内衬)的胚胎细胞，接着将胚胎细胞变成了名为“后肠定向祖细胞”的胚胎肠细胞。随后，他们将胚胎肠细胞提交给促进肠发育的“亲肠”细胞培养装置。

28天后，科学家获得了类似于胎儿肠的成型三维组织，这种组织包含肠道所有的主要细胞，包括肠上皮细胞、帕内特细胞(一种分布于肠腺底部的肠黏膜分化上皮细胞)、肠内分泌细胞。这个组织会持续成熟，获得正常人体肠组织拥有的吸收和分泌功能，并会形成肠特异性干细胞。

威尔斯表示，这个过程可以作为人体肠发育的研究工具，也可帮助科学家了解人体肠道在生病后的变化。由于大部分口服药都通过肠道吸收发挥作用，该突破还将有助于科学家设计出更好的、更容易吸收的口服药物。

研究人员接下来将进行动物实验，验证该肠组织是否可以有效地用于移植手术，并最终用来治疗罹患肠道疾病的病人。（刘霞）

（原载2010年12月14日《科技日报》）

干细胞技术让一只小鼠有俩爸

亚东评论 干细胞研究容易让你想到克隆人，其实两者并无因果联系。克隆也有两种，治疗性克隆能够造福众生，而生殖性克隆在全世界几乎遭到一致谴责。要是把“帮助同性伴侣拥有属于双方的孩子”视作此项成果的前景之一，则必定会给贝林杰团队带来麻烦，相信这也不是他们的想法。在很多情形下，科技都是一把双刃剑。我们期待生命科学的进步，但不应以亵渎生命而走向其反动，从而给自己酿成吞不下去的恶果。但愿人类不会到亡羊的时候，才想起补牢。

一只小鼠拥有两个“亲爸”，这可不是奇闻。据美国《连线》杂志12月10日（北京时间）报道，美国科学家利用生物技术，让两只公鼠在一只代孕母鼠的“协助”下诞下了后代。这一最新技术突破将有助于科学家孕育家畜和稀有动物，保护濒危动物及消除后代的遗传疾病，甚至还能帮助同性伴侣拥有属于双方的孩子。

美国得克萨斯州立大学遗传学家里查德·贝林杰领导的研究团队在12月8日出版的《生殖生物学》杂志上撰文指出，他们对一只公鼠（1号父亲，其包含X和Y两种染色体，母鼠仅包含两个X染色体）的一个诱导多功能细胞（IPS）系进行基因重组，让其形成类似于胚胎干细胞的状态。其中约1%的这些诱导多功能细胞，在细胞分裂过程中因先天错误自行失去其Y染色体，转变成XO细胞。

接着，科学家将这些仅含X染色体的XO细胞的DNA注入还未成熟的小鼠胚胎内，再将这些胚胎移植到代孕母鼠体内。

科学家解释道，其产生的后代只有X染色体：两个来自母亲；一个来自1号父亲。而且，所诞下母鼠的卵子中，某些卵子只有1号父亲的染色体。

随后，科学家将这些新生小鼠中的母鼠与正常的公鼠交配，只含有1号父亲染色体的卵子与第二只公鼠（2号父亲）的精子相遇，它们的孩子，无论公鼠还是母鼠，都同时携带了两个“父亲”的基因。

贝林杰指出，这项最新突破对哺乳动物的繁殖和辅助生殖技术具有非常重要的意义。除此之外，科学家或许也能使用基因重组技术“从一个雌性动物获得精子，最终让两个‘妈妈’产下鲜活的雄性和雌性后代”。

不过，他们也表示，使用这项技术面临的最主要障碍是，经过重新编程的细胞可能会变成癌细胞。

近年来，科学家在繁殖技巧方面取得了一系列突破，这只是其中最新的一项。2004年，英国纽卡尔斯大学科学家成功地利用三个人的基因创造出了新胚胎，这种方法产生的受精卵可避免家族遗传病继续在后代身上发生。科学家之前也曾使用两只母猴的基因克隆出猴子。

研究人员认为，这些技术突破都强调预防遗传疾病遗传给后代，距离实际应用或人类的合法使用还很遥远，或许永远不会出现在我们的日常生活中。最新的“双父亲”技术也不例外，该技术“从理论上提供了一种绕过线粒体疾病的方法”。尽管伦理和科学挑战使其应用于人类很难变成现实，但该技术在被用来孕育家畜或稀有动物方面应大有可为。（刘霞）

（原载 2010 年 12 月 11 日《科技日报》）

克隆羊“多利”复活变身“多利四羊组”

亚东评论 “潜伏”已3年竟不为所知，今揭秘“多利四羊组”身世虽无法再现13年前多利诞生时那种轰动效应，但生命科学的长足进步还是令人惊叹不已。这些更加健康也更加快乐的小动物让我们毫不怀疑，此多利非彼多利。日臻成熟的克隆技术使一种全新的工厂成为可能，那里可根据订单随时制造个性化的生命产品，包括我们自己。于是，相关的伦理和法律真空突显出来。事实上，人类现在只是拥有技术，而尚未做好人文范畴的准备——一场危机正在酝酿之中。

据英国《每日邮报》12月1日(北京时间)报道，随着克隆技术的进步，最初成功克隆多利羊的科研小组利用克隆多利时所剩的乳腺细胞，又成功克隆出了四只“多利”，科学家将它们称为“多利四羊组”。

英国爱丁堡罗斯林研究所伊恩·维尔穆特和基思·坎贝尔领导的科研小组于1996年克隆出多利，这是世界上第一只用已经分化的成熟体细胞(乳腺细胞)克隆出的羊。科学家们普遍认为，多利的诞生拉开了克隆时代的序幕。2003年2月，研究人员发现多利患有严重的进行性肺病和关节炎，对其实施了安乐死。多利之死引发了人们对克隆动物长期健康状况的担忧。

在培育多利的过程中，科学家采用体细胞克隆技术，从一只成年绵羊身上提取乳腺细胞(供体细胞)，将其细胞核注入另一只绵羊已经被抽去了细胞核的卵细胞(受体细胞)中，再利用电脉冲方法，使供体细胞和受体细胞融合形成胚胎细胞。最后，科学家将最健康的胚胎细胞转移至另一只母绵羊的子宫内，克隆出多利。

科学家将克隆多利时使用的乳腺组织中的其他样本冷冻保存下来，坎贝尔正是利用这些来自同一只母羊的组织，克隆出“多利四羊组”。克隆多利时，科学家总共用了277个卵子，得到了29个胚胎。而随着技术的进步，“多利四羊组”中的每一只羊只需要5个胚胎。

坎贝尔称，从基因角度来看，这4只羊和多利以及提供乳腺细胞的母绵羊一模一样，这意味着“多利复活了”。他们正密切关注“多利四羊组”的健康状况。目前，“多利四羊组”已诞生3年多，还没有表现出多利患有的关节炎症状，这意味着克隆技术的进步或可提高克隆动物的成活率和健康水平。

3年多来，坎贝尔一直将“多利四羊组”放在校园中当作宠物饲养，直到最近他在一次报告中提及它们才为人所知。坎贝尔声明，他并没有试图隐藏这些“多利”的存在，此前已经和一些科学界同行交流过相关信息。他还表示，克隆技术的日趋成熟是新一批“多利”身体状况较好的原因，他正在对此进行比较研究，并计划发表相关论文。（刘霞）

（原载2010年12月2日《科技日报》）

科学家成功逆转老鼠衰老进程

亚东评论 长生不老似乎还不过瘾，迪平霍教授更把目标锁定为返老还童！这篇报道也许让你对青春永驻的好日子无限憧憬，但不要忘了，自然界的基本法则不可违抗。事实上，端粒酶管得了 DNA 复制的长度问题，却管不了其变异问题，它也不是决定人类死活的唯一因素。即便有朝一日吃早点时可以在豆浆里加一勺端粒酶，从而使体内细胞没完没了地分裂下去，我们也注定要为自己的万寿无疆付出不成比例的沉重代价。没人不想长寿，但那毕竟不是终极追求。

据英国《卫报》11 月 29 日(北京时间)报道，美国哈佛大学医学院的科学家在《自然》杂志上撰文称，他们开发的实验性治疗方案成功地让年迈实验鼠已经老化的器官恢复活力，朝着逆转机体衰老进程的目标又近了一步。研究人员希望有朝一日能够在人类身上取得同样的效果，或至少可以帮助人类延缓衰老。

该研究负责人罗纳德·迪平霍说："我们在这些动物身上看到的不是衰老进程的减慢或者稳定，而是巨大的逆转，这是令人意想不到的。"

研究小组将目标锁定在端粒缩短这一与老化相关的过程上。由于体内缺乏可阻止端粒变短的端粒酶，用于实验的转基因小鼠过早衰老，并且各种疾病缠身，如嗅觉迟钝、脑容量变小、不孕及肠道和脾脏受损等。但当小鼠经过注射治疗重新激活端粒酶之后，其受损的组织不仅得以修复，同时老化迹象也出现了逆转。

迪平霍表示，这些都是重度老龄化的动物，但经过一个月的治疗后，它们表现出了实质性的恢复，包括大脑中长出了新的神经元。

但在人类身上应用这一技术会更加困难。实验鼠终其一生都能够制造端粒酶，但是成年人体内的端粒酶却会被关闭，这是为了不让细胞失去控制地生长变成癌症而采取的一种不得已的进化妥协方案。提高人体内的端粒酶水平可能会延缓衰老，但同时也增加了罹患癌症的风险。

迪平霍说，如果定期给药，并只给那些体内没有成活癌细胞聚集的年轻人，此方法应用于人类或是安全的。

英国卡迪夫大学研究老化的专家大卫·吉卜林说："让人体组织'返老还童'的目标将是清除衰老的细胞，或者弥补它们对组织和器官的有害影响。尽管这是一项极富吸引力的研究，但必须记住的是，老鼠不是微型的人类，尤其是涉及端粒方面，目前尚不清楚是否在成年人体内也会出现类似的激活端粒酶并最终导致衰老细胞清除的效果。"

英国牛津大学的生物化学家林恩·考克斯则表示，这项研究非常重要，其提供的实验证据表明，短期治疗以修复成年动物体内的端粒酶可让老化组织活力再现并恢复生理功能。

迪平霍称，经治疗后的小鼠没有一例患上癌症。研究团队现正在调查该方法是否能延长小鼠寿命，或让它们的老年生活更健康。这可能有助于开发新的策略，以提高衰老个体的器官重生潜力，从而改善其生活质量。（陈丹）

（原载 2010 年 11 月 30 日《科技日报》）

控制单个基因可让植物生长更快

亚东评论 越来越娴熟地利用基因操纵植物生长，这无疑是人类文明史上一个值得大书特书的篇章。由于多年生牧草通常不会和粮食生产争地，所以它作为生物质原料的前景格外引人注目。通过控制单个基因的表达来实现植物根部改良，杜克大学研究人员的这一突破或将创造一种全新的植物繁育方法，并使具有“量身定做”特征的新苗木出现成为可能。更重要的是，这一发现让我们对植物的生长机制有了进一步了解，其意义怎一个柳枝稷根壮苗肥了得！

据美国物理学家组织网11月12日（北京时间）报道，美国杜克大学基因科学与政策研究所（IGSP）的研究人员称，用单个基因改造多年生牧草，可使其根部更加坚韧，生长更快，这有利于生物燃料的制造。

多年生牧草包括柳枝稷和芒草等。美国去年提出了在2012年以前从玉米、柳枝稷等可再生作物中提取燃料乙醇的计划。柳枝稷之前一直被认为是非常有前途的乙醇原料，因为它是多年生植物，而玉米需要每年再植。不过，大多数生物燃料作物需要等到种植两三年后收割，而且需要固定其根部，改进根部生长能大大减少收割时间。

IGSP系统生物学研究中心的主任、生物学家菲利普·本菲尼做到了这一点。他们采用了一种基因组方法，旨在找出一些特定的基因——当细胞停止分裂并开始表现出其最终会变成成熟细胞的特征时，这些基因会变得活跃。最终，他们找到了一种名为UPB1的基因，进一步的研究显示，UPB1可控制过氧化物酶的基因表达。

他们接着证明，过氧化物酶控制细胞繁殖区域和细胞延长区域（细胞分裂从此处开始）之间自由基的平衡。自由基是机体氧化反应中产生的有害化合物，具有强氧化性，可损害机体的组织和细胞，进而引起慢性疾病及衰老效应。

当研究人员在实验中破坏植物根部UPB1的活性时，改变了自由基的平衡，使细胞延迟分裂并持续繁殖。最终，这些植物拥有了生长更快的根部、更多更大的细胞。而当人工增加UPB1的活性时，植物根部的生长变得缓慢。

本菲尼表示，这意味着可通过操控单个基因来让植物长得更快；而且，UPB1的活动也与植物雌激素不相干。

另外，从基因工程学的角度来说，通过去掉而不是增加一个基因来加强植物的生长更有吸引力。这也表明，植物并不会用尽全力地生长，因为它们必须在生长和繁殖之间作出取舍。新发现除了在生物燃料方面具有潜在用途外，还有望帮助科学家培植出更大、更强和能够从大气中吸收更多温室气体的植物。（刘霞）

（原载2010年11月13日《科技日报》）

地质历史质疑达尔文进化论

亚东评论 姑且不论兰皮诺的最新发现，他把达尔文进化论与自然选择对立起来实在大谬不然！对于生物如何进化的问题，达尔文曾在《物种起源》一书中给出明确答案，那便是自然选择——达尔文主义之精髓。当然，一些“比达尔文还达尔文”的学者后来将其视作进化的唯一机制，的确背离了达尔文本人既强调自然选择又不否认用进废退的灵活主张。但若据此把自然选择理论的“专利人”改成马修，不仅达尔文不答应，现代科学史恐怕也不会如此轻易被修订。

据美国物理学家组织网11月10日(北京时间)报道，美国研究人员表示，地质化石记录显示，与达尔文进化论相比，马修于1831年提出的自然选择观点更符合现代生物的发展进化。达尔文认为，进化主要由物种之间为了生存而进行的不间断的竞争所驱动；而马修认为，进化主要由灾难性的生命大灭绝所推动。

纽约大学的地质学家迈克尔·兰皮诺指出，苏格兰博物学家帕特利克·马修在其撰写的《海军用木和树木栽培》一书的附录中阐述了自然选择观点。尽管达尔文和其同事阿尔弗雷德·鲁瑟·华莱士承认，马修是首个提出自然选择理论的人，然而，历史学家们更多地将发现自然选择理论的功绩授予了达尔文和华莱士。

在《海军用木和树木栽培》的附录中，马修阐述了自然选择理论，后来，达尔文也做出了同样的阐述。达尔文表示：“自然界存在一个普遍适用的自然法则，该法则让每个能够繁殖的生物最适合其生存环境，因为生存环境非常有限，并且都被提前占据，只有那些更坚韧、更强壮、更适合环境的个体才能够进一步进化。”

然而，在解释影响自然选择的力量时，马修将灾难性事件看作主要的驱动力，他认为大灭绝事件是进化过程的关键。他指出：“大灭绝之后，所有生物的数量一定大量地减少，因此，会出现一个未被占领的世界，而这个世界则成为生命之树新分支的温床。灭绝后的幸存者最终塑造并适应了环境变化。”

而达尔文出版其《物种起源》约30年后，明确否定了灾难性事件对自然选择的影响。他指出：“所有地球居民被不同时期的灾难性事件扫荡一空的旧观点已经被抛弃了。”达尔文解释说，这个自然选择过程使存活下来的物种的性质慢慢发生了变化。

然而，兰皮诺指出，地质历史学表明，地质长时期的稳定会被偶然并且快速出现的重大生态变化所中断，这对达尔文的理论——大多数进化变化通过物种之间的竞争，通过更加适应相对稳定的环境渐进地完成这一理论提出了质疑。

兰皮诺对灾难性事件的研究包括火山爆发以及小行星撞击。他表示，我们越来越接受生命历史上灾难性大灭绝的重要性，现在到了我们重新考虑马修的理论是否比达尔文的理论更符合现代生物进化观点的时候了。（刘霞）

（原载 2010 年 11 月 11 日《科技日报》）

人体皮肤可直接转换成血液

亚东评论 正值多个城市闹“血荒”，这项成果让人侧目。而其意义还远不止此，因为它毫不留情地刷新了生命科学的一个重要页面。3年前，美国人和日本人分别宣告绕开胚胎，直接将普通皮肤细胞转化为干细胞，这就是iPS细胞。如今加拿大人又绕开iPS细胞，直接将皮肤细胞转化为血液细胞。一个“绕”字总是叫你想起旁门左道，其实它也许才是真正的坦途和捷径。在这个领域，人类的既有认知较之10年以后，一定就像学童面对教授，不信咱就等着瞧。

据美国物理学家组织网11月8日(北京时间)报道，加拿大研究人员宣称，他们绕过诱导多功能干细胞(iPS细胞)这一中间环节，直接将成人皮肤细胞变为血液细胞，新方法对于理解细胞分化及再生医学研究均有重要意义。相关研究论文发表在11月7日的《自然》杂志网络版上。

加拿大麦克马斯特大学干细胞和癌症研究所主任米克·哈蒂亚领导的研究小组表示，临床试验可能于2012年展开，新方法或许意味着在可见的未来，那些因为手术或者贫血治疗等而需要血液的患者将能够使用自己的皮肤供血。

美国斯坦福大学医学院的研究人员曾于今年1月27日宣布，在实验中绕过iPS细胞步骤，首次直接将实验鼠的皮肤细胞转化成神经细胞。而此次的新研究是科学家首次使用人体细胞进行类似实验，也是科学家首次制造出祖细胞。

由于从干细胞转化的红血细胞并不能制造出成人的血红蛋白，因此，哈蒂亚团队选择利用皮肤细胞来制造血液祖细胞。研究人员从志愿者身上收集了皮肤纤维细胞，并让这些纤维细胞感染一种植入了OCT4基因(一种干细胞全能性基因，可将纤维细胞转化为iPS细胞)的病毒，再将这些细胞置于含有多种细胞因子的特殊溶液中进行培养。

实验表明，由此生成的血液祖细胞确实产生了血液所具有的3种细胞——白血细胞、红血细胞以及血小板，而且都能够发挥其应有的功能，红血细胞制造出了成人的血红蛋白，而不是胚胎阶段的血红蛋白。

美国国家卫生研究院心、肺、血液研究所分子造血部门主任辛西娅·邓巴表示，新研究绕过iPS细胞，使得这些细胞移植进入病人体内形成肿瘤的风险几乎为零，解决了安全问题，比利用人类胚胎干细胞或者iPS细胞制造血液细胞的方法更具优势。

不过，也有研究人员表示，这种细胞不像iPS细胞和胚胎干细胞那样容易在实验室大量繁殖，因此，要想获得实际应用所需的大量转换细胞可能是一个巨大的挑战。

波士顿儿童医院的干细胞生物学家乔治·戴利也认为，尽管实验表明转化而来的血液干细胞与成人的血液细胞没有太大差别，但是，将它们移植入病人体内后，其表现是否同真实的成人血液一样，现在下定论还有点为时过早。

加拿大癌症协会研究所所长克里斯蒂·威廉姆斯则表示，从病人自身的皮肤细胞产生的血液细胞拥有无限的潜力，有望让骨髓移植手术所需的人类白细胞抗原(HLA)配型以及献血不足等成为过去。另外，新研究也拥有巨大的潜力，可以改进实体瘤、白血病等许多癌症的治疗效果。(刘霞)

(原载 2010 年 11 月 9 日《科技日报》)

癌症疫苗失效的元凶浮出水面

亚东评论 时下最流行的癌症疫苗方案都离不开肿瘤细胞的相关抗原，然而这些抗原只能激发微弱的免疫系统反应。众多科学家还在百思不得其解时，剑桥大学的研究人员或许已经知道了问题的症结。如果FAP真是潜伏于人体的“内鬼”，那事情便容易得多。对此项发现感兴趣的读者一定急于知道，从鼠到人的距离究竟多远？谁都希望它只有一步，但即使最终不得不给FAP“平反”，费伦的研究方向和方法也让我们更加接近了谜底，因而值得充分肯定。

据英国《每日电讯报》11月5日（北京时间）报道，英国研究人员在4日出版的《科学》杂志上撰文指出，在老鼠身上进行的研究表明，纤维母细胞活化蛋白（FAP）会阻止身体的免疫细胞去攻击癌细胞，破坏FAP可让肿瘤细胞完全失去对免疫系统的抵抗力，基于此研制出的癌症疫苗能让身体的免疫系统杀死癌症肿瘤。如果这种方法获得成功，将彻底改变目前癌症治疗的状况。

这项研究的领导者、剑桥大学免疫学家道格拉斯·费伦表示，过去科学家一直试图利用人体自身的免疫系统来对付癌症，但种种努力均以失败告终，显然，人体内隐藏着一种蛋白质，能“窝藏”甚至培养癌细胞。因此，破坏这种分子会让癌症肿瘤完全失去抵抗力并被免疫系统杀死。

研究人员表示，FAP同乳腺癌、肠癌、肺癌等多种癌症有关，广泛存在于间质细胞中，间质细胞是一种组织细胞，通常会火速奔往伤口所在地辅助治疗。癌症肿瘤会“哄骗”身体，让身体误认为癌症只是伤口，因此，身体中的免疫细胞不再去破坏肿瘤而是培养肿瘤，从而限制了疫苗的功效。

研究人员对老鼠的基因进行了修正，让它们能够随意关闭FAP的产生，然后再让老鼠患上肺癌，结果发现，当FAP被阻止时，肺癌肿瘤细胞被破坏，癌症开始快速地“死亡”。

疫苗主要的工作原理是通过激活身体的免疫反应来提升免疫系统攻击癌细胞的能力，但令人费解的是，这些疫苗对肿瘤的快速增长几乎毫无遏制效果。免疫学家一直怀疑，肿瘤内免疫细胞的活动被抑制住了，新研究很好地解释了这一点。

研究人员表示，新研究也让人们能够更好地理解为什么自身免疫系统能够破坏其他疾病，但不能破坏癌细胞。

费伦表示，虽然该研究目前还处于初期阶段，但是，老鼠肿瘤发生的情况很有可能也会在人体对应的肿瘤细胞上出现，上述过程或许也适用于人类。研究人员打算进行进一步实验，弄清楚FAP如何对人体免疫系统施加影响。（刘霞）

（原载2010年11月6日《科技日报》）

微型肝脏首次在实验室培育成功

亚东评论 别说狼心狗肺，就算哪位体内蠕动着的是邻居家二哥的胃，那肯定也是一个历经千难万险的无奈。索科尔团队今天为我们展现一幅前景：既不是挖肉补疮，也不是移花接木，而是利用人体自身的干细胞再生，使缺损的组织和器官沿着设计好的支架生长起来，从而实现无损伤创伤修复和真正意义上的功能重建。为期不会太远的没有伦理争端和排异反应的人造器官时代，必将开创一个拥有巨大市场的新兴高科技产业，同时也会彻底改变人类现行的生命观。

据英国《每日电讯报》11 月 1 日(北京时间)报道，在波士顿举行的美国肝脏疾病研究大会上，美国维克森林大学浸会医学中心的研究人员表示，他们使用人体干细胞首次在实验室培育出微缩版人体肝脏，新的实验结果有助于在将来制造出全功能的人造肝脏，造福广大肝病患者。

人们对于移植肝脏的需求远远超过了可以获取的数量。最近几年，研究人员一直在想方设法使用细胞技术支撑人体内随着年龄增长不断衰弱的器官正常运转，甚至希望某一天可以用人造器官取而代之。

维克森林大学医学院主管兼教授谢伊·索科尔团队使用人体干细胞制造出该微型肝脏，在一个“支架”上形成新的肝脏组织，而这个“支架”由一个动物肝脏制造而成。

研究人员首先将动物肝脏中的细胞除去，仅仅留下支持细胞生长的胶原蛋白框架以及一个细小的血管网络。接着将新的干细胞，也就是不成熟的人类肝脏细胞和内皮细胞(主要用于形成血管的内壁)逐渐填入“支架”中。随后，再将整个框架移入一个生物反应器中，并使用营养物质和氧气的混合物来培养这些细胞。一周后的观察发现，细胞的生长状况非常好，甚至表现出了很多真正人体肝脏的功能。

索科尔表示，新研究成果令人兴奋，但目前还处于初级阶段，仍有很多技术障碍需要克服。比如，研究人员不仅需要知道如何同时培育出数十亿肝脏细胞，以获得足够大的肝脏供病人使用，同时也必须弄清楚这些器官是否安全。

英国伦敦帝国学院的肝脏病学教授马克·瑟斯也称赞这一研究说：“研究人员克服了制造人工肝脏的主要技术障碍，在一个‘天然的’肝脏组织中制造出了起作用的人类肝细胞。下一步，研究人员需要证明，这些肝脏能够像正常的人体肝脏一样起作用。”

英国南安普顿大学的马克·怀特则表示，肝脏疾病现在已越来越普遍，而且，因为缺乏可供移植的肝脏，肝病死亡率也与日俱增。鉴于此，这是一个令人激动的新成果。他说：“显然，研究人员将干细胞技术和生物工程技术结合在一起，作为制造人造肝脏的第一步。尽管要想获得全功能、可以随时取用的肝脏还需要一段时间，但是，新研究表明，我们制造出人工肝脏的想法不仅仅是科幻小说。”（刘霞）

（原载 2010 年 11 月 2 日《科技日报》）

自组装DNA链最佳长度介于10—30个碱基之间

亚东评论 提起DNA,人们总是首先想到生命科学,其实就材料科学而言,它也是一支极具成长性的潜力股。在地球上进化了几亿年的DNA分子,是自然界中一种最精确和最能程序化自组装的稳定体系。虽说是“自”组装,但只有可控的自组装才能根据人的意愿创造新物质和产生新功能。在分子功能材料和纳米科学领域,DNA链这个超级建筑模块现在用起来还远未得心应手。如果把它比作砖头,我们今天终于知道做成多大尺寸才能又好又快地盖大楼。

据美国物理学家组织网10月29日(北京时间)报道,美国北卡罗来纳大学研究人员找到了开发DNA(脱氧核糖核酸)自组装材料的最佳方法,该方法在药物输送以及分子传感器等诸多领域具有重要价值。该技术进展的关键是发现了用于自组装的DNA链的最佳长度。

包含遗传密码的DNA链,会跟包含其独特互补序列的另一链结合在一起。如果给材料喷涂一种特殊的DNA涂层,这种材料就会自动找出与其相配的配对物并与之结合。这种被称为DNA辅助自我组装的概念,可创建出具有各种用途的自组装材料,从而为生物医学和材料科学领域开拓广阔前景。实际上,DNA自组装技术不是一个新的概念,但其面临一大障碍——片断太短会无法实现自我组装,而片断太长会使材料变形。

在最新出版的《朗缪尔》杂志上,美国北卡罗来纳大学和澳大利亚墨尔本大学的一个联合研究小组为该问题提出了解决方案,他们从分子动力学角度利用计算机数据模拟,确定了自组装DNA链的最佳长度。

在以DNA为基础的纳米尺度系统,DNA链的长度是一个重要因素。研究人员用计算机模拟DNA链和DNA层间的相互作用效果,以掌握DNA链长度对形成DNA薄膜的影响。

结果显示,短链(少于10个碱基)和长链(超过30个碱基)的单链DNA无法生成最合适的膜,这是因为DNA膜面的形成有一种自我保护机制。这也意味着这些链会互相结合,而不是和“配对”材料结合。这种机制让它们能和其他层的DNA链结合,从而形成对DNA自身最适宜的组装情形。论文合著者、北卡罗来纳大学材料科学与工程副教授亚拉·英林说,最优长度并不是太长,以便与其他的链互相结合;也不是太短,以便能有效地自我折叠。

在利用这种自组装材料开发药物递送工具方面,墨尔本大学已经研制出一种自组装的DNA胶囊,其具有完全的生物适应性、生物降解性,可在遇到特殊物理刺激时释放药物,从而使其成为最理想的药物递送工具。DNA自我组装技术还可用于开发高效分子传感器。

利用DNA探测临床上的重要生物分子并发出信号，这在医学领域具有重要的诊断应用价值。

目前，研究人员正计划探索在DNA自组装中发挥重要作用的其他因素，如温度、基因序列和环境等。（常丽君）

（原载2010年10月30日《科技日报》）

工业革命造就了癌症恶魔

亚东评论 当希波克拉底把古希腊一种罕见疾病命名为“癌症”时，这位西方所尊的医学之父很可能苦于找不到足够的研究案例。过了大约2400年，美国总统肯尼迪制定和实施了两项耗资均达数百亿美元的庞大计划：人类登月和攻克癌症。登月大功告成，癌症却越治越多并成为人类的第二大杀手——攻克癌症千真万确地成了“比登天还难”。虽然早就怀疑工业革命是始作俑者，但这是第一次在科学意义上认定癌症是“人为病症”。此结论实在难以让我们变得乐观。

英国曼彻斯特大学开展的一项最新研究明确显示，癌症是一种由污染和饮食等环境因素引起的人为制造的现代疾病。发表在《自然》杂志上的此项结论是该校KNH生物医学中心对古埃及、古希腊及更早时期的遗骸和文献进行研究（包括首次对一具埃及木乃伊进行了癌症病理诊断）后得出的。

在所调查的数百具埃及木乃伊中，研究人员仅发现了一个癌症病例，在文献中也几乎找不到有关癌症的参考资料，这证明癌症在古代是极其罕见的。癌症，特别是儿童癌症的发病率从工业革命开始大幅攀升，这也证明了癌症发病率的上升不应归因于人类寿命的延长。

曼彻斯特大学生命科学教授罗萨莉·大卫表示，在工业化社会中，癌症是仅次于心血管疾病的第二大死因。但是，在远古时代，这却极其罕见。那时，自然环境中不存在任何能引发癌症的东西。因此，癌症必定是一种人为疾病，它是污染以及人类饮食习惯和生活方式改变所造成的恶果。

大卫说：“此项研究的重要之处在于，它从历史的视角检视了癌症这种疾病。我们之所以敢非常肯定关于癌症发病率的此项结论，是因为我们做了非常充分的研究。我们检视了几千年，而不是一百年的文献资料，从而拥有了大量数据。”

这些数据包括曼彻斯特大学生物学中心客座教授迈克尔·齐默曼史上第一次对一具埃及木乃伊所做的癌症病理诊断。他诊断出一具无名木乃伊罹患了直肠癌，该具木乃伊原本是生活在埃及托勒密王朝时期（公元前200年—400年）的一个普通人。

齐默曼教授说：“古代社会缺乏手术治疗，有关癌症的证据应能完整地留存下来。在木乃伊中甚少发现恶性肿瘤的事实，定可解释为癌症在古代是非常罕见的，这表明癌症的致病因素应限于受到现代工业化影响的社会。”

该小组不光研究了古埃及的木乃伊遗骸和文字记录，还研究了古希腊时期的文字证据（此时期没有遗骸留存）。他们还对可追溯到恐龙时代的动物及早期的人类遗骸进行了医学研究。

在动物化石中，科学家们几乎没有发现非人灵长类和早期人类罹患癌症的证据。虽然有报告称在埃德蒙顿龙化石中发现了一种起因不明的转移性癌症，另一项研究也列出了在化石遗存中发现的若干疑似肿瘤，尽管还有报告称在非人灵长类动物中也发现不同的癌症，但这些癌症中并不包括现代成年人类中最为常见的癌症。

有人认为，古代人的短寿命阻止了癌症的发展。虽然这种统计构想是真实的，古埃及和古希腊的个别人群确实活得够长，发展出了动脉粥样硬化、佩吉特氏病和骨质疏松症等疾病，但在现代，骨肿瘤的主要影响人群是年轻人。

古代遗骸中缺乏肿瘤身影的另一种解释是：肿瘤未必能完好地保存下来。齐默曼博士的实验性研究表明，木乃伊有保存恶性肿瘤的功能，而且肿瘤实际上要比正常组织保存得更好。世界各地的数百具木乃伊已被研究过，但只有两份报告显示了癌症的微观确认。对开罗博物馆和欧洲博物馆中木乃伊所做的放射性调查也未发现癌症的证据。

在对古代文献的检视中，研究人员发现，直到 17 世纪才有了乳腺癌和其他癌症手术的描述，人类特有肿瘤的报告也只首次出现在过去 200 年的文献里，如 1775 年一名烟囱清扫工患上了阴囊癌，1761 年一名鼻烟使用者罹患了鼻癌，1832 年则出现了霍奇金病。

大卫总结说，来自古埃及人的广泛数据，加上纵贯数千年的其他数据，足以给现代社会提供一条明确的信息，那就是癌症是人为的，这一点毋庸置疑。（冯卫东）

（原载 2010 年 10 月 16 日《科技日报》）

年轻蛋白质让核糖核酸展现活力

亚东评论 RNA在生物活动中的角色和作用肯定远远超乎想象。诺贝尔奖得主吉尔伯特20世纪80年代提出，生命起源时期最早出现的生物分子系统和遗传物质是RNA，而不是以前公认的DNA或蛋白质。这一学说逐渐成为当今学术界主流观点。派尔等人这项发现无疑进一步丰富了RNA的化学内容。同时，我们不禁感叹生命科学的年轻和稚嫩。即使把全球最优质的科研资源都集中于这个领域，再过100年它也未必能与物理学等老大哥比肩齐眉。

据美国物理学家组织网10月14日(北京时间)报道，耶鲁大学和韦恩州立大学的科学研究显示，一种复杂的RNA(核糖核酸)与蛋白质共同作用，在蛋白质的帮助下能经过整形，重新塑造成合适的形状。这些存在已久的古老RNA通过不断进化，在年轻的蛋白质中寻找合适的搭档，辅助自己完成功能使命。这项研究发表在10月13日的《自然》杂志网络版上。

科学家曾经认为，绝大部分细胞活动都是由蛋白质控制着，然而近几年的研究发现，多种RNA分子也在大量生物活动中扮演重要角色。这项研究针对的是一种比较大的、具有催化作用的特殊RNA，也就是目前已知的Ⅱ组内含子(group Ⅱ introns)。Ⅱ组内含子源于原生生物、真菌、藻类、植物细胞器以及细菌和古细菌基因组中，具有自我剪接功能，许多Ⅱ组内含子的剪接反应需由蛋白质辅助才能完成。

研究论文介绍了Ⅱ组内含子的作用过程以及形态和功能之间的关系，并指出在帮助Ⅱ组内含子和其他RNA形成最佳造型的过程中，酵母菌蛋白质Mss116发挥了重要作用。

论文作者之一、霍华德·休斯医学研究院的研究员安娜·玛莉·派尔教授说，这种Ⅱ组内含子RNA和Mss116蛋白质之间的互相反应很有趣：一个早已存在的古老RNA分子，经过漫长的等待以期遇到合适它的蛋白质搭档，在这个等待过程中它自身也在逐渐进化，变得能跟更加“现代派”的年轻蛋白质合作，从而完成调控自身活性的过程。

早期的教科书认为RNA只是一种简单的化学媒介，在DNA(脱氧核糖核酸)指令和蛋白质合成之间充当信使。但在人类的30亿个基因编码中，只有2%是蛋白质合成基因，而多种多样的RNA则隐藏着其余大部分基因的重组、激活或关闭的秘密。

派尔说，理解RNA的折叠过程非常关键，对我们掌握那些只有一条RNA染色体的病毒的感染过程很有帮助，比如C型肝炎或西尼罗河病毒。在生物体中，RNA的作用远比我们5年前认为的重要得多，需要进一步研究它们的结构和作用机制。(常丽君)

(原载2010年10月15日《科技日报》)

体外受精新方法可挑出最健康胚胎

亚东评论 就在10天前，缔造了世界首例试管婴儿的英国科学家罗伯特·爱德华兹刚刚因此荣获本年度诺贝尔生理学奖。1978年，他是在失败100多次的绝望中找到光明，而体外受精的成功率至今也不超过40%。那些造人不倦但始终不得要领的夫妇，无疑会是这篇报道的最忠实读者。不过，除伦理方面的麻烦外，这项技术本身也还远谈不上成熟，比如，现在谁都无法解释为何试管婴儿出生后会面临更大的健康风险。但愿此言不讨人嫌。

据英国《每日邮报》10月12日(北京时间)报道，澳大利亚研究人员发现了一种可以精确测定胚胎健康状况的新方法。借助这一方法，医生可以挑选出最健康的胚胎植入子宫，大大提高了体外受精(IVF)成功受孕的概率。

在英国，每7对夫妻中就有1对在受孕方面存在问题；5%的夫妻尝试IVF治疗2年后，仍以失败告终。35岁以下接受IVF的女性中，仅29%的女性生育了自己的小宝宝，而且这一概率随着年龄的增加不断下降。据澳大利亚墨尔本大学网站报道，在澳大利亚，每6对夫妇中就有1对存在生育问题。

墨尔本大学动物学系戴维·加德纳教授领导的研究小组对胚胎从一种特殊溶液中摄取葡萄糖的数量进行了研究，这种特殊溶液由研究人员在实验室调制而成，其中的葡萄糖数量同正常怀孕妇女子宫内的一样，IVF专家从不孕夫妇体内提取精子和卵子后在实验室培育成胚胎，胚胎在体外依靠这种溶液获得营养。

加德纳表示，IVF专家在把胚胎放入该溶液之前，需要知道其中所含葡萄糖的精确数值。他解释说："在受精四五天后，通过每天检测溶液中葡萄糖的浓度，可以确定一个正在发育的胚胎摄取的葡萄糖数量。摄取的葡萄糖越多，胚胎就越健康。"葡萄糖是细胞分裂的主要能量源，也是细胞复制和胚胎发育不可或缺的能量源泉。

研究人员运用这种方法检测了50对接受IVF治疗夫妇的胚胎，结果显示，2/3的女性在植入胚胎后，其妊娠测试呈阳性，共有28个婴儿出生。加德纳称，这28个婴儿都来自于摄取葡萄糖最多的胚胎。

另外，因为雌性胚胎比雄性胚胎摄取的葡萄糖更多，这一方法还可以预知胎儿的性别。加德纳表示，这只是早期的观测，不过，它可能有助于医生在早期胚胎阶段提前确定胎儿的性别。

该科研小组将在10月11日至13日于澳大利亚阿德莱德举行的澳大利亚生育协会科学年会上详细介绍这一研究成果，届时，全球辅助生育领域的权威人物将对这一有助于提高夫妇受孕概率的最新研究和临床治疗方法进行探讨。（刘霞）

（原载2010年10月14日《科技日报》）

美开始胚胎干细胞人体试验

亚东评论 既在情理之中，又在意料之外，我们竟是以这样一种平淡的方式悄然走进胚胎干细胞临床治疗时代。一场旷日持久的口水战尚无结果，敢于第一个“吃螃蟹”的医生们已经造就了事实。于是，寻求科学与道德新的平衡成为人类迫在眉睫的课题。胚胎是不是生命以及治疗性克隆是不是必然走向生殖性克隆，这些伦理争执无论多么敏感和激烈，最终必将达成共识，因为生命与死亡、健康与疾病毕竟是一切人类文化的共同关切。相信我们正在拥抱的是天使，而不是魔鬼。

据英国广播公司（BBC）、美国物理学家组织网10月12日（北京时间）报道，美国杰龙生物医药公司11日表示，美国一所医院的医生已经在8日首次将该公司生产的人类胚胎干细胞GRNOPC1用于一名急性脊髓损伤患者的治疗，这是首个获得美国政府批准的胚胎干细胞人体临床试验。

位于亚特兰大的这所脊髓和脑损伤康复医院——谢泼德中心的医学总监戴维·阿普尔表示，临床试验的主要目的是评估GRNOPC1在治疗脊髓损伤方面的安全性和耐受性。对GRNOPC1进行的临床前研究显示，在患者受伤7天后将人类胚胎干细胞注入受损的脊髓中，可以显著增强脊髓受损患者运动器官的活动能力。

按要求，参与试验患者的脊髓损伤时间应在损伤后7到14天内，医生必须一次性向其注射200万个GRNOPC1细胞。第一期临床试验将有10名病人参与，为期2年，其最终目的是通过将GRNOPC1细胞注射到瘫痪病人的脊髓中，让受损神经细胞得以重新生长，病人双腿最终能恢复知觉或运动能力。

据外媒报道，早在2009年1月23日，杰龙公司就曾宣布美国食品和药品管理局（FDA）批准了其进行人类胚胎干细胞治疗的临床试验。消息宣布约6周后，美国总统奥巴马解除了前总统乔治·布什限制联邦资金用于人类胚胎干细胞研究的禁令。随后，因美国法院一直在奥巴马解除限制胚胎干细胞研究的禁令是否合法上争论不休，杰龙公司被迫将临床试验延迟了一年多。

多年来，胚胎干细胞一直是医学界研究的热点，这种细胞可以生成任何器官或组织。但人体胚胎干细胞取自人类受精卵发育几天后的胚胎，所以能否用其治疗疾病一直饱受伦理和道德争议。支持者认为，人类胚胎干细胞可以治疗很多疑难杂症，包括癌症、老年痴呆症等，甚至能让瘫痪病人重新行走。而反对者则认为，为了获得或许可以挽救生命的胚胎干细胞而破坏活着的胚胎不符合伦理道德。

而杰龙公司的研究完全由私人资金资助，因此不受相关规范的限制。早在1999年，杰龙公司就已经开始进行人类胚胎干细胞的研发工作，该公司总裁兼首席执行官托马斯·欧卡马表示，“那时很多人预测，干细胞治疗人类疾病可能需要几十年。而这次开展GRNOPC1人体临床试验可谓人类胚胎干细胞疗法的里程碑”。（刘霞）

（原载2010年10月13日《科技日报》）

美“人造生命”小组发明简单有效基因合成技术

亚东评论 《科技日报》的《总编辑圈点》栏目5月22日曾高调推介人类首次合成可分裂细胞的划时代成果。仅仅过去5个月，文特尔研究小组便再次站到聚光灯下。以更小的基因片段构成大基因组，从而让“人造生命”更加便捷地走向精准化作业，这无疑是基因合成技术新近迈出的一大步。尽管很多人提起文特尔就恨得牙根儿痛，但生命科学发展的大势毕竟无法阻挡。与其徒劳地“堵”，不如明智地“疏”。况且，文特尔迄今在此问题上还算收敛。所以，我们更乐于从积极方面评价此项进展。

英国《自然》杂志在线版10月11日（北京时间）报道，美国研究人员称，他们将8个由60个核苷酸组成的DNA片段，首次人工合成了实验老鼠的线粒体基因组。研究人员表示，这是迄今为止最简单有效的基因合成技术，可用来设计和制造出疫苗、药品，或将细菌的细胞变成清洁能源等。

今年5月20日，美国克雷格·文特尔研究所的研究人员在美国《科学》杂志撰文指出，他们以上千个含有1000个核苷酸的DNA片段为基本合成单元，将其放入一个酵母菌细胞中，让其紧紧结合在一起，最终首次合成了一种细菌完整的基因组，并用它使一个被掏空的单细胞细菌“起死回生”。研究人员表示，这是第一个完全由人造基因指令控制的细胞。

该研究的领导者丹尼尔·吉布森称，被许多业内人士称为首次“人为创造生命”的该细菌由于基本合成单元较大，无法确定其基因组的顺序是否精确，因此，最后得到的“成品”很可能存在错误，确保合成出的基因组没有错误的唯一方法是给所有的片段排序，然而这将花费很长时间。

研究人员指出，小的DNA片段容易验证顺序。因此，他们使用8个只含有60个核苷酸的DNA片段，让它们同酶和化学试剂的混合物相结合，在50摄氏度下孵化1小时，5天内合成出了实验鼠的线粒体基因组，得到的基因组能够纠正具有线粒体缺陷的细胞内的异常。

该小组认为，这是迄今为止最简单的人工合成基因组的办法。普林斯顿大学电子工程师兼分子生物学家罗恩·韦斯表示，这种技术提供了“一种更有效的制造更大的没有错误的DNA片段的方法”。

很多业内专家对人工合成基因组并据此人为制造生命持有异议，公众也对其可能引发的伦理道德问题深感忧虑。但吉布森表示，该基因合成方法有助于新疫苗的研发。他指出，感冒病毒不断变异，我们每年都需要新疫苗，有了这种方法，我们就能够追踪变异，快速合成出新疫苗。另外，吉布森也指出，有细胞“动力工厂”之称的线粒体能为细胞的生命活动提供场所，线粒体异常会导致很多疾病，如果这方面的基因研究取得突破，很有可能研发出新疗法。不过吉布森也强调说，尽管他们合成出了线粒体的基因组，但是，还没有证明得到的线粒体是否有效。（刘霞）

（原载 2010 年 10 月 12 日《科技日报》）

艾滋病病毒抗药机理揭开

亚东评论 从预断 HIV-1 出现，到在原子水平揭示其抗药机理，这或许是人类在与艾魔的对决中逐渐掌握先机和主动的又一标志。在所有相关药物中，AZT 对艾滋病病毒的抑制力最强，也最具有价格优势。自从 1987 年 AZT 被用于临床治疗，人们便开始关注变异的病毒对它产生抗性，而此抗性早在 10 多年前就已显现出来。但这一次，科学家们不仅知道其然，而且在卓有成效地探究其所以然。正因为如此，拉特格斯大学这些研究人员才令人刮目相看。

据美国物理学家组织网 9 月 20 日(北京时间)报道，美国拉特格斯大学研究人员发现，一种变异的艾滋病病毒 HIV-1 能够抵抗 AZT(叠氮胸苷或齐多夫定，一种广泛用于治疗艾滋病的防护药物)，并在原子水平揭示了变异病毒的抗药机理。科学家认为，这一发现有助于研究人员理解抗艾滋病治疗为什么会无效，进而开发出更加有效的艾滋病治疗方案。研究论文发表在最新一期《自然结构与分子生物学》杂志上。

AZT 一度是治疗艾滋病的唯一方法，尤其在防止病毒从染病母亲传给未出生婴儿方面发挥着重要作用。HIV 病毒需要经由 RNA 来产生 DNA，从而复制自身。而 AZT 正是通过阻止一种逆转录酶来发挥作用。大约 10 年前，几个实验室根据各自的研究就做出推测，将会有一种抗 AZT 的 HIV-1 病毒出现。

“研究人员几乎是一开始就知道，病毒发展会抵抗 AZT，这种抗性与变异有关，但变异通过什么方式抵抗了药物效力，仍然未知。”主要研究人员化学与生化理事会教授、高等生物技术与医疗中心成员艾迪·阿诺德说。他们的研究主要是发现了 HIV 如何通过复杂的变异行为，提高了自身对药物的抵抗能力，狡猾的 HIV-1 打败了多年来人们赖以对抗艾滋病的主力药物 AZT。

这项研究由美国国家卫生研究院资助。阿诺德与合作者通过 X 射线晶体衍射技术，在原子尺度分析了抗 AZT 变异的详细机制。HIV-1 病毒并非阻止了 AZT 发挥作用，而是干脆清除了它。它们利用了细胞中一种最常见的分子 ATP(三磷酸腺苷，能在细胞内部运输能量)来清除 AZT，实现逆转录。(常丽君)

(原载 2010 年 9 月 21 日《科技日报》)

美政府上诉要求撤销胚胎干细胞研究禁令

亚东评论 凡人怎么可以抢上帝的饭碗？除党派政治的因素外，美国人对于胚胎干细胞研究的高度敏感，主要还源自其虔诚的宗教信仰。和它相比，就连种族观念有时都不那么打紧。奥巴马的肤色还真没耽误他当总统，但时下众多美国民众却在大声质疑他肚子里到底“念的是什么经”，这才是“天大”的事。用伦理和道德来约束、规范胚胎干细胞研究本无可厚非，可我们不能苟同把它做到极端。异化的真理和异化的宗教一样，都在走向人类文明和社会进步的反动。

据美国有线电视新闻网(CNN)8月31日(北京时间)报道，美国司法部当日在哥伦比亚特区地方法院提起上诉，要求该院法官罗伊斯·兰伯思撤销此前颁布的胚胎干细胞研究临时禁令。

司法部表示，兰伯思的禁令将对目前正在接受联邦资金资助的干细胞研究项目造成无法挽回的损失，也可能导致所有接受联邦资助的此类研究被迫中断。

据美国《纽约时报》8月23日报道，兰伯思23日在一项裁决中发布临时禁令，以破坏人类胚胎为由，禁止联邦资金资助人类胚胎干细胞研究。兰伯思称，《迪基—威克修正案》“明确禁止”联邦资金资助所有需要破坏胚胎的研究，而“所有”胚胎干细胞研究都会包含破坏胚胎的步骤，因此，美国国家卫生研究院(NIH)颁布的胚胎干细胞规范违反了修正案。

司法部在诉状中指出：“暂时的资金缺口都可能危及众多正在进行的研究项目，这既会危害此类研究可能带来的益处，也会让纳税人已投资在此类研究上的数亿美元资金打水漂。”

司法部表示，由于有24个胚胎干细胞研究项目需要在9月底前继续获得联邦资金的资助，如果该禁令获得通过，从这些研究中获得的收益可能都会成为“黄粱一梦”，如果这些研究项目终止，将浪费已经投入其中的6400万美元。司法部也称，兰伯思禁令禁止的范围太广，如果该禁令获得通过，人们会误认为国会的立法都将变得如此宽泛。

司法部要求兰伯思能在9月7日前撤销该禁令，否则，他们可能于9月8日向哥伦比亚特区上诉法院提起上诉。

NIH所长弗兰西斯·柯林斯在提交给法院的一份证词中表示，从2001年起，NIH对人类胚胎干细胞研究项目总共投入了5.46亿美元，该禁令如果获得通过，这些钱都会被白白浪费掉，而且该禁令可能危及1300个工作岗位。

胚胎干细胞研究在美国一直饱受争议，前总统乔治·布什在任期间一直禁止联邦资金资助胚胎干细胞研究。奥巴马上台后，于去年3月9日签署行政命令，为干细胞研究“松绑”，解除了这一禁令。(刘霞)

(原载2010年9月2日《科技日报》)

来自青蛙的抗生素挑战多种耐药菌

亚东评论 名不见经传的阿联酋大学搞出这样高水准且极具实用前景的成果，可赞可叹。始于1928年弗莱明创造青霉素，抗生素成为20世纪最伟大的医药发明之一。但由于滥用，我们似乎又在走向从前的黑暗岁月。新的抗生素层出不穷，却奈何不了耐药菌越来越多。20世纪60年代，全球每年约有700万人死于感染性疾病，21世纪初这个数字则上升到2000万。人类若不跳出治病与致病恶性循环的怪圈，再多的康隆博士恐怕也是白搭。

超级细菌(MRSA)出现了，人们开始怀疑抗生素时代是否即将终结。但来自青蛙的强力新型抗生素的发现却明确昭示了人类和细菌的缠斗尚远未结束。据英国每日电讯报8月27日(北京时间)报道，阿联酋大学的一个研究小组已经在青蛙皮肤中提取了100种新型抗生素，其中有些抗生素甚至能抵抗臭名昭著的超级细菌和“伊拉克细菌”。

超级细菌是耐甲基西林金黄色葡萄糖球菌，能在医院病人中造成感染大流行。“伊拉克细菌”是对多种药物产生耐药性的鲍曼不动杆菌。阿联酋大学的最新研究显示，一种从黄腿蛙皮肤分泌物中提取的物质可以杀死超级细菌，而貂皮蛙的皮肤分泌物能抵抗“伊拉克细菌”。

青蛙在地球上已生活了3亿年左右，有充分时间学习如何与各种环境共处，抵抗各种致病微生物。另外，青蛙经常生活在被污染的水道中，也因此造就了强大的抵抗病原体能力，其皮肤可成为优秀抗生素的来源。

尽管青蛙皮肤富含多种化学成分，能杀死细菌、病毒和真菌，但生存环境所致，它们的皮肤分泌物中也同时含有大量对人体有毒的物质，有些抗菌成分也很容易受到血管中破坏酶的破坏。阿联酋大学生化学家米歇尔·康隆领导的研究小组成功地从青蛙皮肤中分离出了这些抗菌物质，并找到了一种改良方法，减轻或消除了它们对人体的有害作用。

康隆团队所用的改良方法是扭转这些抗菌物质的分子结构，在增强其灭菌作用的同时减少其对人体细胞的毒性。他们还开发出不再受血液中破坏酶攻击的扭转结构药物，使其在血管中的停留时间更长，对付感染也更加有效。

康隆表示，在向各种致病微生物宣战的研究中，从青蛙皮肤分泌物中寻找抗生素，是一种不同寻常的思路。另辟蹊径也就意味着这项工作相当艰难，研究人员甄选的皮肤分泌物来自6000多种青蛙，但至今得到提纯并确定化学结构的仅有200种，剩余分泌物中或许还能挖掘出大量的“超级”抗生素。(常丽君)

(原载2010年8月28日《科技日报》)

以研发出可探测癌症的电子鼻

亚东评论 基因修复与组织再生技术等虽让谈癌色变者看到了希望，但真要惠及众生，仍需时日。在此之前，人们还得少安毋躁。其实，世界卫生组织 20 世纪 80 年代就提出，癌症 1/3 可以预防，1/3 可获根治，另外 1/3 通过合理医疗，能够改善症状，延长寿命。而就后两个 1/3 而言，早期诊断至关重要，电子鼻的发明无疑为其提供了一种简便、有效的辅助手段。

以色列海法理工大学化学工程学院纳米技术研究所的霍萨姆·海克博士领导的研究小组，开发出一种可以探测早期癌症的电子鼻。临床试验显示，这种电子鼻可准确探测出肺癌、乳腺癌、前列腺癌和结肠癌 4 种癌症的类型和位置，还能区别出癌症患者和健康人。

科学人员是仿照狗的嗅觉功能研制出这种电子鼻的。研究发现，狗具有区别恶性肿瘤分子的能力。当癌变分子从患者血液到达肺部并被呼出体外时，狗通过“嗅”患者呼出的气体，就能发现早期癌症。这种人造电子鼻就是基于这一原理制造的，它实际上是一个与狗的嗅觉器官非常类似的纳米传感器。

共有 177 名 20—35 岁的志愿者参加了测试，他们中有健康人，也有癌症患者。研究人员用这种电子鼻探测他们呼出的气体，然后探测数据经先进的算法语言进行处理。结果显示，电子鼻区分癌症种类及患者和健康人的准确率达 92%。

海克博士表示，上述 4 种癌症几乎占致命癌症的一半，对人类健康威胁极大。他们研发的这种纳米传感器具有探测肿瘤中微量化学物质的能力，既可用于发现早期癌症，也可对患者的治疗情况进行监测。利用这一技术，将来还可开发出价格便宜的便携式癌症早期诊断装置。（郑晓春）

（原载 2010 年 8 月 18 日《科技日报》）

英用胚胎干细胞制造出红血球

亚东评论 用干细胞制造人血，尚无伦理方面的太多争议。应该说这是件功德无量的好事，也许还真能让现代生命科学演绎出大爱的奇迹。要知道，世界上每10个需求者中竟有8个得不到输血机会，仅美国每年就有约450万人因此而死亡。两年前，美国先进细胞技术公司的科学家也宣布用胚胎干细胞培植出带氧的红血球细胞，并将很快开展后续工作及临床试验，但迄今没有下文。看来，特纳团队要走完剩下那"10%的路程"，可不一定只需花10%的时间。

据英国《独立报》8月16日报道，英国科学家把从无用的试管婴儿胚胎中提取的干细胞变成了红血球，这是英国首次使用胚胎干细胞制造出红血球。有关专家表示，一旦该人造血的人体试验取得成功，将为医院输血提供充足的血源，并能减少输血者和接受者之间传染疾病的风险，也为工业化生产人造血提供了新思路。

苏格兰输血服务中心主任马克·特纳研究团队和罗斯林细胞有限公司使用100多个无用的试管婴儿胚胎培植出了几个胚胎干细胞株，这些细胞株可以在实验室无限制地复制。随后，科学家将其中一种名为RC-7的细胞株先转化为血液干细胞，接着将其转化为功能性的、包含有携氧色素血红蛋白的红血球。

研究人员表示，如果一切进展顺利，由胚胎干细胞制造的人造血将于5年内进行首个临床实验，最终目的是使用工业上的生物反应器，每年制造出110多万升红血球。特纳说，到时，一个生命仅为4天的试管婴儿胚胎将成为"万能的输血者"。

格拉斯哥大学的干细胞科学家乔·芒福德也证实，她使用该公司制造的RC-7胚胎干细胞株得到的人造红细胞中包含了红血细胞色素，这标志着，在制造出完全不同的成人红血球的道路上，他们已经走了90%的路程。

然而，科学家还需要着力解决几个问题。首先必须确保所有的胚胎干细胞都使用实验室试剂来培植，这些试剂不能同动物细胞有任何牵连，否则可能感染动物疾病。另外，在首次进行人体试验之前，这种红血球的质量和安全性需要得到保证。而且，人造血的制造成本要比使用捐赠血液进行输血的成本更低。

据悉，该科研项目是英国耗资300万英镑人造血计划的阶段性成果，由英国维康基金会(Wellcome Trust)资助，旨在研发出人造的阴性O型血，可输血给任何血型的患者。(刘霞)

(原载2010年8月17日《科技日报》)

诱导多功能干细胞“不忘”原初组织

亚东评论 作为2007年最具影响力的科学事件，iPS的诞生在干细胞研究领域激起了巨大波澜，尔后越来越多的国家跻身于此，力图获得有利竞争态势。两个美国科研小组这一最新发现，无疑给如日中天的iPS泼了瓢冷水。正如不能指望一名天天想家的士兵义无反顾地冲锋陷阵，若iPS总是“念念不忘”原初组织，何以不负众望地堪当再生医疗的大任？无论这个难题最终能不能解决、怎样解决，都说明要用iPS完全取代胚胎干细胞，绝没有想象的那么容易。

据英国《独立报》20日报道，两个美国科研小组宣称，他们首次发现，成人细胞在被重新编程为诱导多功能干细胞(iPS)的过程中并不会放弃其对原始组织的“记忆”，在直接使用iPS细胞分化成移植用人体组织时，可能会产生问题。

其中一个科研小组来自美国波士顿儿童医院，该小组领导人乔治·戴利在19日的《自然》杂志网络版上表示，iPS细胞会保留对用来制造它的原初组织(比如皮肤)的“记忆”，这一新发现对目前方兴未艾的干细胞临床和科研提出了挑战。

干细胞是未充分分化、具有自我更新和分化潜能的细胞。科学家认为，使用干细胞，可以诱导分化出可替换掉人体病变组织的任何组织和细胞。另外，科学家还希望使用干细胞修改基因突变，剔除致病基因，从根本上消除疾病。

基于此，干细胞研究广受关注。迄今为止，唯一被证明能够安全和有效地制造出干细胞的方式是以存在巨大伦理争议的胚胎为基础，通过细胞核移植或者克隆获得胚胎干细胞。

2007年11月，美日科学家分别宣布发现了将普通皮肤细胞转化为干细胞的方法，他们将这样得到的干细胞称为诱导多功能干细胞(iPS)。iPS细胞具有和胚胎干细胞类似的功能，却绕开了胚胎干细胞研究面临的伦理和法律等障碍，因此，在医疗领域的应用前景非常广阔。

最新发现却表明，这些iPS细胞并不能像人类胚胎干细胞一样起作用，它们不能完全地通过重新编程回到最原始的胚胎阶段，如果在移植过程中使用这样获得的iPS细胞，将产生一定的问题。

不过，戴利也表示，iPS拥有“记忆”是把双刃剑。它可让病人通过利用自身血液iPS细胞获取血液细胞变得更容易，只有在使用iPS细胞获得一些身体组织来治疗诸如糖尿病、帕金森等疾病时，这种“记忆”才有可能带来干扰。

麻省总医院科研小组也证实了 iPS 细胞拥有这样的“记忆”能力，其研究人员康拉德·霍舍得林格在《自然·生物技术》杂志上称，保留对原初组织的记忆会影响 iPS 细胞分化为其他细胞的能力，但通过让 iPS 细胞不断分裂的方法，这种“记忆”还是可以消除的。（刘霞）

（原载 2010 年 7 月 21 日《科技日报》）

新一代疫苗用起来就像创可贴

亚东评论　这则新闻涉及的不是一个纯粹的科技话题。据世界卫生组织几年前公布的数据，每千人中，非洲的医务人员只有2.3人，大大低于世界平均数9.3人，而欧洲有18.9人，美洲更达24.8人。穷国与富国如此之大的差距，让我们在追踪医学领域最新进展时，还应格外关注“贴布疫苗”一类应用性成果，因为它们对于在不发达国家建立覆盖广泛的医疗保障体系至关重要。正是有了这些“创可贴”，最终才使科学技术真正惠及越来越多的民众。

据英国《独立报》19日报道，美国研究人员研发出一种新式“贴布疫苗”，它由数百个微型针构成，像创可贴一样，当贴在皮肤上时，微型针就会渗透进皮肤外层并且溶解，同时释放出一定剂量的流感疫苗。在老鼠身上进行的实验证实，这种接种疫苗的方法比传统的针头注射方式更有效。

美国佐治亚理工学院和埃默里大学医学院的研究人员在18日的《自然·医学》杂志上指出，该疫苗的动物实验已经取得成功，即将开始人体试验。未来，病人不需经过专业的医学训练就可以自己完成“注射”，在流感肆虐期间，这一点变得相当必要，该疫苗还能为医疗人员紧缺国家和地区的人们带去“福音”。

“贴布疫苗”内的微型针由名叫聚乙烯基吡咯烷酮(polyvinyl pyrrolidone)的化合物制造而成，它接触皮肤就会溶解，基本不会对人体产生副作用。研究人员也相信，皮肤上有很多能对疫苗产生反应的细胞，“贴布疫苗”直接作用于皮肤而非肌肉，或可比传统的皮下注射法需要更少的疫苗。

该研究的领导者、佐治亚理工学院化学和生物分子工程学教授马克·普劳施尼茨表示，这种疫苗的另外一个优势在于，在同微型针混合之前，疫苗已处于干燥状态，无须冷藏存储，可以非常方便地被运往世界各地，运输费用也很低廉。此外，由于每根针的长度仅为0.65微米，能全部溶解进皮肤中，不会有危险残留，更不能重复使用，这也避免了因注射感染艾滋病或肝炎的风险。

目前，研究团队已在实验鼠身上注射了由100根针制成的“贴布疫苗”，实验结果显示，与传统的皮下注射疫苗法相比，这种微型针“贴布疫苗”接种法效率更高。

研究人员表示，人们未来可以通过邮寄或去药店购买等方式来获得这种“贴布疫苗”。应用于人的“贴布疫苗”大小可能仅为1平方厘米，其费用不会超过传统的注射法。3年之内，就会有微型针制成的其他药品问世，而对抗流感的“贴布疫苗”将于5年内面世。(刘霞)

(原载2010年7月20日《科技日报》)

美接近开发出通用型流感疫苗

亚东评论 儿时接种的麻疹疫苗让我们获得终生免疫能力，谁不想用这种办法一劳永逸地彻底摆脱流感的烦恼！如此一来，科学家们也就不必每年都拍着脑壳，猜测季节性流感疫苗应该针对哪些菌株。而对于众多无力经常为国民接种流感疫苗的国家来说，通用型流感疫苗更是“功在当代，利在千秋”。虽然本文所及疫苗将来是否真的能够抵御所有菌株尚且存疑，而且不知其有效性到底可以持续多久，但我们还是应该对纳贝尔博士表达敬意和谢忱。

美国国家卫生研究院(NIH)所属国家过敏和传染疾病所(NIAID)的科学家7月15日称，他们已接近开发出能够帮助人类预防所有类型流感的长效通用型流感疫苗。NIAID研究人员盖里·纳贝尔博士领导了此项研究，相关报告发表在15日出版的《科学快讯》杂志上。

在实验鼠、白鼬和猴子身上进行的试验中，研究人员采用两步接种方式成功地使它们体内产生了可抵抗多种流感病毒毒株攻击的抗体，这一研究成果为开发长效预防各种流感毒株的疫苗奠定了基础。

在对实验鼠、白鼬和猴子同时进行的试验中，研究人员首先利用由编译了流感病毒血凝素表面蛋白的DNA制成的疫苗来启动(prime)它们的免疫系统，然后将含有血凝素流感蛋白的2006年至2007年季节性流感疫苗或弱化感冒病毒制成的疫苗作为增强剂接种给实验鼠和白鼬，而猴子则仅接种了季节性流感疫苗作为增强剂。

研究发现，这种启动/增强两步(或分步)疫苗接种法可导致动物对流感病毒棒棒糖型的血凝素茎部产生免疫反应。纳贝尔解释说，由于不同流感病毒毒株的血凝素茎部相差甚微，因此原则上，针对血凝素茎部的抗体应该能识别和克制多种流感毒株。

启动疫苗的DNA取自1999年传播的甲型流感病毒H1亚型。实验鼠和白鼬产出的抗体能抵抗1999年以前和2006年、2007年出现的所有流感病毒毒株，甚至包括禽流感H5N1病毒。

在另外一组试验中，科学家检测了启动/增强分步疫苗保护实验鼠和白鼬抵抗致命性流感病毒感染的能力。在疫苗增强剂接种3周后，20只实验鼠暴露在高强度1934年流感病毒环境中，结果80%实验鼠存活下来。与之相比，仅接种了DNA疫苗或季节性流感疫苗或对照性(假)启动/增强分步疫苗的实验鼠全部死亡。对白鼬进行的启动/增强分步疫苗进行的多种组合试验也显示出类似结果，所有6只接种了分步疫苗的白鼬没有感染上1934年的流感病毒。

NIAID主任安东尼·法希称，动物通过接种在体内形成可预防多种流感毒株的中和抗体是人们获取通用型流感疫苗的重要里程碑。

纳贝尔表示，启动/增强分步接种流感疫苗的人体试验已经开始，现阶段的目标是评估其安全性和疫苗引起人体免疫反应的能力，新研究的信息对今后选择候选疫苗进行大规模人体试验具有十分重要的价值。他表示，也许能够在未来3—5年内对流感疫苗进行有效性试验。（毛黎）

（原载2010年7月17日《科技日报》）

两新抗体可阻90%艾滋病病毒侵袭

研制艾滋病疫苗近30年的漫漫长夜曾让那么多世界顶尖级科学家几乎绝望。只是在最近不到一年时间里，沉闷的局面才有了转机。去年9月，美国和泰国研究人员宣布获得世界上第一种具有一定免疫效果的艾滋病疫苗，实现了免疫效果从无到有的跨越。今年3月，中国科技部也传来艾滋病疫苗研究取得阶段性进展的喜讯。今天，我们再向读者推介美国科学家发现的这两种具有广谱中和能力的抗体，无疑会进一步驱散人类在艾滋病疫苗研究领域长期踯躅不前的阴霾。

据7月9日(北京时间)《科学》杂志网络版报道，美国科学家发现了两种可有效中和艾滋病病毒的人体抗体，能阻止90%以上已知的艾滋病病毒菌株侵袭人体细胞。这两种抗体可用于研发更有效的艾滋病疫苗，阻止艾滋病病毒感染人体细胞。

美国国家过敏与传染病研究所疫苗研究中心领导的研究小组，借助附着在特定细胞上的新型分子设备，在一位艾滋病病人的血液中发现了VRC01和VRC02两种自然生成的强大抗体，这些抗体比之前发现的抗体具有更强劲的艾滋病病毒菌株中和能力。

研究人员还在VRC01抗体附着于艾滋病病毒时确定了它的原子级结构。这有助于研究小组明确这一抗体的作用机理，并可在抗体附着于病毒时，对其进行准确定位。基于以上发现，研究人员已着手设计能“教授”人体免疫系统产生类似强劲抗体的新型疫苗的成分，用来防止绝大部分艾滋病病毒菌株的感染。

疫苗研究中心主任加里·诺贝尔博士表示：“基于对病毒结构的充分理解，我们能利用分子设备在艾滋病病毒外表精确定位病毒易受攻击的位置，并找到附着在这些薄弱点上、可有效阻止病毒感染健康细胞的抗体。”

事实上，寻找可中和众多艾滋病病毒菌株的单个抗体一直十分困难，这是因为这类病毒能不断改变自身表面的蛋白来“蒙蔽”免疫系统，从而成功入侵人体。但即使如此，科学家仍然确定了艾滋病病毒表面小部分几乎不变的区域，如名为CD4的结合部位。VRC01和VRC02抗体就可附着在稳定的CD4区域内，阻止病毒“搭上”人体免疫细胞，而这也解释了，为什么此两种新抗体能够中和高达90%的艾滋病病毒菌株。

领导这一研究的彼得·邝博士表示，VRC01抗体不会附着于人体细胞之上，并在免疫系统的进化中消失，抗体最终将产生可识别病原体特定部位的B淋巴细胞，并在变异、成熟后，更稳固地附着于病原体之上。这一发现将有望打破长久以来阻碍基于抗体的艾滋病疫苗的设计局限。(张巍巍)

(原载2010年7月10日《科技日报》)

基因序列预测长寿准确率高达77%

亚东评论 料定读者会认真阅读这篇报道，人之天性和通性使然。我们都懂得死亡像纳税一样不可避免，可就是不知它何时发生，所以才好奇。迎合这种心理者既有严肃的科学探索，又有鄙陋的江湖骗术，从而形成鱼龙混杂的乱象。丝毫无意贬损塞巴斯蒂安尼团队的阶段性成果及其前景，但毕竟衰老过程极其复杂，影响因素千变万化，目前世界上还没有预测人类寿命的公认方法。就算这个基因序列模型准确率高，它也解释不了最近60年来中国人平均寿命翻番的事实。

据7月2日的《科学》杂志报道，美国科学家们在百岁老人中发现了一系列与普通人相区别的遗传特征，并建立了预测人长寿几率的模型。他们希望能够很快提供免费测试，让人们确定自己是否拥有这些长寿的基因序列。

美国波士顿大学的保拉·塞巴斯蒂安尼团队运用全基因组关联分析方法，建立了一个由150个基因组成的基因模型。他们运用这个模型，对1000多名百岁老人以及1200名作为参照的人的基因组进行了检测。结果发现，该模型预测某人是否可以活到百岁以上的准确率高达77%，研究人员表示，这是迄今为止预测人类寿命最准确的模型。

研究人员还发现了19个与长寿有关的基因“群落”，该实验中90%的异常高寿者都拥有这些基因特征。

这些发现让科学家可以更精准地预测哪些人可以长寿，为人们研究多种基因如何影响人类衰老奠定了基础，也有助于更好地理解基因在决定人类寿命方面的作用。

波士顿大学医学院从事老年医学研究的医生和研究员、寿命计算器的发明者汤马斯·帕尔斯表示，未来这些基因特征可使人们了解不同模式的健康衰老，将有助于个性化医学的发展，为个体量身打造预防和治疗疾病的策略。

但让研究人员惊奇的是，最长寿的人也拥有那些易患疾病的基因，只不过其体内的长寿基因抵消了这些疾病基因的影响。

研究人员也强调说，生活方式和环境因素对人的寿命具有重要的影响，拥有这些基因，并非为人吸烟、喝酒、过度饮食大开“绿灯”。(刘霞)

(原载2010年7月3日《科技日报》)

新发现将多细胞生物起源提前15亿年

亚东评论 手头找不到实物照片，否则我们真的应以感恩之心仔细端详，因为原始多细胞生物的出现才使人类这样复杂生物的诞生成为可能。对于一般读者来说，6亿年前和21亿年前的差别也许没有什么实质意义。但就生命起源的探索而言，它却犹如一声震耳的春雷。这批来自加蓬的化石必将帮助科学家们平息长久以来的争吵：什么样的单细胞生物进化成了多细胞生物？单细胞生物又是如何进化到多细胞生物？说白了，这些问题里潜藏着我们最早期的身世之谜。

由法国等多国科学家组成的研究小组在7月1日出版的英国《自然》杂志上称，他们对来自加蓬的化石的最新研究发现，多细胞生物起源于21亿年前，而非此前人们认为的6亿年前。

该研究团队由法国普瓦捷大学的阿伯德拉扎克·阿尔巴尼教授领导。据研究人员介绍，地球上最早的生命迹象出现于35亿年前，主要以原核生物形式存在，原核生物是一种无细胞核的单细胞生物，包括细菌和蓝细菌，是现存生物中最简单的一群。在距今约6亿年前的寒武纪，各种生物以爆炸性的速度涌现，这种现象被古生物学家称作"寒武纪生命大爆发"。

然而，生命的多样化过程实际上发生于距今35亿年到6亿年前的元古代，在此期间出现了真核生物，它们与原核生物的最大不同是拥有细胞核，而且具有更复杂的组织和新陈代谢形式。不过，此前科学家很少发现中元古代（距今16亿年至10亿年前）之前多细胞生物存在的证据。

该研究团队于2008年在加蓬的弗朗斯维尔意外发现了250多个保存完好的生物化石，并对其中100多个进行了深入细致的研究。科学家对其周围沉积物进行测算，结果表明，这些化石已有21亿年的历史。另外，这些化石标本的长度介于10—12厘米之间，非常大而且结构复杂。科学家表示，它们既不可能是原核生物，也不可能是单细胞真核生物。

在分析中，研究人员采用了很多先进的技术来确定这些化石标本的属性，以及重构当时的生活环境。比如，利用离子探测器对化石中各种硫同位素的成分进行测定，得以精确了解各种有机物的比例。研究人员也借助超复杂的高分辨率3D扫描仪绘制出了这些标本的3D图像，结果显示，这些生物化石正是多种组织的结合体，而且它们也是迄今为止发现的最古老多细胞真核生物。

研究人员还指出，这些多细胞生物可能曾在一个狭窄的海洋环境中（大约20—30米）过着非常宁静的生活，但也会周期性地遭遇海浪和暴风雨的侵袭。在约24.5亿年前到20亿年前之间，该地区的氧气浓度突然增加，导致这些多细胞生物加速繁殖；但在约19亿年前，该地区的氧气突然减少。为何会出现氧气突然增加的现象，将是这些科学家接下来研究的重点。（刘霞）

（原载2010年7月2日《科技日报》）

用转基因光合细菌生产单糖好处多

转基因技术只有二三十年历史，光合细菌则是地球上最早出现的具有原始光能合成体系的原核生物。把人类最年轻的技术嫁接到自然界最古老的生物上，哈佛大学这项成果为我们开辟了一种低碳经济的美好前景。作为重要的微生物资源，光合细菌显著、确切的应用效果已被研究证实，而其中不少限制和难题未来都可望以转基因手段加以解决。所以，我们建议您更多关注转基因光合细菌。

美国哈佛大学维斯生物启迪工程研究所和哈佛医学院的研究人员表示，光合细菌进行基因工程改造后能够产生单糖和乳酸，利用该项研究成果有望开发出新的环保型生产日用化工产品的方法。相关研究刊登在新出版的《应用和环境生物》杂志上。

光合细菌(PSB)是一种能进行光合作用而不产氧的特殊生理类群原核生物的总称，是一种典型的水圈微生物，广泛分布于海洋或淡水环境中。PSB 作为一种特殊营养(促进生长、抗病因子及高效率净化活水)和特殊细菌已在畜牧、水产、环保、农业上进行应用试验。

维斯研究所的资深科学家杰弗里·维博士表示："我们的研究主要是利用转基因技术让微生物按照我们的要求来工作，此次是生产食物添加剂。这些发现在人类社会走向绿色经济过程中具有十分重要的现实意义。"

采用转基因光合细菌生产糖和乳酸等化合物有多种益处。首先，能够减少二氧化碳排放。目前，糖主要由甘蔗来生产，而甘蔗生长在热带和亚热带地区。糖产品通过交通工具送往世界各地时，向大气中排放了大量的二氧化碳温室气体。采用转基因工程光合细菌在各地生产糖则可避免许多二氧化碳的排放。

其次，有助于生产更多的生物可降解塑料。乳酸是可降解塑料产品的主要基本原料，转基因工程光合细菌生产乳酸有望降低乳酸的生产成本，从而促使人们相对廉价地大量生产可降解塑料。

再者，转基因光合细菌生产糖和乳酸依靠的是光合作用，这个过程能够"捕获"空气中的二氧化碳，减少空气中的碳含量。此外，这种利用光合作用进行糖、乳酸和其他化合物的生产方式，其生产成本也会大大降低。

转基因光合细菌生产糖和乳酸的工作由维博士和帕梅拉·瑟尔沃教授领导的研究小组共同完成。维斯研究所理事唐·尹格伯认为，研究所的任务是利用自然法则在医学、制造、能源和建筑方面获得问题的解决方案，从而开创更加可持续发展的世界。(毛黎)

(原载 2010 年 6 月 30 日《科技日报》)

美找到控制流感病毒复制的“开关”

亚东评论 虽然甲型H1N1流感的阴影正在消散，但我们从来没有忘记，仅季节性流感每年就要夺去全世界25万人的生命。一说到流感，你可能马上想起疫苗。然而，流感病毒的进化和变异非常快，疫苗也必须随之不断更新，而且还不见得有效。所以，科学家们一方面试图培育出万能流感疫苗，另一方面也从治疗的角度努力开发通用抗流感药物，从而对流感病毒形成前后夹击之势。腾奥弗和他的团队今天带给我们的正是后者的希望。

据美国《每日科学》网站6月4日(北京时间)报道，美国科学家首次发现流感病毒的复制存在一个控制“开关”——小病毒核糖核酸(svRNA)，并有望据此研发出能够治疗所有类型流感的药物。

甲型流感病毒包含8个单体RNA片段，每个片段都有两个任务：通过转录过程制造蛋白；通过复制过程制造出新的病毒片段。因为每个单体必须执行两个功能，病毒必须让某一个过程优先完成，先转录然后再开始复制。

通过使用超高通量测序技术，纽约西奈山医学院的研究人员首次找到了甲型流感病毒中的一个svRNA，并确定它就是控制病毒从转录过渡到复制的“开关”。超高通量测序技术是对传统测序手段的一次革命性改变，它一次就可对几十万到几百万条DNA分子进行序列测定，使得对一个物种的转录组和基因组进行细致全貌的分析成为可能，所以又被称为深度测序。

该研究的领导者之一、西奈山医学院微生物学家本杰明·腾奥弗表示，这项研究的意义十分重大。在流感病毒中，svRNA始终如一地位于病毒RNA片段之间，并且在每种流感病毒中都出现。如果我们能够阻止svRNA的活性，就能控制病毒不要转向复制过程，从而阻止其扩散。另外的一个好处是，如果病毒只能转录，那它就只能不断产生蛋白，反而最终会强化抗体的反应能力。

腾奥弗指出，理论上讲，通过抑制svRNA就可以阻止病毒片段的复制，但现在的问题是，我们还不了解svRNA的“工作细节”，我们也希望能够找到一种方法，让基于RNA的对抗剂进入人体中，用来抑制svRNA的功能，让病毒不转向复制过程。不过，这个问题可能还需要几年才能解决。由于乙型流感和丙型流感病毒的复制策略和甲型流感病毒的一样，这个发现也就意味着我们将最终能够研制出一种能够治疗所有流感病毒的药物。(刘霞)

(原载2010年6月5日《科技日报》)

濒死体验或由脑电活动激增造成

亚东评论 即使是无神论者，也很少有人否定濒死体验的存在。关于它的研究再充分不过地证明，是人类的好奇心驱动着科学上的不断发现。虽然每个人早晚会得到结论，但却都想提前知道答案，而且明明懂得该领域的任何一项成果都无法直接检验。从唯物主义的认识论出发，我们不会为所谓的“灵魂”背书，然而却赞赏科学家们以科学的精神和方法探索这一未知世界，并且期待着真正的“灵魂深处爆发革命”。

濒死体验极其神秘且具有难以复制性，一直以来科学家们都无法解释其形成机制。但据英国《每日邮报》在线版5月31日(北京时间)报道，美国乔治·华盛顿大学医学中心研究表明，濒死体验可能是由垂死大脑突然进行的猛烈电活动所致。

人们将身处死亡边缘的人形容为“一只脚踏进鬼门关”，而所谓濒死体验就指那些遭受严重创伤或疾病但意外获得恢复的人，和处于潜在毁灭性境遇中预感即将死亡而又侥幸脱险的人所叙述的他们在死亡临近时刻的主观体验。这是临终时的心理状态，亦是人类走向死亡的精神活动。但奇特的是，该经历的遭遇者描述十分类似：部分属于“灵魂出窍”类，另有部分“地道”类，觉得仿佛走过一条弥漫着光线与安宁感的甬道。

日前，乔治·华盛顿大学医学中心研究人员根据对重病患者大脑的研究，判断濒死体验应是由大脑垂死状态(氧耗尽)时出现的猛烈电活动所致。

起初为确定止痛药是否发挥功效，研究人员对7名重病患者的大脑活动进行了监视。他们发现每一位患者随着血液流动减缓，脑供氧量降低，脑活动都在死亡前1小时左右逐渐减弱，但这个削弱过程会被一个短暂脑电活动打断，其持续约30秒至3分钟。这个电脉冲是大脑细胞发射出的“最后信号”，自脑内的一个区域快速向外扩散，能使人获得生动且逼真的精神感受，这或可以解释很多濒死者苏醒过来后自称曾有“灵魂出窍”的原因。

研究人员称，“最后信号”出现时，这些重病患者的脑活动水平几与完全清醒的人类似，甚至在血压下降至无法测量到的程度时亦如此。如果他们能转醒过来，可能会记起这种电脉冲触发的画面。但这只能是研究人员的推测了，并没法佐证这种脑电活动激增与濒死体验之间的联系，因为“7名参与的患者都已死亡，人们永远不知道最后一刻他们到底体验到了什么”。

就在4月份，科学家发现濒死体验或与血液中的高二氧化碳水平有关，其能打破大脑内的化学平衡，让人感觉看到某些影像。不过南安普敦大学濒死体验研究小组首席研究员亦曾表示，我们将死亡看作一个重要时刻，这一过程经常会出人意料地颠覆现代医学。(张梦然)

(原载2010年6月1日《科技日报》)

能够自我复制的人造细胞诞生

亚东评论 在生物学界被称作“坏小子”，文特尔有时的确挺不招人待见，但巴尔的摩作为一位令人尊敬的诺奖得主，如此评价这项成果也嫌偏颇。较之近年来屡屡公布的相关进展，文特尔的人造细胞除基因片段显著增加外，更实现了分裂，而细胞的分裂和进化才是生命体最重要的功能和特征。所以，我们与其讨论它是不是新的突破，还不如心平气和地关注其目标指向，特别是这个曾狂言“基因没有好坏”的人，最终究竟是想造出一千个爱因斯坦，还是一千个希特勒。

据英国《泰晤士报》5 月 21 日(北京时间)报道，有“科学怪人”之称的美国生物学家克雷格·文特尔领导的研究小组宣称，他们已经在实验室制造出了首个完全由人造基因指令控制的细菌，这标志着“人造生命”这个梦想已经走进现实。

文特尔研究小组将制造生命的研究分“三步走”，而整个过程从 4 瓶化学物质开始。第一步，研究人员制造出丝状支原体(Mycoplasma mycoides)细菌的 4 个 DNA 碱基，合成出 108 万个 DNA 片段。第二步，将这些片断“组装”成完整的基因组。第三步，将人造基因组注入另一种剔除了遗传物质的近亲细胞山羊支原体(Mycoplasma capricolum)中，并且激活了该细胞，最终得到了一个新的、完全被人造基因组控制的人造细胞 Synthia。到目前为止，新细胞已经分裂了 10 亿多次。

文特尔指出，这个名为 Synthia 的人造细胞是能够自我复制的生物，它的出现意味着，人类能够制造出自然界从来不曾出现的、具有特定功能的生物有机体。研究人员希望使用这项技术制造生物燃料、海藻以及更好的疫苗等。

文特尔的技术进展“一石激起千层浪”。有些科学家承认，在人工合成迄今为止最大的 DNA 方面，在足以替代细菌自己的 DNA 方面，文特尔都取得了巨大的进步。

但也有人持不同的意见。据美国《纽约时报》20 日报道，诺贝尔生理学与医学奖获得者大卫·巴尔的摩教授认为，除了组装出一块大的 DNA 外，文特尔的实验没有取得新的突破，“他并没有制造生命，仅仅模拟了生命。人类要制造出生命，还有很长的路要走”。

另外，该项研究也引发了公众有关伦理道德的忧虑。批评人士担心这种技术会带来“生物恐怖主义”，威胁环境和人类健康。他们希望政府出台更加严格的管理政策。对此，据《纽约时报》报道，美国总统奥巴马要求白宫生物伦理委员会于 6 个月内提供一份有关合成生物学的详尽研究报告。奥巴马表示，新的技术进展提出了“真正的忧虑”。

早在 2002 年 9 月，美国科学家艾克德·魏玛领导的研究小组曾合成出脊髓灰质炎病毒的全基因组序列，该病毒基因组不仅可以指导合成出与天然病毒蛋白质同样的蛋白质，而且同样具有侵染宿主细胞的活力。文特尔的实验原理上同魏玛的一样，只不过，魏玛的病毒基因组仅有 7500 个片段，而文特尔的细菌基因组拥有的基因片段更多而已。

加拿大生物伦理学组织 ETC 主任帕特·穆尼表示，文特尔的技术是一个潘多拉的魔盒，我们都必须面对其可能会引发的巨大震动。（刘霞）

（原载 2010 年 5 月 22 日《科技日报》）

美首次培育出功能性内耳毛细胞

亚东评论 半个世纪以来，内耳毛细胞再生问题一直备受关注。既往研究认为哺乳动物内耳毛细胞损伤后不能再生，这个难题成为耳聋研究领域的“圣杯”，让无数科学家趋之若鹜。我们期待着十年后的佳音。胚胎干细胞技术培育出可临床应用的内耳毛细胞之时，便是斯坦福大学这项成果“振聋发聩”之日。

据英国《每日电讯报》5 月 14 日（北京时间）报道，美国研究人员首次使用小鼠胚胎干细胞及再编程的小鼠成纤维细胞，成功制造出了功能性内耳毛细胞，人类耳聋治疗研究由此迈出一大步。相关研究报告发表在 5 月 14 日的《细胞》杂志上。

可供研究的内耳毛细胞数量非常稀缺，是在分子基础上研究听力的一大障碍。为最终获得人类内耳毛细胞，研究人员将小鼠作为实验初始阶段的极佳模型。通过使用小鼠胚胎干细胞及小鼠成纤维细胞再编程后得到的诱导多功能干细胞（iPS），斯坦福大学医学院的斯蒂芬·赫勒领导的研究团队开发出一种“按部就班”式的方法，将这些细胞诱导成常驻于内耳中的正常听觉细胞。此项研究为从一个可再生资源创建出数百万个功能性内耳毛细胞开辟了道路。目前，研究人员已能创建出这样的细胞，而不必在单一实验中使用数十只小鼠，大大提高了听力分子学研究的效率。

研究报告详细描述了如何在子宫内的不同发育阶段对小鼠胚胎干细胞和 iPS 细胞进行诱导。研究人员先将干细胞和 iPS 细胞诱导成一种可形成胚胎外胚层（其最终可分化成诸如皮肤和神经细胞等许多组织和结构）的细胞类型，然后使用特殊生长因子将它们转化成“耳祖（otic-progenitor）细胞”，在更换培养皿中的化学药液后，这些细胞就能以类似内耳毛细胞的方式聚集成群，进而发育成具有毛细胞特征的静纤毛簇。

静纤毛是内耳毛细胞中所包含的许多微小的毛发状突起簇。声音的波动会引起静纤毛轻微弯曲，由此引发的机械振动就可变换成大脑理解声音所需的电化学信号。经仔细检查，在培养皿中的这些细胞具有与静纤毛相同的结构。

更为重要的是，进一步研究显示这些细胞会像内耳毛细胞产生电流那样对力学刺激做出反应。研究人员使用探针对这些静纤毛簇进行刺激后，记录到了引发的电流。

赫勒称，得到的这些细胞可用于检测失聪小鼠内耳毛细胞受损的原因，也可用于药物测试。研究人员正在检验这些细胞是否有助于恢复听力。另外，他们也在探寻可大批量生产安全有效、达到临床应用标准的内耳毛细胞的方法。他们希望将来使用人类的胚胎干细胞和 iPS 细胞进行实验，得到人类的内耳毛细胞，不过，这可能还需要 10 年左右的时间。（刘霞）

（原载 2010 年 5 月 15 日《科技日报》）

长寿基因组合可让人健康活过100岁

亚东评论 “我真的还想再活500年!”这绝不仅是《康熙王朝》的呐喊,而代表着一种人类自古以来的共同心声。始皇帝未竟的炼丹事业不就在追寻本文所说的那种药丸吗?一旦生命科学满足了我们的长寿愿望,“长生不老”的进一步贪婪极有可能让人类忽略基因技术的目标选择,从而导致远比“克隆人”严重的社会和伦理灾难。到那时,延续种族已没有意义,因而连男女差异也会必然地丧失——万寿无疆的人类其实早已走向毁灭。但愿,这些话带给读者的不尽是扫兴。

据英国《每日邮报》5月17日(北京时间)报道,荷兰莱顿大学的科学家发现,由3种基因组成的长寿基因组合“玛氏撒拉”(Methuselah)是让人长命百岁的关键。科学家希望以此研发抗衰老药物,帮助人类健康活过100岁。

由艾莉·斯莱格布姆领导的研究团队发现,长寿者和普通人的生理机能显然不同:长寿者代谢脂肪和葡萄糖的方式不同,皮肤细胞衰老得更慢,也不容易患上心脏病、糖尿病、高血压等病症。更重要的是,长寿者拥有特定的基因组合“玛氏撒拉”基因的几率非常高,这种基因组合可能是让人长命百岁的关键。

斯莱格布姆表示,“玛氏撒拉”基因包括脂联素基因(ADIPOQ)、胆固醇酯转移蛋白基因(CETP)以及载脂蛋白C3基因(ApoC3)。其中近30%的百岁老人拥有ADIPOQ基因,近20%的百岁老人拥有CETP基因和ApoC3基因,但是天生拥有这3种基因的人非常罕见,仅为万分之一。

斯莱格布姆称,没有一种单一的基因能让人青春永驻,长寿的秘密可能在于拥有正确的基因组合。长寿者并非拥有更少的与疾病和衰老有关的基因;相反,他们拥有更多可令这些“坏”基因关闭的基因。

“玛氏撒拉”基因中的一些基因由美国阿尔伯特·爱因斯坦医学院的尼尔·巴齐拉伊领导的研究团队发现。他们的研究显示,特定基因组合中的细微变异都能够给一个人的寿命带来巨大的影响,而传染疾病少等环境因素也是长寿者增多的重要原因。

巴齐拉伊表示,科学家可以根据这些基因研发出新药,用来预防或者延迟与衰老相关的疾病出现,延长人的寿命并且让他们更健康。

英国伦敦大学学院的长寿专家戴维·杰姆斯认为,未来抗衰老治疗会越来越普遍。如果知道哪个基因与长寿有关,那么就能够分析出其蛋白质组成,接着制成药丸,延缓人的衰老。他还表示，应该将衰老界定为一种疾病，而不是一个自然的过程。世界上很多的痛苦和疾病都由衰老造成，如果我们能够找到方法延缓人的衰老，那么，我们就能够生活得更有尊严。（刘霞）

（原载 2010 年 5 月 13 日《科技日报》）

加科学家破解DNA中“剪接密码”

亚东评论 有人走进一座黑洞洞的大楼，摸索着推开几个房间的窗户，慢慢看清了房间的模样。但他既不知大楼里还有多少个房间，也不知每个房间之间的关联。这情景正好比人类今天探究年轻的生命科学。自20世纪50年代DNA双螺旋结构发现以来，遗传的一些分子机理相继被揭示。我们已经晓得，生命过程中的基因调控和表达受制于无数密码，其中可能包括费雷教授的“剪接密码”。正因为大楼里黑暗，所以每一缕透进的阳光都显得弥足珍贵。

加拿大多伦多大学教授布雷登·费雷率领的研究团队发现，在DNA中一个隐藏的“剪接密码”可用来解释为什么有限数目的人体基因能够产生出如此巨大数量的遗传信息。相关文章将发表在5月6日出版的《自然》杂志上。

该发现揭开了遗传学研究中最主要的奥秘之一。科学家可据此来解释活细胞如何使用有限数量的基因生成如大脑一样非常复杂的器官。科学家认为，该发现弥合了多年来人类对基因组的认识和对细胞内复杂生产过程的认识之间存在的鸿沟，有助于预测和防止癌症及神经退行性疾病的产生。

2004年，当人类基因组图谱绘制完成后，科学家在人体中发现了将近2万个基因。科学家还发现，活细胞使用这些基因来产生更加充裕和更具活力的指示源，这些指示源由成千上万个指导细胞活动的遗传信息所组成。

为了解释活细胞如何在它们的遗传信息中产生如此巨大的多样性，费雷教授联合其他研究人员开发出一种新的计算机辅助生物分析方法，找出隐藏在基因组里的“密码单词”，正是这些“密码单词”组成了所谓的“剪接密码”。

在这些密码中，包含了各种生物学法则。这些法则对以下过程进行支配管理：复制于单个基因的一个遗传信息的各个分离部分，可以不同方式剪接在一起，产生出不同的遗传信息。科学家举例说，3个神经黏结分子基因能够产生3000个帮助控制大脑网络的遗传信息。

费雷教授将其发现比喻为：你在锁着的门外聆听室内的交响乐团演奏，而当大门打开时，你才发现，只要三四个乐师，就完成了刚才你在室外欣赏到的交响乐。

费雷教授表示，以前，科学家无法预见在一个活细胞内遗传信息是如何重新安排或剪接的。目前，他们已经应用所发现的“剪接密码”，成功预知了在许多不同生物组织中，成千上万的遗传信息如何以不同的方式得以重新安排。（杜华斌）

（原载2010年5月6日《科技日报》）

英首次培育出拥有两个妈妈的胚胎

亚东评论　阻断了有缺陷的线粒体物质遗传，当然会给许多人带来福音。但读了这篇报道后我们不禁发问，电脑的确只更换了电池吗？更换了电池的电脑还是不是原先的电脑？这里有一个划界和立法的相关课题，并且迫在眉睫。科技进步毕竟不应该在道德真空中发生，有些领域也是科技不能涉足的。试想，如果谁真的在遗传学意义上"有一个老工人的爸爸，还有一个老革命的爸爸"，那无论如何都是人类尊严的一场灾难。

据英国《泰晤士报》4 月 15 日（北京时间）报道，英国纽卡斯尔大学的研究人员表示，他们首次培育出了拥有一名男性和两名女性 3 个人遗传物质的胚胎，这一研究或许可以使母亲避免把有缺陷的线粒体遗传物质遗传给下一代。但也有人担心，这一研究存在伦理问题。

以道格拉斯・特恩布尔教授为首的研究团队在最新一期《自然》杂志网络版上报告说，他们首次实现了人类受精卵之间的 DNA 移植，从而获得一个拥有 3 个人遗传物质的受精卵，其中包括一名男性和一名女性的细胞核 DNA，以及另一名女性的线粒体 DNA。

在本次研究中，研究人员先从一对夫妇捐赠的受精卵中取出细胞核，然后将其植入另一个去除了细胞核的受精卵中。这个过程中几乎没有带入线粒体 DNA，所获得的受精卵因此含有原父母的细胞核 DNA 和另一名女性的线粒体 DNA。这个新的受精卵被培育了 6 天到 8 天至胚泡阶段，这证实它可以正常发育。

特恩布尔称，这种技术可以避免有缺陷的线粒体 DNA 遗传给下一代。他说："这就像为笔记本电脑更换电池，硬盘上储存的信息不会发生改变。"

线粒体在人类细胞中的作用是提供能量，它所含有的遗传物质线粒体 DNA 只通过母系遗传，即只来源于卵细胞，与精子无关。由于未发生遗传交换，母亲的线粒体异常会导致许多遗传疾病，如Ⅱ型糖尿病等。据统计，大约每 200 个新生儿中就有 1 个带有可能致病的线粒体 DNA 变异。

英国医学研究理事会首席执行官莱斯杰克・薄雷泽说，这项研究告诉我们，人类未来可以采用新方式来治疗一些不可治愈的疾病。但是，这类研究要想繁荣昌盛，需要严格的监管机制。也有专家认为，不同来源的细胞核 DNA 和线粒体 DNA 不一定总是相容，存在产生冲突的风险。

在英国，用上述方式制造胚胎是非法的。但研究人员强调，他们持有英国人工授精与胚胎学管理局颁发的执照并遵守了相关规定，没有违反人类胚胎研究的道德规范。（刘霞）

（原载 2010 年 4 月 16 日《科技日报》）

美科学家发现果蝇飞行转向机理

亚东评论 最简单的事物往往潜藏着最深奥的玄机。然而被高科技武装到牙齿的人类，迄今却对我们身边众多的“不起眼”所知无几。比如，那些忙着以改变基因来延长人类寿命的科学家们，却始终还没搞懂感冒的发病机理；再比如，根据现代空气动力学原理，蚊子根本就无法飞行。揭示果蝇的运动机理，其意义绝不只是仿生学的突破，就人类认识自然而言，更是方法论范畴的价值回归。

据美国《连线》杂志网站4月11日(北京时间)报道，美国康奈尔大学研究人员发现，果蝇对飞行的控制其实并非人们之前想象的那么复杂，要实现空中悬浮、急速转向等高难度飞行动作，果蝇仅需在保证肌肉机械运动的同时改变翅膀倾斜的角度即可。研究人员称，该研究将有助于开发出体积更小、机动性更好的微型飞行器。

果蝇在飞行上有着过人的天赋：它的翅膀每4毫秒就能拍动一次，80毫秒就能实现120度的转向，这甚至超过了其神经元传递神经信号的速度。对此人们一直以来都困惑不解。

实验中，研究人员设计了一个透明的方形盒子，在周围架设了3台能以每秒8000帧的速度拍摄的高速摄影机。盒子内放置了10只果蝇和一个能促使果蝇在飞行中不断转向的LED光源。一旦有果蝇飞过盒子中间的探测器，摄像机就会自动开启以记录果蝇的飞行状态。

研究人员在对视频进行分析后发现，就像有两只船桨的船在水中转弯一样，果蝇也是通过两个翅膀不同的倾斜幅度来实现转向的。只要翅膀间有9度差异就足以让果蝇轻松转向。

在随后的计算机模拟实验和空气动力学实验中，研究人员发现位于果蝇翅膀与身体间起连接作用的关节就如同发条玩具上的扭转弹簧。飞行时，果蝇的神经仅需要控制翅膀的倾斜方向，其他所有的工作都由肌肉的机械运动完成。

负责该研究的康奈尔大学伊泰·科恩表示，这些昆虫在飞行的时候几乎不需要任何思考，它们有一个自然的系统，只要对翅膀的扭矩稍加调整就能实现目的。这项研究成果刊登在最新一期的《物理评论快报》杂志上。(王小龙)

(原载2010年4月12日《科技日报》)

中日韩人种基因拷贝数变异图谱出炉

亚东评论 当第一张人类基因组草图问世时，我们对这一划时代的成就充满期待，渴望它在医学诊断、预防和治疗方面，能够迅速兑现基因组研究的初衷。10年过去了，我们发现那不过是生命科学这部天书的扉页。基因组测序现已不算难事，科学家面临的更大挑战，是从浩繁的基因组序列中找到惠及健康的有用信息。或许，研究基因拷贝数变异，我们才翻到了这部天书的某一章节。

据韩联社4月5日报道，韩国首尔大学基因医学研究所徐廷瑄教授领导的研究小组宣称，他们通过对30名中国人、韩国人和日本人的基因组研究，成功绘制出中日韩人种超高清基因拷贝数变异图谱，并根据该图谱发现，亚洲人独有的基因拷贝数变异共有3500多个。

所谓基因拷贝数变异（Copy Number Vriations）是指在人类基因组中广泛存在的，从1000bp（碱基对）到数百万bp范围内的缺失、插入、重复和复杂多位点的变异。研究表明，不少人类复杂性状疾病都和拷贝数变异有密切关系。

2006年，第一张人类基因组第一代基因拷贝数变异图谱问世。这张遗传图谱是通过对欧洲、非洲和亚洲祖先4个人群的270个个体样品进行分析，用两个互补的技术——单核苷酸多态性（SNPs）基因分型和以克隆为基础的比较基因组杂交进行基因拷贝数变异筛选，获得了一共1447个拷贝数变异。

之后的一系列研究显示，基因拷贝数变异是个体之间在基因组序列差异上的一个重要源泉，是研究基因组进化和表型差异的一个重要因素。许多关于基因拷贝数变异的研究结果表明，拷贝数变异可导致不同程度的基因表达差异，对正常表型的构成及疾病的发生发展具有一定作用。拷贝数变异研究在法医学方面也具有重要意义，在探索法医学个体识别的遗传变异时不能忽略拷贝数变异这一基因组多样性的新形式。

首尔大学医学院此次绘制的基因拷贝数变异图谱与西方绘制的现有图谱不同，是只针对中日韩人种进行研究并绘制完成的，将有效适用于特定人群的疾病诊疗，并为今后正式研究基因拷贝数变异和疾病之间的关联性提供了良好平台。（薛严）

（原载2010年4月6日《科技日报》）

天　文　学

宇宙中迄今最炽热行星确认

亚东评论 生活在行星上的人类其实最不懂得行星。当冥王星作为太阳系第九大行星被扫地出门时，一面是如愿以偿者高喊“痛快”，一面是自称讲政策者疾呼“老九不能走”。家门口这点事都整不明白，遑论更遥远的太空！这也难怪，毕竟我们发现第一颗太阳系外行星迄今只有20年，而直接拍摄到第一颗太阳系外行星的照片迄今更只有两年。现在，WASP-33b那令人瞠目的表面温度也许提醒着天文学家，将来就连行星的定义都会随着新的发现而改变。

据英国《每日邮报》在线版1月28日消息，科学家们去年确认存在的一颗气态巨行星WASP-33b，如今被认定是有史以来宇宙中最炽热的行星，其表面温度接近3200摄氏度，远高于某些恒星。该研究由英国基尔大学学者领导，报告发表于近期的《新科学家》杂志。

2006年，一个名为“超级广域行星搜索”(SuperWASP)的研究团队经过连续监测天空后，宣布可能搜寻到了一颗行星的迹象信号，但直到2010年该星才被后续观测证实存在，它就是气态巨行星WASP-33b，另一个编号为HD 15082，位于380光年之外的仙女座。

不久前，英国基尔大学亚历克西斯·史密斯领导的天文团队，利用位于加那利群岛的威廉—赫歇尔望远镜进行观测时，以先进的红外线镜头发现了WASP-33b的热辐射。科学家们发现该行星所在系统内主恒星光谱发生畸变，判断可能正是由这颗行星周期性阻挡主恒星星光导致。而由于在太阳系中木星正是一颗气态巨行星，所以人们习惯以木星作为比较，得出的观测结果表明，WASP-33b的质量约为木星的4.5倍、大小是木星的1.4倍，却不像木星一样内热外冷——该行星的表面温度几乎接近3200摄氏度，比许多红矮星还要高，也比那颗著名的“钻石行星”WASP-12b的温度高出900摄氏度。WASP-12b在2009年被发现时，曾以2250摄氏度的高温名列最炽热行星榜首。

科学家推断，WASP-33b如此炽热，部分原因是其运行轨道非常靠近它的主恒星，每29.5个小时就要绕主恒星运行一次；而这颗主恒星也非“泛泛之辈”——表面温度最高达7160摄氏度，远高于表面温度为5600摄氏度的太阳。但科学家仍迷惑的是，为什么有些行星可以产生强劲的风来吹散热量，而有些行星却只能呈“泾渭分明”之态，一面热得能炼钢化铁，另一面则冷如寒夜。

此前，有关木星或其他气态行星内部结构资料的来源很不直接，人们很少如此清晰地看到类似这样的一颗炽热行星。美国航空航天局戈达德宇航中心专家指出，WASP-33b将会帮助天文学家揭开许多热行星的谜团。（张梦然）

（原载2011年1月29日《科技日报》）

迄今最大彩色数字夜空图公布

亚东评论 “山外青山楼外楼”，宋人林升在小旅店墙壁上所题的诗句，恰可用来描述当今世界上新型天文望远镜层见叠出的情形。它使科学家持续追求更高的极限星等和更高的空间分辨率成为可能，同时也使我们此刻在震撼中一饱眼福。这幅夜空图以数字化方式再次确认大视场多色巡天观测的天文学趋向，也必将在最为普遍的意义上更新人类的宇宙观。亿万人转动着鼠标览胜深空美景并体验无数惊喜，SDSS如此这般让科学走近了公众，也让公众走近了科学。

据美国《连线》杂志网站1月12日（北京时间）报道，国际斯隆数字天空勘测合作组织（SDSS）当日发布了目前世界上最大的彩色数字夜空图。

这幅夜空图是科学家将过去10年获取的700多万幅280万像素的图像拼接而成的，其包括地球上可见的1/3的天空，总像素超过1万亿。通过该图片，人们可以识别出5亿个独立的恒星和星系及其细节信息。整个图片全部显示时，其中的每一个黄色小点就是一个星系，而将每个小黄点放大后都可以显示出一个星系的详细结构和独立的产星区。因此，该巨型图片被誉为迄今为止人类合成的细节最为丰富的夜空图。

SDSS计划研究工作开始于1998年5月，共有来自113个不同国家天文学机构的200多名天文学家参与。该计划目的是编制尽可能详细的星空地图，地图中拥有全部已发现的具有确定坐标和亮度的天体以及相距百万千米的星系和类星体。按SDSS计划收集的第一份资料目录发表于2003年，该目录拥有关于5000万个天体的信息，其中包括近20万个天体的光谱和红移值。

拼接这幅夜空图所使用的图像大都来自美国新墨西哥州一个天文台上的2.5米口径的望远镜。从1998年开始，研究人员通过安装其上的一架126兆像素的“相机”进行拍摄。该项目分为三期，第一期和第二期对北银冠进行了扫描，第三期从2008年7月到2009年12月完成了对南银冠的扫描。

在新闻发布会上，美国纽约大学天文学家迈克尔·布兰顿说：“我们对整个区域都进行了详细的分类，它不仅大而且还十分有用。”除了公布最大夜空图外，科学家还公布了所有这些天体的最新最精确的位置、颜色和形状等数据。借助这些信息，研究人员能够测量地球与100多万个星系之间的距离，从而绘制出目前人类所知的最详细的3D宇宙地图。此外，该项目也将对目前已有的银河公园（Galaxy Zoo）、谷歌天空（Google Sky）以及微软的World Wide Telescope等软件提供支持，届时任何人都可以借助计算机和网络畅游宇宙。

布兰顿说："这是一个真实历史数据的集合，在未来10年甚至更长的时间内都将发挥出独特的参考作用。"（王小龙）

（原载2011年1月13日《科技日报》）

宇宙始于液态而非气态

亚东评论 无论雾霭苍茫，还是波涛横溢，宇宙之初的物质形态与我们今天的生活似乎没有什么关联。然而，这段往事却让无数科学家长久地牵萦于心，不能释怀，因为它毕竟是天体演化史上一个无法忽略的篇章，也是透视物质本性所必须超越的幕障帏遮。11 月 8 日，欧洲大型强子对撞机创造出夸克—胶子等离子体，从而让研究者破天荒地触摸到尘封了 130 多亿年的万事发端。在此崭新的平台上，获悉宇宙始于液态只是开头，更多的“原来如此”必定接踵而至。

据美国每日科学网 11 月 24 日报道，欧洲核子物理研究中心的科学家们近日利用其世界上最大的实验设备大型强子对撞机(LHC)得出一个颠覆性的结论：宇宙的形成初态乃是灼热浓厚的液体，而非一直以来所认为的气态。

宇宙形成之初到底发生了什么，很久以来都是迷雾一团。目前已被普遍接受的观点认为，宇宙大爆炸抛出了超热气体，而这些气体聚集起来形成了现有物质。但有些物理学家对这一观点颇为抵触。

LHC 在今年为人们提供了拨开迷雾的良机。继 9 月其 CMS(紧凑缪子线圈)实验装置再现大爆炸后瞬间状态之后，科学家于 11 月又在其另一台实验装置 ALICE(大型离子对撞机)中，让铅离子以接近光速的速度对撞而创造出了迷你版的“宇宙大爆炸”。实验产生一个“令人难以置信”的炽热浓厚的亚原子火球，也意味着出现了夸克—胶子等离子体，可以解释 137 亿年前宇宙诞生之初的物质形成过程。

在 ALICE 实验装置的成果之上，欧核中心人员分析发现，在宇宙刚刚诞生之时，立刻就有一团温度高达 10 万亿摄氏度的液体形成。这团呈软胶状的黏稠物正是夸克—胶子等离子体，其性质及“行为”明确类似于液体，这给第一粒子和原子的形成提供了最佳环境，而在粒子出现后才渐渐组成了现在我们看到的恒星和星系。

但此前最为普遍的观点认为，大爆炸创造的高温条件会使夸克和胶子结合的能量大幅削弱从而形成气态物质。5 年前，科学家曾利用“相对论重离子对撞机”产生了 4 万亿摄氏度的高温拟境，当时已发现在该温度条件下夸克—胶子等离子体的形态与液体类似，但人们一直认为是实验水平所限，期待随着温度升高这些物质会更像气体。然而 LHC 这次证明了事实并非如此，全新的研究结果将会颠覆物理学的传统理论。

尽管性质类似液体，但曼彻斯特大学的布赖恩 · 考克斯教授表示，这些物质和人们已知的任何液体都不一样。至于事实为何并不如人们之前所想，科学家们将会继续探寻其原因。实验主要参与者、伯明翰大学的粒子物理学家戴维 · 埃文斯认为，新结论必会帮助我们了解在质子和中子形成前的神秘时期。

英国《每日电讯报》刊发文章称，目前这项结论将会首次以超过1000名研究者构成的多国团队名义发表。（张梦然）

（原载2010年11月25日《科技日报》）

NASA观测到年仅31岁的黑洞

亚东评论 “观测到年仅31岁的黑洞”并不意味着它真的只有31岁。虽然科学家们得以目睹这个黑洞从婴儿期开始的演化过程，但那却是约5000万年以前的芝麻和谷子。换句话说，它今天的年龄已经和5000个“万岁”差不多。昨天，NASA的故弄玄虚以及网上恶搞曾让不少人心情受伤。真相大白之后，但愿读者不会因上当而贬损这项发现本身所具有的重大价值，更不会因一些媒体对其缺乏常识的解读而再次受骗。NASA和一些媒体，这次太叫人没法儿夸！

据美国国家航空航天局(NASA)官方网站及太空网11月16日(北京时间)消息，NASA在刚召开的发布会上宣布，利用该局钱德拉X射线天文望远镜于5000万光年外发现一迄今为止最年轻的黑洞，该黑洞年仅“31岁”。它的出现为人类观测这类婴儿期天体提供了良机；而其前所未有的精确年份，亦可帮助人们了解黑洞的诞生衍变及恒星们的命运。

北京时间16日凌晨1点30分，NASA在其华盛顿总部电视演播室举行约40分钟的新闻发布会，就钱德拉X射线天文望远镜近日在太空发现的“异常物体”进行实时转播解说，并以电话连线的方式接受媒体现场提问。

这个形成只有31年的黑洞是距地球约5000万光年外M100星系中超新星SN 1979C的遗迹，而超新星SN 1979C是一颗质量相当于太阳20倍的恒星坍塌后形成的。除钱德拉望远镜外，NASA的雨燕卫星、欧空局的XMM—牛顿天文望远镜、德国伦琴卫星亦注意到此“婴儿”黑洞发出的X光源，证明该射线源在1995年至2007年观测期间保持稳定状态。

哈佛—史密森天体物理学中心的丹尼尔·帕特诺德称：“如果解释无误，这就是我们观测到的离人类最近的一个黑洞诞生的实例。”据其他天文学家介绍，该黑洞还将揭示出“恒星爆炸后留下的是黑洞还是中子星”，而相对较近的距离也便于人们密切观测它在自己生命历程中的些微变化。

尽管现有证据显示该天体是一个正吞噬超新星或双子伴星残留物质的黑洞，但天文学家也不会介意情况转化为另一种非常吸引人的可能性：X射线可能由一颗带有高能粒子、快速旋转的中子星发出。倘若如此，该天体的身份会变成“迄今为止最年轻最明亮的脉冲风星云”，因为此前已知的“同类”——蟹状星云可是已有950岁了。

有趣的是，在发布会召开之前，因NASA预告中所用“异常物体”一词语焉不详，引发外媒疯狂猜测；而国内一条意为“NASA突然宣称要发布一个震惊全人类的爆炸性新闻”之消息，经微博不胫而走后即引发大范围热议。人们纷纷猜度这一“震惊消息”确指何事，其中巨型陨石来袭和发现外星人的观点得到最多支持，而NASA钱德拉望远镜的官方网站也因为访问量过大，一时之间无法支撑。但随后，国内有科普组织出面澄清并指出实为“用词夸大”，始作俑者也在5个小时后再发微博，表示更正和抱歉，至此结束了一场“科学恶搞”。（张梦然）

（原载2010年11月17日《科技日报》）

银色月光找到了科学根据

亚东评论 月球是宇宙中距地球最近的天体，然而区区38万公里的咫尺之遥却造就了无数的奥秘和好奇。苏尔茨所言极是，月球探索的结果往往都是提出的问题比给出的答案多，但人类从未因此而驻足。事实上，我们的月球认知就是在这种困扰中不断深化。时逢中国的嫦娥二号卫星成功地运行在100公里环月圆形轨道，预计三天后将变轨至15公里近月点，在那里拍摄并传回未来嫦娥三号备选着陆区的精细影像。百闻不如一见，我们对此充满期待。

时隔一年，美国火箭卫星双撞月任务终于向世人透露了研究发现：月球土壤不仅含有水冰，还有汞、银、氨和碳氢化合物。这些发现以一系列论文的形式发表在10月22日的《科学》杂志上。

去年10月，美国国家航空航天局(NASA)埃姆斯中心发射了半人马座火箭撞击接近月球南极处的凯布斯陨石坑，随后由月球坑洞观测与传感卫星(LCROSS)拍下照片，并对撞击掀起的尘埃成分进行分析，寻找水冰的迹象或其他成分。此前月球极地地区的土壤成分从未被取样分析过。

美国布朗大学行星地质学家彼得·苏尔茨等和NASA科学家一起，对由火箭撞击而掀起的尘埃云团进行了分析，并在其中一篇论文中指出，月球的风化土被不仅含有水分，还有羟基、一氧化碳、二氧化碳、氨、钠原子等其他物质，最让人吃惊的是竟然还有银。

这些挥发性物质轻微地附着在风化土层的颗粒上。论文主要作者苏尔茨认为，在彗星、小行星和流星体数十亿年不断撞击月球的过程中，各种元素、混合物分类聚集成许多挥发性物质，这些物质沉积在整个月球的土被中，在撞击或阳光加热后会获得能量释放出来，或在整个月球表面运动，直至到达极地"陷"入冰冷的坑洞阴影之下。

苏尔茨认为，在凯布斯坑土壤中发现挥发性物质，这暗示了一场元素一边积累、一边损失到月球稀薄大气中的拉力赛，而且积累的力量占了上风。

根据NASA阿波罗任务宇航员送来的资料，科学家还在月球的近面(朝向地球的一面)发现了微量的银和金。凯布斯坑发现银，这表示整个月球表面的银元素迁移到了极地，但银仅以小粒子的形式存在，无法被人类开采。

论文详细描述了撞击坑和掀起的云。火箭撞击在凯布斯陨石坑内，产生了一个直径约21米到30米、深约1.8米的洞，激起的月球尘埃形成羽毛状云柱，在凯布斯地面之上达800米高。这样的高度可被阳光照射，因此尘埃柱的属性可用一种分光仪在4分钟内检测出来。激起的尘埃数量接近2吨，含水大约5.6%，大约10亿加仑，这些水足以填满1500个奥运会用的标准泳池。

苏尔茨表示，详细研究结果在给出答案的同时，也给我们提出新的课题：这些物质已在月球阴面的陨石坑里保存了数十亿年，那里可能埋藏着地球、太阳系甚至银河系历史的线索，等着我们去追溯。（常丽君）

（原载 2010 年 10 月 23 日《科技日报》）

距地球131亿光年的最遥远天体发现被证实

亚东评论 路漫漫131亿光年，这束光线终于归宿在智利的帕瑞纳山。当它已经走完2/3行程时，地球刚刚诞生；而当它快要到达目的地时，地球上才相继有了哥白尼、伽利略和望远镜。至于《科技日报》创刊，只能说是眨眼之前的事。你肯定会感叹，在浩瀚的苍穹下，人间实在微不足道！与其说天文学家发现了最遥远的星系，不如说我们第一次触摸到混沌之初的宇宙，那是一个连盘古都没见过的世界。在此意义上，无论怎样一种惊喜，都不会显得夸张。

据英国《每日邮报》在线版及美国每日科学网10月21日(北京时间)报道，欧洲天文学家已证实有测量记录以来最遥远、最古老的宇宙天体出现。由这个星系辐射出的光芒要历经131亿光年才能到达地球，而该星系出现时，宇宙尚且“年幼”。研究结果发表于20日出版的最新一期英国《自然》杂志。

该星系在早些时间由哈勃天文望远镜发现，但其年代和距离的判定最终应归功甚大望远镜(VLT)。位于智利帕瑞纳山的欧南台(ESO)观测站环境得天独厚，而4台8.2米口径的甚大望远镜就是其王牌设备。它们的最佳研磨精度达到了8.5纳米，组合起来的聚光本领相当于口径16米的镜面，构成了此次判定“最远星系”的有利条件。

目前，这个位于宇宙“超深空”(Ultra Deep Field)区域的星系被命名为UDFy-38135539，其质量相当于银河系的1%至10%，比银河系要小得多。由于天体移动时，在可见光波段光谱的谱线会朝红端移动一段距离(即红移)，而来自遥远星系光线的红移又与其距离成正比，因此经过持续16小时观察该星系的红移程度后，天文学家用了两个月时间测算出其与地球相距至少131亿光年，即来自该星系的光芒要历经131亿光年才能到达地球。这使UDFy-38135539星系一举成为人类迄今观察到的最遥远宇宙天体。

据论文合著者、英国杜伦大学博士马克·斯温班克介绍，UDFy-38135539星系应出现在宇宙的“起步阶段”——距宇宙诞生不足6亿年的时间里。对宇宙诞生后最初几亿年的情况，科学界一直知之甚少。研究人员普遍认为，当时存在一个导致现有恒星、行星等各种天体形成的“宇宙再电离”时期，本次发现将有助于探索“宇宙再电离”时期的演化情况。依据大爆炸理论，宇宙肇始于137亿年前，俟宇宙稍事冷却后，氢原子开始生成，氢原子雾在数亿年间充斥宇宙，导致宇宙彼时并未完全透明，亦使得观察这个本就昏暗的星系更加困难。幸而，甚大望远镜的技术力量能拨开“迷雾”，终使人们见证这一古老星系的辉煌。(张梦然)

(原载2010年10月22日《科技日报》)

南极深处中微子探测器拟揭秘宇宙射线

亚东评论 把“望远镜”深埋于南极冰盖下，是因为冰不产生自然辐射，同时还可以滤掉宇宙中除中微子之外的其他辐射，从而保证探测效果。其实早在1994年，威斯康星大学就已在此地800米深处安装过同样用途的探测器。此外，日本、意大利、俄罗斯等也都建有这类设施。“冰立方”项目无疑会推动中微子研究，但如果指望它一劳永逸地解开宇宙射线之谜，你可能会上当，这件事毕竟太难了！有时别太相信科学家，他们常常也会忽悠，比如为了经费。

想研究天上，却把自己埋进地下？据英国《每日电讯报》在线版10月19日(北京时间)报道，近10年来，科学家们一直在着力打造一个肩负着雄心勃勃计划的实验装置，以解开宇宙射线和中微子产生的谜题。现今深埋在南极洲冰盖之下的一台“望远镜”，将记录下宇宙射线中的中微子在和冰雪中的原子发生碰撞时产生的稍纵即逝的蓝色之光，其灵敏度有望帮助人们确定那些不断轰击地球的宇宙射线和粒子究竟来自何方。

科学界对中微子了解极晚。仅已知它是轻子的一种，不带电，但质量未知，推算其轻到小于电子质量的百万分之一，并能以接近光速的运动穿透像地球直径那么厚的物质。在100亿个中微子中只有一个会与物质发生反应，因此中微子的检测非常困难。然而因大爆炸的残留，宇宙射线中却充斥着大量的中微子，大约为每立方厘米100个。这使它不仅在微观世界的基本规律中起着重要作用，且与宇宙的起源、演化及如今正反物质存在状态有着非比寻常的联系。

近日，一种新的天文观测手段启动。它是耗资2.71亿美元、由美国威斯康星大学麦迪逊分校领导、多国科学家参与的大型国际合作项目“冰立方”(Ice Cube)中微子观测站，作为项目核心的极其灵敏的中微子“望远镜”，将被科学家深埋到南极洲冰雪下超过1英里(约1.6公里)深处，此处冰雪的厚密和纯净将保证探测结果不被干扰，当中微子撞到原子产生一种叫做μ子的粒子时，会出现标志性的蓝光闪光，而该“望远镜”的传感器就可以捕获这种闪光，锁定其运行路径，进而帮助科学家分析出它们到底来自宇宙中的什么位置。

“冰立方”项目要安装超过5000台光学传感器，覆盖近1立方公里的冰雪层，尽管现在尚未最终落成，但是其分析工作已在第一台探测器入地后就开始了。中微子与冰雪撞击发生概率很小，但目前科学家们已拿到了若干次的数据，初步结果显示大量宇宙射线都来自一个靠近船帆座(Vela)的天区，这里长久以来都被认为存在一个强辐射源。

尽管最后一批光学传感器今年12月份才会安置到位，但研究人员正欲扩大实验规模——建立一个覆盖数百英里的无线电波探测阵列，通过监听无线电波的变化来判断撞击事件的发生。团队成员、牛津大学教授索比·萨卡尔认为,“冰立方”项目虽看似疯狂,其实是反向追踪其来源路径的新思路,宇宙射线发现已有百年,实在是该弄清它们的来源了。(张梦然)

(原载 2010 年 10 月 20 日《科技日报》)

霍金辐射或许已被科学家观察到

亚东评论 用弯曲时空量子场论证明坍缩中的黑洞会有热辐射，甚至在1974年《自然》杂志正式发表这篇论文之前，霍金的结论就已被很多文章引用。由于它彻底颠覆了经典广义相对论，所以当年曾在理论物理学界和天体物理学界引起轩然大波。从那时起，科学家们就一直在太空中苦苦搜寻霍金辐射的蛛丝马迹。尽管贝乔诺观察到的"某种现象"现在还只是实验室中的模拟，但也足以让更多的人相信，黑洞原来是热的，至少不像我们以前认为的那么黑！

据物理学家组织网9月29日(北京时间)报道，意大利米兰大学的科学家佛朗哥·贝乔诺及其同事组成的团队日前宣称，他们在实验室中创建的"某类现象"，应该就是科学界一直未曾观测到的"霍金辐射"。相关论文发表于即将出版的《物理评论快报》上，目前在arXiv.org网站可供参阅。

虫洞被科学家描述成连接宇宙遥远区域间的时空细管，它和黑洞一样都以相同的方式扰乱其周围的物质运动。而分辨这两种情况，能用到的方法就是"霍金辐射"。

这是霍金在1974年发表的一个令人震惊的设想。他认为，在黑洞外产生的虚粒子对，其中之一被吸引进去，而另一个会逃逸。这个逃逸的粒子获得了能量，从而不需要与其反粒子相遇湮灭，反倒是可以逃逸到无限远。以外界的角度看，就像黑洞辐射出了这个粒子一样。该猜想中的辐射就被命名为"霍金辐射"。

霍金将量子理论加入到天体物理理论中去，按此说法，黑洞并不像人们此前所想的那样"暗无天日"，而是会轻微地发出"霍金辐射"的光芒。那个逃逸的粒子吸收了一部分黑洞的能量，使该辐射包含有光子、中子和少量的各种有质量的粒子。"霍金辐射"不违反信息定律，但这种辐射非常之微弱，还非常可能被其他的辐射来源所湮没，如大爆炸时期留下的宇宙微波背景辐射，因而尽管天文学家数十年的努力观测，仍一无所获。

贝乔诺及同事为了建造出"霍金辐射"，在实验装置中向透明的石英玻璃样本发射了超短(1皮秒)的激光脉冲，产生的折射率分布(RIP)展现出一个"视界线"(一个天文学中黑洞的边界)，在此边界以内的光无法逃离。之后，由成像镜头以90度收集其辐射光子，然后发送到分光仪以及电荷耦合摄像机中。

研究人员解释说，此方式可强烈抑制或消除其他类型的辐射，如切伦科夫状辐射、四波混频、自相位调制、荧光等等。最终，观察到的光子辐射迹象让他们相信，这是一个由模拟"视界线"催生的"霍金辐射"。

这很可能是人们首次观察到的“霍金辐射”迹象。物理学家们认为，如在未来实验中该结果被证实为“霍金辐射”，其可能对一切黑洞甚至宇宙的最终命运产生重大影响。(张梦然)

(原载 2010 年 9 月 30 日《科技日报》)

全景巡天望远镜发现首个风险小行星

亚东评论 就凭直径46米的个头，这颗小行星即使将来冲向地球，经燃烧后也不会给我们带来太大的灾难。所以，该成果的价值更在于一种标志意义：人类从此有了一位身手不凡的守护神。在宇宙天体发现的数量上，PS1望远镜工作一个月甚至比以往整个天文学界忙乎好几年还要多。就像对着消防龙头喝水，科学家们如此"解渴"地获取宇宙信息，从而能以空前的深度和广度探索未知。可以说，"巡天遥望一千河"那种豪迈气度今已不再是"革命的浪漫主义"。

据物理学家组织网9月28日(北京时间)报道，世界第一台全景式巡天望远镜和快速反应系统(Pan-STARRS)中的PS1望远镜发现了一个小行星，今年10月中旬该小行星将到达距地球650万千米之内。小行星9月13日出现在望远镜搜寻景区内，直径约46米，当时距地球约3200万千米。这是Pan-STARRS通过搜巡发现的第一个"潜在风险目标"(PHO)，研究人员将其命名为"2010 ST3"。

绝大多数较大的PHO已登记分类，但科学家们怀疑还有很多直径小于1英里(1.61千米)的小行星未被发现，一旦这些漏网之鱼真的撞上了地球，就会造成地区性大规模灾难。据估计，这样的碰撞每隔几千年就会发生一次。

夏威夷大学PS1科学联盟成员罗伯特·杰迪克正在研究来自望远镜的小行星数据。他说，尽管小行星未必在近期内就撞上地球，但Pan-STARRS显示出在搜索潜在危险目标方面的敏感性。由于一些小行星距离遥远，在其他仪器尚未观察到的时候，Pan-STARRS就能发现它们。

PS1于今年6月投入全负荷运行。小行星中心主任提马斯·斯帕尔说，PS1装备了10亿级像素的照相机，其高精度计算系统能够探测运动目标，发现其他仪器发现不了的潜在危险目标。小行星中心由国际天体物理联盟发起创立，其职责是收集并发布关于小行星和彗星的位置测量信息，证实发现并给以初步命名。

目前Pan-STARRS家族进一步拓展了视野，PS1望远镜将和它升级版的兄弟PS4一起，在未来10年并肩作战，共同守卫地球家园。它们有望发现100万颗以上小行星，以及更远的目标如变星、超新星和大半个宇宙中星系的神秘爆发。

科学家预计，Pan-STARRS每年都能发现几万颗新行星，它具有高精度分辨率和运算能力，能准确计算出小行星围绕太阳运行的轨道。任何看起来在未来50年内可能离地球越来越近的大块头目标都会被贴上“潜在风险”标签，并重点监视。美国国家航空航天局专家认为，面对科学家多年来的警告，组织一个空间任务团去改变那些可能撞向地球的小行星的方向，并非不可能。（常丽君）

（原载 2010 年 9 月 29 日《科技日报》）

2016 年太阳黑子或对人类“说再见”

亚东评论 《汉书·五行志》关于公元前 28 年 5 月 10 日“日出黄有黑气，大如钱，居日中央”的描述，是现今世界上公认最早的太阳黑子记录。然而，其后两千年里没有谁真正在乎它。只是近几十年来，科学家才逐渐认识到，太阳黑子活动与地球上的地质、天气现象等密切相关，并会干扰甚至损害各种电子产品。尤其在此灾难频发之年，很多人相信都是太阳惹的祸，往轻里说也是推波助澜。所以，佩恩等人的发现甭管确实与否，至少能让我们松口气。

据美国《科学》杂志网站 9 月 15 日(北京时间)报道，科学家研究发现，太阳黑子的磁场在过去 20 年内呈稳步下降趋势。按目前的趋势发展下去，到 2016 年，太阳表面的黑子将变得了无踪迹，并将维持至少数十年。此现象上次发生时，正是 17 世纪地球的长时间低温期。

黑子看上去就像太阳光球中的一些深暗色斑点，其磁场比周围强，温度比周围低，是主要的太阳活动现象。太阳黑子活动存在着明显的周期性，平均为 11.2 年。其中，在开始的 4 年左右的时间里，黑子会越来越多，活动剧烈，其数值达到极大的那一年，称为太阳活动峰年；而随后的 7 年时间里，黑子活动逐渐减弱，数目也越来越少，在达到“极小值”(甚至可为零)的那一年，称为太阳活动谷年。

太阳活动谷年可看做是一个新周期的开始年。自天文学家对黑子活动从 1755 年开始标号统计至今，应是迎来第 24 个太阳活动周期的时候。而最近的一个太阳黑子极小值，截至去年也应彻底结束。但奇怪的是，科学家们发现，本次太阳极小值居然延续了超过 26 个月，而其通常只会延长约 16 个月，26 个月无疑破了本世纪内延长时间的纪录。据提交给国际天文联合会的一份报告称，太阳黑子的磁场强度出现减弱这一现象，正是太阳黑子极小值时期被“拖长”的原因。

在位于美国亚利桑那州的国家太阳天文台，马修·佩恩与威廉·利文斯顿自 1990 年起便利用“塞曼分离”测量法对太阳黑子的磁场强度进行研究。在探测了 1500 个太阳黑子后，两人得出结论：黑子的磁场从约 2700 高斯降至 2000 高斯。《科学》杂志指出，切勿认为 700 高斯的降值不多，要知道，地球的平均磁场还不到 1 高斯。

尽管磁场降低的原因至今未明，但据利文斯顿推测，按目前的趋势一路发展下去，不用到 2016 年，太阳黑子磁场就会跌至 1500 高斯。因为 1500 高斯已是产生黑子的最小极值，届时，黑子们恐怕将不复存在。

在人类的历史上，这种现象并非首次发生。在 1645 年至 1715 年间，太阳黑子一直呈“失踪”状态，这一时期被称为“蒙德极小值”。而该现象发生时，整个欧洲正在经历持续了数十年的低温“小冰河期”。但利文斯顿警告说，目前就预言会出现“零太阳黑子”的状态还为时过早，还要观察太阳周期是否能随时间推移而回升，但无疑，太阳黑子们现在“很不健康”。

美国国家大气研究中心太阳物理学家斯科特·麦金托什表示，该分析十分仔细且研究数据确凿无疑。（张梦然）

（原载 2010 年 9 月 16 日《科技日报》）

霍金:宇宙诞生无需借助上帝之手

亚东评论 哪里是上帝创造了宇宙,分明是人类创造了上帝。就像“盘古开天地”一样,我们的祖先根据自己对世界的认识和理解编织出各种美丽的神话。无论多么自圆其说或天衣无缝,最终它们都无法取代科学。与其说牛顿的上帝创世论是科学歧途,不如说体现了人类面对自然界的一种无奈。当理性的追光难以照亮宇宙的黑暗时,只得谦卑地求助于上帝这个“人造”的永恒和终极。霍金认同“M-理论”也是一种自我超越,人家可从来没说自己是上帝。

据英国《独立报》9月2日和《每日邮报》9月3日(北京时间)报道,英国著名物理学家斯蒂芬·霍金在自己的新书《伟大设计》中表示,宇宙并非上帝所造,现代科学可以解释宇宙的起源,宇宙是在物理定律“M-理论”的作用下,引发大爆炸而形成。

霍金所指的“M-理论”(一种弦理论)是物理学家试图通过一连串物理定律解释宇宙万物的“物理终极理论”,这一理论尚在艰难的完善过程中。霍金表示,“M-理论”就是爱因斯坦一直梦寐以求的统一场论。

霍金在《伟大设计》中指出:“由于万有引力等定律的存在,宇宙能够而且也必定是无中生有,自我创造,无需祈求上帝之手让宇宙运转。自我创造是宇宙、人类存在的原因。”

霍金的此番言论推翻了他早年发表的上帝创造宇宙的思想。1988年,霍金在《时间简史》中认为,创造万物的上帝与科学理解宇宙可以并存。他说:“我们若能发现一套完美的理论,这将是人类理性的终极胜利,因为,届时我们应会理解上帝的心意。”

新言论也对牛顿的理念提出了质疑,牛顿认为,宇宙由上帝所创造,因为宇宙无法自然地从混沌中产生。

在新书中,霍金以1992年发现的一颗行星为例,作为推翻牛顿理念的依据。该行星围绕另一颗恒星而不是太阳运行。霍金在书中写道:“这与我们所处的星球环境非常类似:一个太阳、地球与太阳之间的距离以及太阳的质量都恰到好处,这表明,我们所处的星球环境并非如此特别,因此,地球是被上帝精心设计来讨好人类的这一观点也站不住脚。”

他还据此认为,其他行星上也可能存在生命,也可能有另外的宇宙存在,这就是他所谓的“多重宇宙”观念。

有些基督教科学家对霍金的观点做出了回应,他们声称,霍金对上帝的理解存在误区,上帝可以解释目前宇宙中很多无法解释的问题。科学和宗教国际社会组织的主席乔治·埃利斯表示,霍金的最新言论把公众带入了一个两难处境:只能在宗教和科学之中选择其一。

《伟大设计》将于 9 月 9 日面世，同《时间简史》一样，该书也由霍金与美国物理学家罗纳德·姆罗迪诺联袂撰写。

去年，霍金辞去了英国剑桥大学卢卡斯数学教授的职务，这是科学界最为崇高的教职之一，牛顿是第二任，在位 33 年，而霍金在位也达 30 年之久。（刘霞）

（原载 2010 年 9 月 4 日《科技日报》）

新发现最大类太阳系可能拥有7颗行星

亚东评论 “天上的星星亮晶晶”，这里说的“星星”至少都是恒星。行星由于本身不发光且体积较小，所以总是“懂事地”躲在恒星的光辉背后，从不显山露水。殊不知，以往这让天文学家成了“睁眼瞎”。近年来，科技的发展开始让行星逐渐走进人类视野。虽然还只能间接观测之，但对于探索宇宙起源和天体演化已是别开洞天。欧洲南方天文台此次通过光谱分析明察秋毫，把127光年之外的那个类太阳系查了个“底儿掉”。没搞错的话，无疑标志着天文观测再上一级台阶。

据英国《每日电讯报》8月25日(北京时间)报道，欧洲天文学家发现了一个新的太阳系外星系，距离地球约127光年，其可能包含有7颗行星。如被证实，这将是迄今发现的行星数量最多的类太阳系，此前还没有哪颗恒星像太阳一样有这么多行星。此次发现也意味着宇宙中可能存在更多的类太阳系。

该新星系的母星HD 10180位于水蛇座，距离地球127光年。由克里斯托夫·洛维斯领导的欧洲南方天文台的研究人员，使用“高精度径向速度行星搜索器”(HARPS)光谱仪和直径3.6米的大型望远镜对HD 10180进行了长达6年的跟踪研究。他们已经发现了其中5颗行星的踪迹，也获得了其他两颗行星的翔实资料。这些行星与其母星间的距离遵循一定的模式，就如同太阳系中的情况一样。

研究人员根据HARPS光谱仪提供的190个测量结果，探测到了行星运动中的细微晃动，这些晃动主要由行星之间的引力作用产生。其中5个最强的晃动信号表明它们来自于质量同海王星相当的行星，约是地球质量的13倍到25倍。这些行星与其母星的距离大约是地球和太阳之间距离的0.06倍到1.4倍。洛维斯表示，新发现还表明，在对太阳系外星系进行研究时，不能只研究单颗行星，而应着眼于研究星系中各行星间复杂的引力作用，从而更好地理解星系漫长的进化过程。

洛维斯称，该星系中可能还存在另外两颗行星：一颗质量大约为地球的65倍，公转周期约为2200个地球日；另一颗将是迄今为止质量最小的太阳系外行星，其质量约是地球的1.4倍，它同母星距离非常接近，大约是地日距离的2%，公转周期相当于1.18个地球日。它可能如地球一样布满岩石，但其过高的温度却不适合生命存在。

到目前为止，天文学家们已经发现了15个至少包含3颗行星的新星系，此前的记录保持者是“巨蟹座55”，它包含有5颗行星。

在25日于法国普罗旺斯天文台举行的外部行星大会上，研究人员宣读了这项新发现，相关论文已经提交给了《天文和天体物理学》杂志。(刘霞)

(原载2010年8月26日《科技日报》)

月球正在变小 10亿年直径减少百米

亚东评论 换算一下更明确，月球直径每年仅减少1米的千万分之一，所以我们也千万不要杞人忧“月”。想想1910年的世界吧，如今操心100年以后的事情几乎没有意义。沃特斯的发现只具有研究天体演化的科学价值，至于对生活的直接影响，甭说我们和子孙，就连子孙的子孙也不会有任何察觉。倒是知道了月亮像“干瘪的气球”让人气馁，有点亵渎“明月松间照，清泉石上流”等美景佳境，但愿不会给醉心于那些“涉月”诗歌、散文和神话的人们太添堵。

据英国《每日电讯报》8月20日（北京时间）报道，美国研究人员发现，月球表面的裂纹显示，月球可能正在收缩，其直径在10亿年间减少了100米左右。不过，有专家指出，在可预见的未来，月球并不会消失。该研究结果对月球最近的地质和构造变化提供了重要的线索。

美国史密森学会全国航空航天博物馆地球与行星研究中心学者托马斯·沃特斯和同事在20日出版的《科学》杂志上撰文指出，在过去10亿年间，月球的内部不断冷却收缩，外壳形成裂纹，月球就像不断干瘪的气球一样，不断变小，不过其收缩的速度很慢，人的裸眼很难看出。

研究人员指出，美国宇航局的环月侦察卫星在月球上发现了14处皱脊地貌——“瓣状陡坡”，这些瓣状陡坡主要出现在高地。早在1970年，执行阿波罗登月计划的宇航员就首次在月球赤道附近发现了瓣状陡坡，但这次是科学家首次证明，月球上其他地方也有瓣状陡坡，这表明，整个月球可能都分布有瓣状陡坡。

专家们认为，这种裂纹的产生源于随着月球变冷收缩，其外壳发生破裂而形成。沃特斯表示，这些裂纹看上去如此“年轻”，而且布满整个月球，这表明，这种收缩可能最近才发生，而且可能还在继续。对于月球而言，“最近”可能意味着10亿年前。

沃特斯解释说，瓣状陡坡会跨越一些小陨石坑，而随着时间推移，这些小陨石坑有可能会慢慢消失。另外，没有大陨石坑对这些瓣状陡坡施加影响，从行星学的角度来说，说明这些瓣状陡坡出现的时间相对较近。

沃特斯还指出，这些瓣状陡坡高达10米，长达几公里。研究人员表示，地球的潮汐不足以产生这些瓣状陡坡，只是对其表面的形状有点影响，可能影响其出现的方位。

在接下来的几年内，该研究团队将使用环月侦察卫星上的窄角照相机，建立高清的全月图片，或许能发现其他的瓣状陡坡，并研究瓣状陡坡是否与地球的引力有关。（刘霞）

（原载2010年8月21日《科技日报》）

银河系也曾有巨大星体爆发

亚东评论 说一个人不了解自己，或形容由于距离缺失造成“审美疲劳”，我们通常会想到苏轼贬赴汝州途中留下的名句：“不识庐山真面目，只缘身在此山中。”也许就是因为我们生活在银河系，反而于某些方面对它知之甚少。银河系释出包括原子核在内的宇宙射线，这一发现的意义不仅是判断此地也曾有巨大星体爆发，还在于敦促科学家们以新的视角打量地球、太阳系乃至银河系。近在“咫尺”的周边必定还有更多的“不可能”正在排队，等着成为可能。

据物理学家组织网8月17日报道，加州大学洛杉矶分校和日本的物理学家分析了来自阿根廷皮埃尔·奥格天文台的观察数据，发现在我们的银河系中存在天然原子核加速器的证据，表明银河系曾有巨大星体爆发。这项研究将刊登在8月20日的《物理评论快报》上。

皮埃尔·奥格天文台是世界最大的宇宙射线观察站，1600个粒子探测器，每个间隔约1英里，组成一张广布1200平方英里的庞大观测网，加上专门设计的望远镜，记录着来自太空的宇宙射线信息。今年初，物理学家通过粒子探测器观测到，银河系中也存在很多高能宇宙射线，但并不纯是质子，而且还有原子核——能量越高，原子核与质子间的比例就越大。

按照目前的高能物理定律，所有超高能宇宙射线必然来自河外星系，那里存在巨大的黑洞，能吞没恒星并加速质子，逃逸的质子成为一种“宇宙射线”，穿越太空甚至到达我们的星系。当质子离开星系时，还保持着最高能量状态，能追溯其能量来源。原子核被吸进汹涌的磁场，在星系磁场的大网中不断地扭来转去上百万年，因此它们抵达地球大气时，方向是完全随机的。而银河系缺乏合适的能量来源，也无法造成原子核的各向异性(从不同的方向检测原子核呈不同的物理性质)。

根据皮埃尔·奥格天文台的观测，原子核暴雨般冲击地球，很像来自银河系外的质子射线。

论文合作者之一、加州大学洛杉矶分校物理与天文学教授亚历山大·库森科说，这一发现完全出乎预料，因为原子核比质子更不稳定，它们在穿越太空的漫长旅途中很容易裂变成质子。此外，在这些高能粒子中，任何种类的宇宙加速器对原子核加速都不如对质子的加速效果好。

要解决原子核来源的矛盾，只有我们的星系中有星体爆发，才能同时加速质子和原子核。这样银河系的场力就能完全打乱它们到达的方向，解决了各向异性的难题。星体爆发产生大量伽马射线，能将原子核加速到高能状态，也提供了合适的能量来源。这在其他星系并不罕见。库森科解释说，这说明在我们银河系也存在巨大星体爆发，每百万年至少爆发几次。我们将这两个问题集中在一起，计算了光谱和不对称性，两方面都能跟观测数据很好吻合。

库森科认为，这有助于研究银河系产生上百万年以前，伽马射线爆发时产生的总体影响，加强人们对天体物理考古学的理解。（常丽君）

（原载 2010 年 8 月 19 日《科技日报》）

三大望远镜共同见证宇宙奇景

亚东评论 三英聚首，给世人带来新的惊喜。然而，在为 NASA 这项成就喝彩时，我们没有忘记自己在深空探索领域几近空白的尴尬。当张衡制造浑天仪、郭守敬发明《授时历》、祖冲之用圭表指示冬至时，估计那阵子胼手胝足的西洋人也是同样一番心境。前天《科技日报》的《周日特别策划》栏目报道了“中国空间望远镜 HXMT 的登天之难”，以及中国天文学发展的人才瓶颈和体制障碍。足球缺位已经引来足够的叹息，而天文式微却还未见多少人扼腕兴嗟。我们实不该这般愧对祖先！

据美国每日科学网 8 月 9 日（北京时间）报道，美国宇航局（NASA）近日公布了一张罕见的星系纠缠图片，这张复合图像由 NASA 的“三大王牌”——钱德拉 X 射线太空望远镜、哈勃太空望远镜和斯皮策太空望远镜共同拍摄制成（彩图 2）。图片中，两个原本独立的星系对撞后纠缠在一起，形成一个全新的天体——天线星系。

该图片中的星系距地 6200 万光年，它由南方天空中的乌鸦座内两个巨大星系碰撞（至少 2 亿至 3 亿年前）形成，这两个星系被编录为 NGC4038 和 NGC4039。

奇特的是，在纠缠于一起这段漫漫岁月里，两个星系内的恒星并没有发生碰撞，反而是其中的巨大分子气体和尘埃云发生了“武斗”，并在这一区域触发了相当猛烈的恒星诞生事件，几乎形成了宇宙最高和最密的“造星工厂”。而由于引力潮汐作用发生的物质抛射，也打造出了一个外表奇特的巨大弧状抛射结构星系团，那些天线似的从核心伸出的臂手，让它得到了一个有趣的名字——“天线星系”。

在公布的这张色彩绚丽的复合图片中，蓝色部分由钱德拉 X 射线望远镜摄制，显示出了炽热的星际气体，该气体包含氧、铁、镁、硅等元素，是恒星和行星诞生的重要原料；金棕色部分由哈勃太空望远镜完成，描绘出了老年恒星的痕迹；而最明亮红色部分则是斯皮策太空望远镜的贡献，其位于两个星系间的重叠区域，揭示了尘埃云正在被新生恒星加热的情景。而光学图片中显示为黑暗的物体，其实是包含了数千颗恒星的群落。

此前，由哈勃望远镜独立拍摄的天线星系图片，已堪称蔚为壮丽，曾入选美国《国家地理》杂志评选的宇宙中 12 大最为壮观的星系之首。现在，全新图片由各王牌的“绝活”协力演绎后，这个年轻的撞击星系（尽管年岁已逾亿），将为科学家研究星系碰撞现象提供更佳机会。

现已知在几十亿年之后，类似的碰撞也将出现在我们的家园——银河系和附近的仙女座星系之间。因此，借观赏此奇景之际，也可提前预览人类家园在几十亿年后的情形。（张梦然）

（原载 2010 年 8 月 10 日《科技日报》）

高清照显示著名“火星脸”只是座山

亚东评论 虽然平视和仰视都丝毫不会改变它的面积，可你总是觉着接近地平线的月球要大许多。通过想象把感知到的事物形象加以改变或添枝加叶，这便是人类独有的“幻想性错觉”，它同样也导致了沸反盈天的“火星脸”事件。错觉的美丽可以让人感动，错觉的诱惑也能让人走向歧途。在很多情形下，我们并不情愿纠正错觉，但就“火星脸”来说，最好别再固执己见。谁让我们的科技越来越“高”，谁让我们能在那么遥远的地方拍到那么清晰的照片！

一张火星表面呈现的不太友好的面孔——“火星脸”，被很多人看作是智能生命在火星留下的纪念物。然而据英国《每日邮报》7 月 30 日(北京时间)报道，美国宇航局(NASA)火星探测器发回的最新高清照片显示，“火星脸”不过是布满岩石的平顶山而已。

外星生命是否存在？这一问题的焦点很容易便落在火星上。其中很大一部分原因在于 1976 年 7 月美国“海盗一号”探测器传回的一张火星地表图片：图中一块岩石凸起看来肖似人脸，具有眼睛、鼻子和嘴，正神态冷然地凝视着太空。

该图片一度引起轩然大波，不在少数的人们认为火星曾存在高度发达的文明，而“火星脸”可能是人工建筑遗迹或一场爆炸后的废墟，其所在区就应是原文明的圣地。起初，NASA 倾向于引导人们将这张图片与人脸联系起来，但不久后就被扣上了“与政府合谋隐瞒火星文明真相”的帽子。

为了“讨个说法”，NASA 又屡次派遣探测器拍摄“火星脸”图片。其实自 20 世纪 90 年代起，更为清晰的技术已能显示出“火星脸”极有可能出自鬼斧神工的自然之手；到 2001 年，探测器分辨率已是最初“海盗一号”分辨率的 27 倍以上，发回的图片更像是个干裂的平顶山而不是人的脸孔。但反驳者也能从中找到新说法，指出是气象条件让人脸特征看上去十分模糊而已。

但 7 月 29 日 NASA 最新发布的一张高清照片给了“自然说”一个更好的佐证。NASA 的火星勘测轨道飞行器携带了一台 HiRISE 相机，其可从 300 公里的高处捕捉到火星表面细微之处。新照片显示，“火星脸”其实是位于火星沙漠中央区的一座布满岩石的平顶山。

据 NASA 发表的声明称，所谓的“火星脸”跨度约 1.5 公里，太阳与其约呈 20 度角。由于太阳的角度及遭侵蚀的坑洼地表，该岩层与人脸确有些相似之处。中部的大片岩层像是人头，阴影的效果造成了眼睛、鼻子和嘴巴的幻觉。当年的“火星脸”照片上布满了小斑点致使人们加深了错觉，而这种错觉在照片放大后更加凸显。(张梦然)

(原载 2010 年 7 月 31 日《科技日报》)

巨型小行星可能2182年撞地球

亚东评论 谁都有可能遭雷劈，但谁都没有为此而雨天不出门，原因是谁都不信自己会这么倒霉。而对于小行星撞地球来说，千分之一的概率可不算小，至少要比中彩容易得多。不过，经营保险的人也别高兴太早，毕竟未来的日子里充满了“说不定”。更重要的是，地球还有许许多多像山萨托利奥一样负责任的科学家担当卫士，让我们拥有足够的预警时间。若是那“豺狼”真的来了，2182年的人类也许只需从容地举起“猎枪”。

据英国《每日邮报》7月29日(北京时间)报道，科学家们已发出警告，一颗编号为1999 RQ36的巨型小行星可能会与地球“亲密接触”。据推算，该行星有千分之一的几率在2200年以前撞击地球，而撞击事件最有可能发生的日期是:2182年9月24日。

该巨型小行星1999 RQ36最初在1999年被发现，直径约为560米。这个尺寸意味着，一旦它与地球撞上，将造成大范围的破坏及大规模的物种灭绝。

西班牙巴利亚多利德大学的玛利亚·乌吉娜·山萨托利奥及其同事对1999 RQ36撞击地球的风险进行了评估，其中包括290次光学观测和13次雷达观测。科学家发现，在2060年前，这颗小天体和地球相撞的机会非常小，但在2060年之后，撞地的几率急剧上升，2162年和2182年它正经过地球，撞地可能性最大。不过，日照的热量辐射会逐渐产生微弱的推进力，使行星轨道存在一定的变数，因此其动向仍难以预料。

研究人员指出，千分之一的几率虽然看似很小，但比之前发现的很有可能撞击地球的小行星阿波菲斯(Apophis)已高出许多，阿波菲斯在2036年撞地的可能性为二十五万分之一。

研究人员因此发出警告，任何试图将小行星转向以拯救地球的措施，必须提早100年开始行动才有成功的机会。换句话说，如果这颗小行星直到2080年后才被发现，届时再让它偏离轨道、放弃原目标则已是不可能之事。“这些对地球构成潜在威胁的天体，必须提前发现和预警，才可争取到足够的时间去鉴别、锁定、跟踪，最后形成经济、技术两相可行的反制方法。”

不过，反制撞地小行星的方法，目前仍存在着争议，利用核爆、反射镜汽化、引力牵引等不一而足。此前报道称，美国劳伦斯·利弗莫尔国家实验室的物理研究学家大卫·迪尔伯恩意见是，对付一颗可能在未来50年后撞上地球的小行星，核爆是最佳选择。但核弹一出，势必牵涉一系列政治及伦理问题，且人们担心此举会把一个巨型行星变成无数个微型行星。因此，美国宇航局月球科学研究所所长大卫·莫里森认为，如果仅剩几年时间行星就要撞上地球，核弹可能是唯一选择，否则利用弹道导弹改变其运行方向才是更优选择。(张梦然)

(原载2010年7月30日《科技日报》)

开普勒望远镜发现百余颗类地行星

亚东评论 地球生命是否是宇宙的“独生子”？对于这个问题，迄今没人能够做出有实质意义的回答。但我们知道，生命对环境的要求极其苛刻，它的出现也是一个充满偶然和变数的进程。其实，太阳系内也有水星、金星和火星这样的类地行星。所以，类地行星与地外生命相差远矣。而另一方面，就人类拓展生存疆域的努力而言，百余颗类地行星的新近发现还是具有里程碑式的意义，NASA科学家这项成就的价值也许更在于此。

据英国《每日邮报》26日（北京时间）报道，美国宇航局（NASA）于2009年发射升空的开普勒太空望远镜，在近几周发现了100多颗类地行星，进一步数据显示有可能发现了至少5个类似于太阳系的星系。

在美国东部时间2009年3月6日，开普勒太空望远镜从卡纳维拉尔角空军基地发射升空，成为当年的科学重头戏，因为这是世界首个用于探测太阳系外类地行星的飞行器。在为期至少3年半的任务期内，开普勒将对超过15万个恒星系统展开不断监控，借助凌日现象寻找类地行星和生命存在的迹象。

类地行星正如其名，是和我们的地球家园非常相似的行星，最新研究证明，此类行星在宇宙历史中某一时刻曾近10亿个，但因恒星发出的强烈光线会掩盖行星踪迹，切实地搜寻它们显得相当困难。开普勒太空望远镜特制的测光仪拥有广阔的视场，这意味着在同一个观测范围，它比其他望远镜能够看到更多数量的恒星。当一颗行星经过其环绕恒星（凌日现象）时，犹如一个小黑点慢爬过太阳，“开普勒”就要锁定住这遥远的黑点。这种强大设备被天文学家描述为：如果“开普勒”从太空观察地球时，能发现小镇上的人在夜里关掉他家的门廊灯。

就在近几周内，开普勒太空望远镜扫描发现的类地行星数量多达140颗，使得NASA非常兴奋。他们表示在多达140颗类地行星的所在星系中，至少有5个星系与太阳系类似。尽管进一步观测还需要“开普勒”和科学家们的更多努力，但至少意味着发现这些类地行星存在生命的技术条件更加成熟。

“开普勒”团队成员之一、哈佛大学天文学家迪米特里·萨瑟洛夫称这一成果“延续了哥白尼的梦想”，让科学重新定义了人们的生活。因此，他更加确信，在漫天繁星中“定能找到和地球最相似的那一颗”。（张梦然）

（原载2010年7月27日《科技日报》）

科学家首次在太空中发现巴基球踪迹

亚东评论 当巴基球终于显身于茫茫太空时，我们为科学的发现而欢呼，也为科学的美丽所感动。如果说简单、和谐、对称是自然世界的本质表达，那么C60便是球形完美在微观王国的具象体现。这种由碳原子构成的笼状中空结构，不禁又让人想起飞舞在南非绿茵场上的足球，它曾让整个地球陶醉和疯狂。加拿大科学家这一成就开启了一扇深入认识宇宙的大门，也将吸引更多的人们加入到富勒烯应用领域一场别开生面的“碳足球”赛事中。

据英国广播公司(BBC)23日报道，加拿大科学家在茫茫太空中首次探查到了巴基球(buckyball)C60及C70的踪迹。新发现发表在今天出版的《科学》杂志上。

自从25年前C60偶然在实验室被发现后，科学家就认为，巴基球可能漂浮在宇宙中，但是，直到今天才真正捕捉到它。

天然的碳能够以多种形式存在，众所周知的是石墨和钻石，但还存在一种被称作“富勒烯”的第三种类型，其中，最常见的两种富勒烯是C60和C70。作为富勒烯家族成员之一的巴基球C60包含有60个碳原子，这些碳原子采用六边形和五边形的形式交替地链接在一起，整个分子看起来非常像一个球体。富勒烯分子因其独特的硬度和化学以及物理特性而成为科学研究的“香饽饽”。

巴基球具有用不同方式振颤的特性，这些振颤可同特定波长的红外线相互作用。加拿大西安大略大学的简·卡米领导的研究小组运用美国宇航局“斯皮策”(Spitzer)红外线太空望远镜，在天坛星座一颗星体(距离地球6500光年)周围的宇宙尘埃中，捕捉到了疑似巴基球引发的红外光谱扰动，接下来，他们将这些数据同实验室中对巴基球测得的数据进行比较，结果发现，数据完全吻合。

卡米表示，由于巴基球是最稳定的物质之一，因而，它们可以在星际间强大的太空辐射场中保存下来，这些发现是富勒烯确实可在太空中存在的证据。C60和C70因其所具有的独特特性，在太空发生的各种物理和化学反应中扮演着非常重要的角色，新发现甚至可能帮助科学家解释在宇宙尘埃中已经探测到还无法解释的化学信号。研究人员接下来想要搞清的是，这些巴基球究竟“锁住了”宇宙中的多少碳。

1996年，英国科学家哈利·克罗托因发现富勒烯与其他两位科学家共同获得当年的诺贝尔化学奖。克罗托表示：“这个最令人兴奋的突破给我们提供了令人信服的证据：正如我们一直期盼的那样，巴基球已经在宇宙深处隐藏了很久。”(刘霞)

(原载2010年7月24日《科技日报》)

地球比我们之前认为的要“年轻”

亚东评论 我们迄今还没有来自地球自身的“档案”来直接证实其寿辰，而只能间接地借助于月球岩石和陨石。所以，各种地球年龄推算方法大都依赖于一种假设，即太阳系所有行星同时形成。在这种假设当今越来越受到挑战和质疑的背景下，剑桥大学这项成果的科学价值也许更限于探索地球的形成过程。若急于以此推算地球的准确年龄，则让人不禁想起那位憨态可掬的博物馆讲解员，他指着一块岩石向游人介绍：“它的年龄是30亿零11年，因为我已经在这里工作了11年。”

据英国《每日电讯报》7月12日(北京时间)报道，英国科学家最近研究发现，地球的整个形成期约为1亿年，而不是之前认为的3000万年。这样，地球实际年龄的计算就要减去7000万年的孕育时间，也就是说，地球比科学家此前推算的要“年轻”。

剑桥大学地质学家在最新一期的《自然·地球科学》杂志上指出，他们测定了地球“生长”期产生的化学元素钨的同位素含量，并将其与取自于同地球发生过摩擦的陨石样本进行比较。这些陨石因其同位素的含量和当太阳系形成时簇拥在一起的原初物质中出现的一样，又被称为“时间胶囊”。比对地球和陨石中钨同位素含量的不同，就能够提供地球“生长”时间的信息。研究结果发现，在太阳系“出生”1亿年后，也就是在大约44.67亿年前，地球达到了目前的大小。

科学家过去推测，气体、灰尘和其他物质簇拥在一起，形成了地球，这个地球逐渐“孕育”的过程大约需要3000万年。但现在，论文作者之一、剑桥大学的约翰·拉奇称，地球可能共耗时约1亿年才形成目前的大小。

拉奇表示，问题的关键在于地球的核心部分形成耗费了多长时间，这是科学界目前最大的谜题之一。

研究人员说，地球的增长同大碎片即行星胚胎间发生的一系列爆炸有关。这些碰撞产生的巨大热量让成长中的地球内部开始熔化，在地球的中心形成了熔铸的金属核和包裹这个金属核的地幔。

许多科学家相信，这个过程的最后一阶段发生于一个与火星大小差不多的物体与地球相撞时，该过程导致地球的一部分破裂出来，形成了月球。

拉奇和同事使用计算机模型计算出了从地球形成到符合其地幔中同位素衰变的程度所用的时间。结果证明，地球完全不能在3000万年之内形成，而是在这段时期内快速增长，在大约1000—4000万年达到其目前规模的2/3，然后，这个增长过程减速，地球经历了另外

7000万年的时间才成长为今天的大小。

拉奇表示，如果该结论正确，地球的年龄就应该大约是44.67亿年，而不是我们之前估计的45.37亿年，地球比我们之前认为的要年轻。(刘霞)

(原载2010年7月13日《科技日报》)

“罗塞塔”将会面小行星“鲁特西亚”

亚东评论 从维和行动到国际仲裁，从环境保护到核不扩散，不能说人类不在意自己家园的安宁。而对于另一种似乎遥远但又千真万确的威胁，我们一般都选择了视而不见。6500 万年前地球上那场自天而降的灾难，在统计学意义上是一件迟早要再次发生的概率事件，也许是 1 亿年后，也许就在明天。诚然，“罗塞塔”能力有限，但其任重而道远的“追星”之旅却代表着蒙昧中的觉醒，它会让更多的地球公民就此问题懂得防患于未然。

据美国物理学家组织网 7 月 7 日(北京时间)报道，耗资 10 亿欧元的欧空局“罗塞塔”彗星探测器将于 7 月 10 日近距离飞掠“鲁特西亚”小行星，随后该探测器将前往最终目标——“丘留莫夫—格拉西缅科”彗星。

“罗塞塔”探测任务主管格哈德·施维赫姆表示，长达 2 小时的这次“会面”将是“罗塞塔”第二次近距离飞越小行星。研究人员将通过探测器上所携带的仪器，获得“鲁特西亚”的图像、形状等数据并以此计算出其密度。而这些数据在未来的某一天或许会成为地球的“救命稻草”。

“鲁特西亚”是在火星和木星轨道间运行的一颗土豆状的小行星，直径 134 公里，此外并没有更多详细的资料。

施维赫姆称，如果一个大型小行星即将同地球发生“摩擦”，其密度将是科学家决定直接将其爆破还是让其“安静地走开”的主要依据。人们曾经不屑一顾地认为小行星是地球形成之初留下的平淡无奇的碎片，但是事实证明它们非常独特。其大小和形状以及矿物质成分各不相同，直径从大约几百米到 100 公里不等。很多测量表明，“鲁特西亚”是一个 C 类小行星，这意味着它包含原始的碳的化合物，但是有些测量也表明，它可能是一种 M 类的小行星，这意味着它包含很多的金属。

“罗塞塔”项目的参与者丽塔·舒尔茨表示，如果“鲁特西亚”是一个金属小行星，那么我们将发现一个真正的赢家，这有可能改写小行星分类的理论。传统分类方法认为，金属小行星应远远小于“鲁特西亚”。

作为太空探索历史上最大的“豪赌”之一，“罗塞塔”于 2004 年 3 月 2 日发射升空，将于 2014 年抵达“丘留莫夫—格拉西缅科”彗星并发射登陆器。其在飞行途中曾 4 次借助行星引力完成变轨。如果一切顺利，“罗塞塔”将成为人类首个近距离绕彗星运行，进而在彗星表面投放登陆器的探测器。(刘霞　王小龙)

(原载 2010 年 7 月 8 日《科技日报》)

人类终于有了宇宙全景图

亚东评论 康德说过:“世界上有两件东西能够深深震撼人的心灵,一件是我们心中崇高的道德准则,另一件是我们头顶上灿烂的星空。”面对这幅图片,一种异样的情愫油然而生,那无疑是敬畏。毕竟,我们第一次看到了自己居于其中的宇宙全貌。宇宙怎样形成?宇宙运行规律是什么?量子力学和相对论如何统一?这些问题困惑人类久矣,而答案或许就隐藏在这一形似鹅蛋的“全家福”中,只是我们现在还无法对它更多解读。

想看到我们银河系的全貌?以前恐怕只有“上帝的视角”能办到。不过据美国物理学家组织网7月6日(北京时间)报道,欧洲空间局(ESA)发布了首张宇宙全景图(彩图3),其由“普朗克”太空望远镜收集的数据绘制而成,将宇宙全貌首次呈现于世人面前。该图不仅提供了认识宇宙星空的新方式,还将告诉人们在宇宙大爆炸后,浩瀚的宇宙发生的点点滴滴。

2009年5月14日,一颗耗资6亿欧元的卫星从法属圭亚那库鲁航天中心发射升空,其上搭载了身负重任的“普朗克”太空望远镜。自被送到距地近100万英里(约160万公里)的太空起,“普朗克”一直不懈地扫描着宇宙全景,传回的数据显示已跨越了宇宙的狭长古老光带,而今终于拼凑出了宇宙全貌。

在图像正中,横贯的明亮水平线是我们身处的银河系主要光盘,其周围可见延绵数千光年并向外迸发的冷尘埃纤维状物质。研究人员指出,“普朗克”拍下了刚刚诞生的星体以及正在“孵化”状的恒星,证明该区域正是恒星诞生之地,而不同的颜色和密度,标示了形成年代与物质温度的不同。“我们银河系的形成方式是什么?这幅图给出了大量的信息。”团队人员、伦敦帝国学院教授安德鲁·贾菲说。

目前科学界的普遍看法是,宇宙诞生于距今137亿年前的一次大爆炸,而宇宙微波背景辐射就是大爆炸的“余烬”。“普朗克”身负的一系列敏锐度极高的仪器,能够对宇宙微波背景辐射进行深入探测,即通过大爆炸之后遗留热量的蛛丝马迹去考察宇宙的年龄、容量与进化史。

而这幅宇宙全景图的珍贵之处也在于此——那些经过137亿年漫长旅行姗姗而来的宇宙微波背景辐射,被“普朗克”成功捕获,相当于提供给人们一个星系起源的活化石,这有助于科学家研究早期宇宙的形成和物质起源的奥秘。(张梦然)

(原载2010年7月7日《科技日报》)

暗物质和暗能量也许根本不存在

亚东评论 就人类认识自然而言，宇宙学是古老的学科，也是年轻的学科。从1964年彭齐亚斯和威尔逊发现3K宇宙背景辐射迄今还不到50年；而从1992年施穆特宣布发现天区内辐射温度变化，进而被当作暗物质存在的证据迄今还不到20年。在如此短暂时间里建立的标准宇宙模型显然尚缺乏足够的检验和证明。因而它遭遇挑战甚至被彻底推翻，无论带来多大震撼，都将不足为奇。

神秘的暗物质和暗能量的确切性质，一直是天文学界争论的焦点。然而英国天文学家的最新研究却发现，据以确定宇宙物质组成的标准宇宙模型可能是错误的，暗物质和暗能量也许根本就不存在。

自20世纪60年代宇宙微波背景辐射被发现后，作为“大爆炸”的遗迹，其被众多天文学家作为构建标准宇宙模型的基础，而关于宇宙物质构成的确认也主要依据宇宙微波背景辐射图谱的分析。2001年6月，美国宇航局（NASA）发射了威尔金森微波各向异性探测器（WMAP），该探测器在宇宙学参量的测量上提供了许多比早先仪器更准确的数值，依据它提供的数据，宇宙是在不断加速膨胀的。科学家据此提出是暗能量、暗物质的存在导致了宇宙的加速膨胀。认定宇宙是由4%的“正常”物质，如行星、恒星、小行星和气体等，22%的既不辐射也不吸收光线的暗物质和74%的暗能量组成。

而英国达勒姆大学的汤姆·尚克斯教授和他的学生尤坦恩·萨万维特在向英国皇家天文学会提交的最新研究报告中却称，他们对WMAP望远镜的图像平滑方式进行了更为细致的分析，结果发现，图像的平滑处理程度远比以前认为的要大，这意味着对宇宙微波背景辐射的测量并不像过去认为的那样准确，实际的微波背景辐射起伏远比过去认为的要小得多，而目前据此建立的宇宙标准模型可能是错误的，暗物质和暗能量也许根本不存在。

英国皇家天文学会的罗伯特·梅西博士称，这一发现对目前流行的宇宙假说是一个极大的挑战，如果真的如此，则意味着宇宙膨胀的速度正在减缓，并会慢慢停止。对于宇宙的产生和未来发展的认识，都需要重新审视。

尚克斯教授则表示，宇宙微波背景辐射是一个十分有用的分析工具，但还不足以用来作为判定宇宙中暗物质和暗能量存在的充分证据。“如果我们的结果是正确的，那么关于暗物质和暗能量充斥宇宙的说法就不会再有说服力。”他指出，目前的宇宙标准模型需要经过更多的检验，希望正在服役的欧洲普朗克卫星会收集更多的宇宙微波背景数据，并提供更多关键信息以助科学家解答关于宇宙的一系列基础问题。（刘海英）

（原载2010年6月17日《科技日报》）

SOFIA机载红外望远镜发出首张图像

亚东评论 做任何事都不可能不计成本。事实上，高昂的代价和巨额的开销，往往成为阻碍或迟滞人类探索未知的绊脚石。与地面望远镜相比，SOFIA能避开大气中99％的水蒸气干扰；与太空望远镜相比，它又具有无可比拟的维护和操作方便。可以说，作为天文观测手段，机载同温层红外望远镜最大限度地提高了性价比，其意义一点不亚于科学发现本身，因为科学家们得到的是一把刀，而不只是一捆柴。从这扇全新的窗口眺望宇宙，那必将是一个我们从来不曾见过的世界。

据美国每日科学网6月1日(北京时间)报道，美国宇航局(NASA)与德国宇航中心所属的机载型"同温层红外望远镜"(SOFIA)，于近日进行了首次夜空飞行探测，发回了具有里程碑意义的第一张图片(彩图4)。

受到地球大气限制，地面望远镜的观测距离有其局限性，获得的图像亦会扭曲变形；而太空望远镜"视力"卓越的背后，是高成本的维修和保养。以立下汗马功劳的"哈勃"望远镜为例，为确保它正常工作，需要不时更换升级电池和陀螺仪等部件，每次维修预算动辄几亿美元，且随着"哈勃"运行年份的累积，将它从"边缘"挽救回来所需的费用在不断递增，已有声音认为这有点像"用纳税人的钱下赌注"。

机载型望远镜类似地面望远镜与太空望远镜的折中产物，它不但研制花费少，研究人员还能很快将其布置到一架飞机上，让它在高空观察正在逼近的彗星等临时宇宙现象，并能够自由寻找任何有利位置进行观测，而且每一次返回地面后，望远镜更可以立即接受技术更新，及时维修故障。

以SOFIA来说，它被安装在一架经改装的波音747SP型飞机靠窗的位置，透过机身的开口"凝视"外边的精彩世界。约1.3万米的高空飞行使其能到达地球大气中99％的水蒸气之上，令红外设备表现更完美；而SOFIA的光学器件还可以进行预先冷处理，从而避免在高空冷空气中打开时发生的冷凝现象；同时，SOFIA的橡胶减震器真正"防抖"，可以拍摄比地面最高级望远镜还要清晰的照片。5月26日，SOFIA进行了首次夜空飞行探测，得到一张木星的红外合成图像，研究人员称该图片是SOFIA射出的"第一缕光"。

研究小组人员表示，随着这次升空飞行，SOFIA开启了它20年的工作历程，不但肩负着"开启天文新科学"的使命，还令天文观测不再局限于地面和太空两种形式，而是存在各种可能。(张梦然)

(原载2010年6月2日《科技日报》)

火星北极冰冠特征源于重力风

亚东评论 一定有读者在想，先把地球的事儿整明白再说。而事实上，研究火星地形地貌也有助于更好地认识地球。此外，其意义还在于居安思危。霍金说过："除非我们移民太空，否则，我不认为人类在未来一千年还能幸存下来。"上个月，科学家刚刚发现火星表面有液态水的新证据。这让许多人更加相信，不少方面都与地球十分相像的近邻火星，日后很可能成为人类第一个移居地。也许，子孙后代就是在这幅照片显示的大地上，建起了居者有其屋的新家园。

火星北极冰冠（盖）有两个奇异的特征（彩图 5），即存在着一条规模胜过大峡谷的深谷和一系列的螺旋形低谷。人们发现这两个特征 40 年来，始终没有能准确地解释它们形成的原因。不过这已经成为过去，美国科学家表示，他们成功地再现了火星北极冰冠两特征形成过程，从而解开了困扰人们多年的谜团。

在 5 月 27 日出版的《自然》上，美国德州大学地理研究所科学家杰克·霍尔特、艾萨克·史密斯和他们的同事，介绍了他们利用美国宇航局火星探测器（MRO）采集的雷达数据，研究火星北极冰冠表面地貌形成的原因。

火星北极冰冠由冰和尘土层组成，厚约 3000 多米，覆盖的面积略大于美国德州的面积。1972 年，科学家观察到了火星北极冰冠深谷和多螺旋低谷的地质特征，并对它们的形成进行了推测。

此次，霍尔特他们利用计算机对采集到的雷达数据进行分析，像剥洋葱皮一样对火星北极冰冠进行分层处理，从而揭示了其随时间演化的状况。研究人员认为，深谷和众多螺旋低谷产生和成型的主要因素是风。此外，这些特征是在过去数百万年中，随着冰冠自身扩大而逐步形成的。

在这一研究之前，人们普遍认为火星北极冰冠如同多层蛋糕那样是由许多相对比较平整的冰土层组成。同时，人们推测该区域的某些气候信息会记录在这些冰土层中，信息量的获取受制于冰土层的厚度和尘土含量。然而，霍尔特的研究显示，火星北极冰冠众多复杂的特性（如厚度和方向多变的分层）导致它本身成了富含气候信息的"金矿"。

霍尔特表示，过去没有人知道冰冠层具有如此复杂的结构，这些结构层记录了冰积聚、侵蚀和风流动的历史。利用它人们能更详细地恢复冰冠的气候史。他认为，螺旋形低谷形成具有两个因素：一是相对寒冷且密度高的空气从极点向四周的冰冠"滚下"形成的重力风（下降风）；二是重力风在吹过冰冠时，受到火星因自转所形成的科里奥利力的作用而发生转向。（毛黎）

（原载 2010 年 5 月 28 日《科技日报》）

宇宙何以充斥物质而不是反物质?

亚东评论 幸亏有了这1%的不对称,否则我们的宇宙也许就是另一番虚无的景象。早在1967年,苏联物理学家,也就是人们熟知的那位持不同政见者安德列·萨哈罗夫就提出,电荷宇称破缺导致宇宙大爆炸后物质多于反物质。反物质在与物质的拼斗中很可能略逊一筹,而不像影片《星际旅行》吹嘘的那样强大。费米实验室的最新证据更加表明,迄今代表主流学术见解的宇宙标准模型即便正确,也很不完整,还有一些非常重要的东西等待我们发现。

据美国物理学家组织网5月19日(北京时间)报道,美国费米国家实验室的物理学家称,他们仔细分析该实验室的Tevatron加速器中收集到的质子和反质子碰撞的数据后发现,B介子衰变产生的μ介子对比反μ介子对多1%,这有助于解释为何宇宙间充斥着物质而不是反物质,或许也有助于解释人类为什么会存在。

爱因斯坦相对论和量子物理的基本理论指出,在大约150亿年前宇宙"大爆炸"后的几纳秒内,同时产生了等量的物质和反物质。随着时间的推移,宇宙中各种粒子和其反粒子可能相遇,正反粒子碰撞后就发生湮灭,释放出光子。

如果真是这样的话,今天的宇宙空间里就应该只剩下电磁辐射,我们都不应该存在于这个世界上,甚至恒星和银河系也不会存在。但显然,我们周围存在着由物质构成的宇宙,物质占有绝对的优势,而反物质只是偶然现象的结果,而且它只存在极短的时间。几十年来,物理学家一直试图揭开这个谜团。

费米实验室Dzero项目组科学家收集了8年来数以万亿计的质子和反质子的碰撞数据,结果发现,在短短的一秒钟内,碰撞产生的中性B介子会在其正常的物质状态和反物质状态之间来回"摇摆"几万亿次,并且,B介子似乎能够更快地从其反物质状态转变到物质状态,而不是相反,最终使得在B介子衰变到μ介子时,物质比反物质多1%。

Dzero项目组成员古斯塔夫·布鲁杰曼斯教授表示,新的研究结论虽然"令人兴奋",但还要等到科学家直接观察到一直非常神秘的B介子的行为,结合这个实验中的结论才足以解开"我们为何存在"这个谜题。

布鲁杰曼斯还表示,最有可能的解释是,也许存在着一些标准模型没有预测到的新粒子或者粒子之间的新关系,大型强子对撞机(LHC)或许可以给我们提供一些答案。(刘霞)

(原载2010年5月20日《科技日报》)

天文学家或已找到宇宙"丢失"物质

亚东评论 凡是唯物主义者都该懂得物质决定意识的道理。如果仅占宇宙总物质5%的常规物质尚且"丢失"过半，那么人类在常规物质系统中往好里说也是意识不健全；而相对于整个宇宙，我们目前在认知能力方面则很可能和一个初生婴儿差不多。从这个角度看，加州大学天文学家发现"丢失"的重子，意味着人类又得到新的智慧。这新的智慧使我们更有可能找到宇宙大家庭中以暗物质和暗能量形式存在的其他兄弟姐妹。

据美国"每日科学"网5月13日（北京时间）报道，加州大学天文学家利用欧航局（ESA）的XMM-牛顿太空望远镜与美国宇航局（NASA）的钱德拉X射线太空望远镜，在距地球4亿光年之处，发现巨大的星系际气体储存槽。这一发现成为迄今为止最强有力的证据，证明这些在宇宙中的弥漫之物，就是科学家不断寻找的丢失物质。

这些宇宙"失踪家族"的成员与难以捉摸的暗物质不同，其主要由重子组成，即常规质子与电子。

通常认为宇宙物质中4%由重子物质组成，其虽微小，但是人类本身以及最大可观测宇宙范围内的发光天体都是由重子物质构成，其余是22%的暗物质和74%的暗能量。而仅仅这么小的重子百分比中，尚有一半下落不明。科学家在对宇宙年龄的1/10处（即星系刚形成时）的星系间原子氢进行观测，可以估计出当时重子物质的量，要远多于现在的量，其他的重子物质就此丢失。而目前所有可见的恒星、星系和气体的物质总量，其实比丢失的部分还要小。此次研究观测到的对象即属于丢失的这一部分。

研究人员指出，这一部分"失踪家族"，其观测难度有甚于暗物质。

星系形成的流体动力学模拟显示，现今大量的重子物质可能存在于温度介于几十万摄氏度到一百万摄氏度之间的温热星系际物质（WHIM），以网络状弥漫于邻近宇宙，而不是位于恒星或者星系。但在演化过程中，不断有炽热气体随星系风进入星系际空间，使这种气体云极其稀薄，就算被检测到，证据也颇为模糊。

目前最行之有效的方法则是探测比氦重的元素的高电离吸收线。这些氧离子的谱线只能在紫外线和X射线波段才能被观测到。钱德拉与XMM-牛顿望远镜的强大技术使得这些观测成为可能。在2009年2月，加州大学天文学家在4亿光年外一个大型星系中"疑似"捕获到部分丢失的物质，当时数据显示其如果是这部分丢失物质，将十分符合宇宙学的标准模型。

这种观测只能是间接的，需利用20亿光年外活跃星系核（AGN）中飞速成长的超大质量黑洞所发出的X光，窥探位于AGN与地球之间4亿光年处的玉夫座长城（Sculptor

Wall),这是一个由数以千计的星系构成的长达数千万光年的大尺度宇宙结构,其中的WHIM会吸收AGN的X射线。经过进一步探测与海量数据分析,现可预测其间WHIM含量约为每立方米6个质子。与此相比,银河系中每立方米拥有100万颗氢原子的弥散气体都算是很浓密了。

该研究发表在最新出版的《天体物理学》杂志上。(张梦然)

(原载2010年5月14日《科技日报》)

美欧“丽莎”计划欲觅引力波芳踪

亚东评论 又是一项催生诺贝尔奖得主的伟大科学工程。10年后让诺奖评委们面红耳赤的，或许不是颁不颁的分歧，而是颁几个的争执。在爱因斯坦看来，万有引力的本质是波动。就像电荷加速时产生电磁波一样，质量加速时发出引力波，这是广义相对论的著名预言。其实，引力波的存在早被间接证实，缺的只是第一手凭据。如果进展顺利，直接探测引力波作为实验物理学中最重要的课题之一，其在给老爱盖棺定论的同时，也必将为人类开启一扇眺望宇宙的全新窗口。

据英国《每日电讯报》5月10日(北京时间)报道，为验证爱因斯坦广义相对论中关于引力波的预言是否正确，美欧航天部门将合作研制3个航天器，这些航天器发射后将绕太阳公转，在相距300万千米的距离上相互发射激光束，以在茫茫宇宙中搜寻低频引力波的“倩影”。

这是美国宇航局与欧洲航天局的一项“大手笔”合作。他们正在共同研发的航天器将在太空中同一轨道运行，航天器之间的激光束被点火后，将可测量出悬浮在每个探测器上的金—铂金立方体之间相对位置的变化。科学家认为，这些相对位置的变化或由微弱的引力波引起。这一试图直接观测到引力波的“丽莎”(LISA，太空激光干涉天线)计划被认为是有史以来最伟大的举动。

引力波也称重力波。早在1916年，爱因斯坦提出广义相对论时就预言了引力波的存在。他认为，诸如星系或黑洞等大的物体相互碰撞会导致空间出现波纹，这种波纹就叫做引力波。引力波由于携带能量，应可被探测到。但由于引力波的强度很弱，物质对其吸收效率也极低，使得直接探测引力波极为困难。

国际研究团队负责人、英国格拉斯哥大学引力波专家金·霍夫表示，引力波是爱因斯坦广义相对论中最后一个需要证明正确与否的谜题，但迄今为止，科学家还只能搜寻到高频率的引力波。而“丽莎”计划可利用激光干涉方法精确测量信号相位，倾听黑洞相遇时的“喃喃低语”，探测来自宇宙间遥远的引力波源的微弱低频引力波。

“丽莎”项目最终完成的时间将在2020年左右。其先行测试计划中的“丽莎探路者”(LISA Pathfinder)预计于明年发射，将为探测引力波铺平道路。“丽莎探路者”的制造商表示，要测量诸如恒星系统崩塌或是巨大黑洞碰撞等宇宙事件，需要超高精度的技术，测量的位置变化将精确到四十万亿分之一米。

科学家希望，一旦探测到引力波，他们将依据所获取的独一无二的宝贵材料来绘制大爆炸发生后一瞬间的宇宙“肖像”。

格拉斯哥大学的引力波专家希拉·罗万称，来自于黑洞周围弯曲时空中的引力波将给人们提供看待引力波或是了解崩坍恒星内物质状态的新视角，同时也将让人们更好地了解电磁辐射、光以及黑洞和恒星的成因。(刘霞)

(原载 2010 年 5 月 11 日《科技日报》)

地球上的水可能来自小行星

亚东评论 意大利天文学家皮亚奇 1801 年发现了第一颗小行星。我们现已知道，太阳系里还有数以百万计的小行星在不眠不休地运行。只是受到观测手段限制，以往我们关注的大都是那些“会眨眼睛”的恒星。其实除了恒星之外，行星、小行星还有彗星等也都会倾诉宇宙间“悲欢离合”的故事。是科技的不断进步让我们聆听其衷肠逐渐成为可能。“西弥斯女神 24”的传奇已经让我们惊讶，关于地球演化和人类起源，她也许还将娓娓道出更多的精彩。

“西弥斯女神 24”(24 Themis)是火星和木星之间小行星带上最大的小行星之一。科学家找到证据证明，这颗小行星的表面存在水冰和有机物(彩图 6)。

美国田纳西大学地球和行星系助理教授乔什·艾默里表示，已在“西弥斯女神 24”小行星上找到了有水冰和有机物存在的证据。此发现支持了小行星可能将水和有机物带入地球的观点。

研究人员利用美国国家航空航天局的红外天文望远镜对“西弥斯女神 24”小行星上的物质进行测定，发现了含有与水冰反射太阳光红外线光谱相同的物质，由此断定其上存在着薄水冰层，此外一并探测到其上存在着看上去像是复杂的长链分子的有机物。该发现令人惊讶，因为此星表面温暖，水冰本应难以长期存在，这就意味着在其内部水冰非常丰富。据此，主带小行星上存在水冰的现象可能比过去想象的更为普遍。

“西弥斯女神 24”靠近太阳会导致水冰发生蒸发，小行星应是定期被水冰所覆盖。新发现显示，其上水冰存在的时间可能长达数千年至数百万年，据此推断其背后的原因是埋藏在小行星内的水冰以多种“排气”(outgassing)形式溢出至表面。由于小行星“家族成员”均为早期大天体分裂而成，因此原天体应同样存在水冰，这对了解太阳系如何形成具有深远的意义。

艾默里说，小行星通常被认为是深色、干燥、无生命的巨型石块，现在看来，当小行星和行星在早期太阳系中形成时，水冰已进入了主带小行星区域。将此观点扩展到其他恒星的行星系中，可以推测出生命的基础物质——水和有机物可能在靠近每颗恒星适于居住的区域更为常见。他认为未来数年令人期待，因为天文学家将了解生命基础物质是否在那些地方也创造出了同样的奇迹。

该发现还进一步模糊了彗星和小行星间的分界线。小行星一直被认为是岩石，而彗星为水冰。人们曾相信是彗星将水带给了地球，不过当人们发现彗星的水与地球上的水具有不同的同位素特征时，该理论遭到否定。现在，由于艾默里他们的发现，不少人推测，是否是小行星将生命的重要组成部分——水——带给了地球。(毛黎)

(原载 2010 年 4 月 30 日《科技日报》)

告诉你一个更加真实的太阳

亚东评论 “太阳每天都是新的。”寄予万物主宰的这种美好情愫还有另外一层含义，那就是我们的确对她知之无几。虽然她总是带来温暖和光明，但也屡屡把人类推向灾难的深渊。最近频发的地震除地壳自身运动外，太阳黑子活动也起了推波助澜的外在作用。敬畏交加，爱恨相融，人类带着蒙昧和混沌的太阳认知从远古走来。这是第一次，NASA揭开她的盖头。就其科学影响而言，完全可与现代天体物理学中的哈勃望远镜比肩。

据英国《新科学家》杂志在线版4月22日（北京时间）报道，美国航空航天局（NASA）首次发布了太阳动力学探测卫星发回的太阳活动影像（彩图7）。3月底刚刚开始运行的太阳动力学探测卫星给科学家带来惊喜，展示了一个充满活力的太阳，其中有许多人们从未见过的场景。

太阳动力学探测卫星首次以超长紫外线波长在广阔的范围内对太阳耀斑进行了高清晰度的测量，其中一些影像记录了环状磁化气体脱离太阳表面的详细过程；另外一些影像展示了太阳黑子与太阳外层大气扰动的相互作用关系。

4月8日拍摄到的影像显示，日冕发生扰动时，有一个地球大小的太阳黑子消失。科学家推测，这很可能是由于太阳黑子磁场引发了日冕的扰动。洛克希德马丁公司的太阳能与天体物理实验室的科学家阿兰表示，真没想到太阳是如此的脆弱，这样大小的太阳黑子，仅仅相当于太阳的一个小毛孔，居然可能会是罪魁祸首。

太阳动力学探测卫星于2月11日发射升空，每隔0.75秒就利用紫外线光为太阳拍照，影像的清晰度比现在普遍使用的高清晰度电视要高出10倍。它将观测太阳磁场产生、构成以及转换成剧烈太阳活动的过程，包括猛烈的太阳风、太阳耀斑和日冕物质的喷发，是历史上产生科学数据最多的一次行动。当这些数量巨大的物质投向地球时，将在地球磁层和高空大气中产生磁暴，对卫星及电力网络系统产生重大影响。科学家相信，由太阳动力学探测卫星发回的关于太阳活动影像，可以使科学家拥有前所未有的能力，能够更好地理解太阳动态活动的进程。（何屹）

（原载2010年4月23日《科技日报》）

黄道光尘埃来自短周期彗星

亚东评论 原始恒星在银河系的分布模式，超新星爆炸的物理过程，彗星撞击木星的千古奇观……古老的天文学自从与计算机科学亲密接触，便以空前的速度和规模不断地“爆料”宇宙的私密。这一次，计算机模拟技术又为黄道光这个久远的传奇撰写了新编。但千万别忘了，模拟毕竟是模拟，它只是建立在人类现有资讯基础上的一种最大可能，其结果最终仍有待于其他观测和研究手段的检验和证实。

据美国《科学》杂志在线版报道，美国行星动力学家用计算机模型破解了神秘的夜空辉光——黄道光形成之谜。结论认为，黄道光尘埃几乎全部来自短周期彗星，推翻了长久以来的推测。

位于地球上低纬度和中纬度地带的人们可看到，春季太阳西沉，黄昏过后之时，西方地平线有着微末的三角形光锥；而秋季太阳东升，晨曦未现之时，东方自地平线向上伸展出些许“火舌”。这就是黄道光，一般在西方地平线出没的，会趁夜色笼罩前自行消逝；于东方地平线现身的，随着天色吐白而隐匿于晨曦。

黄道光通常黯淡且瞬间即逝，但在非常黯淡的理想条件下，可以看到这种奇异光锥沿黄道而上，达地平线以上30°左右，令人倍感难以捉摸；而在地球大气外，可观测到黄道光向内延伸到太阳近旁，向外蔓延整个天空。意大利天文学家卡西尼于1683年开始观测黄道光，现在的科学家们认为黄道光的起因主要是行星际尘埃对太阳光的散射，类似一个庞大的以太阳为中心的“尘埃饼”，但至今仍对这些尘埃的来源摸不着头脑。

美国西南研究所行星动力学家戴维·尼斯沃尼与5名动力学专家组成研究小组，决定考察黄道光尘埃的起源问题。根据第一性原理（即在进行计算时除了告诉程序所使用的原子及其位置外，没有其他实验的、经验的或者半经验的参量），研究成员为不同起源的尘埃建立了模型，包括小行星撞击、来自奥尔特云的彗星以及轨道周期中短于20年的“木星族彗星”，并密切追踪这些尘埃的去向。其间不断调整，直到模型与黄道光的真实外貌相符。

最终，模型给出了答案：超过85%的尘埃都来自短周期的“木星族彗星”，来自奥尔特云的彗星贡献甚少，来自小行星带的也不超过10%，在小行星整个寿命期内，所聚集的尘埃都不足以达到目前所观测到的厚度。而且，“木星族彗星”们并不是“轻描淡写”地洒落尘埃，而是在做重复性“分崩离析”动作，不断崩溃射出碎片。

20 世纪 90 年代，很多理论学者猜测小行星在黄道光形成过程中发挥了重要作用，有天文学教材也推论可能是地球环绕太阳时在轨道上留下的尘埃尾迹。现在证明并非如此，模型已给出了非常不同的答案。

相关研究报告将发表于 4 月 20 日出版的《天体物理学》杂志。（张梦然）

（原载 2010 年 4 月 19 日《科技日报》）

类地行星在宇宙中一度多达10亿个

亚东评论 无论你对地外生命的好奇和渴望多么强烈，都不可能抛开现有知识体系对其进行想象和探索。比如，每个睡醒了的人都不会说有一种生命可以在太阳上存活。事实上，生命对于环境的要求是极其苛刻的。与太阳的距离若再近或再远哪怕是1%，我们的地球都将成为另外一个槁木死灰、了无生机的世界。如果说地外生命的存在越来越成为人们的共识，那么英国莱斯特大学研究小组这项发现无疑进一步证实了这种可能。

据美国太空网4月13日(北京时间)报道，英国莱斯特大学研究小组成员杰伊·法瑞赫博士通过对晚年恒星的研究，发现至少在3.5%的白矮星周围，都可以观测到小行星或者岩石行星存在的证据，岩石行星在某一时刻曾多达10亿个。结论认为，类地球岩石行星在宇宙中可能数量非常众多，远超人们所想。

人们早已确知地球并非是宇宙中的稀罕物，但类地行星存在的具体数字一直难以确定，即使是现在，技术的瓶颈仍然限制了人们对数量的探测。但科学家新的研究结果表明，一些"老年级"星体可能会是一个丰富的信息源，为了解星系中其他行星提供了可能性。

白矮星就是"老年级"恒星的一种，常被叫做"发亮的死亡恒星"，实际上是中低质量恒星到了演化路线的终点所留下的一个压缩的炽热残骸，太阳最终也将变成白矮星。

理论上讲，白矮星成分应该完全由氢和氦组成。但有时在其大气层中会发现一些包括钙和镁等重元素的污染物质，这意味着这些恒星经常遭受轨道灰尘的污染，这些轨道灰尘释放的红外线辐射可通过美国宇航局的"斯皮策"太空望远镜进行观测。

杰伊·法瑞赫与他的同事利用"斯皮策"对白矮星持续关注了5年。最新数据显示，银河系中至少有3.5%的类日恒星都有行星围绕左右，进一步粗略推算，银河系曾在某一时刻有多达10亿的岩石行星。而在2009年，法瑞赫他们推算出的岩石行星数量还在500万颗左右。加州大学行星科学家乔纳森认为，现在说的3.5%是个最保守数字，其可能接近20%。

虽然白矮星已"行将就木"，其周围的行星目前几乎不可能支持生命存在。但根据理论，在这些白矮星的"美好年代"，也许曾经拥有过具备真正文明的星球。法瑞赫将这项研究报告发表于在当地时间4月13日召开的英国皇家天文学会会议上。(张梦然)

(原载2010年4月14日《科技日报》)

航空航天与星际探索

地外基因组研究仪或将揭示生命起源

亚东评论 火星生命探索呈现出“地下斗争”的新趋势，原因是一系列火星地表考察都让人大失所望。还没弄清那里过去或现在到底有没有生命，就开始张罗研究地外基因组的仪器，是不是太性急了？由俄罗斯组织、多国参与的人类首次模拟火星之旅实验正在进行中，NASA 最近也在某些极端条件与火星相似的南极测试了太空服。看来，登陆火星已不是遥不可及。等到与火星人“见面”时，双方都伸出胳膊抽管血比对一下不就结了，何必现在费这么大劲！

如果说地球生命都是起源于火星上的有机物，这对许多行星科学家来说并非不可想象。据美国物理学家组织网 3 月 24 日(北京时间)报道，目前麻省理工和哈佛大学的研究人员正在设计一种仪器，为地球生命是否来自火星提供支持证据。

麻省理工科研人员克里斯托夫·卡尔说：“我们可能起源于火星，或者可能起源于地球而曾经转移到火星。无论哪方面，我们可能和火星生命有关，所以我们应该去寻找与我们相关的火星生命。”尽管目前火星表面太冷太干燥而不能支持已知的生命形式，但在火星地表以下不太深的地方发现了液态水存在的证据。

如果确实如此，分析 DNA 或 RNA 分子序列是一种行之有效的方法。在本月电气和电子工程师协会(IEEE)召开的航空航天学术会议上，麻省理工大学和哈佛大学的一个联合研究小组介绍了他们设想的一种称为“地外基因组研究(SETG)”的设备。

该设备能采集火星土壤样本，经处理后分离出任何可能的有机物，放大它们的 DNA 或 RNA，然后用生化标记追踪特殊的基因序列信号，这是几乎所有已知生命形式所共有的。

提出该设计主要依据三个方面：首先，在太阳系形成早期，火星和地球上的气候比现在要相似得多，生命能在其中一个行星上生存，也可能在另一个上生存；第二，据估计火星和地球之间运行着 10 亿吨的岩石，它们会被小行星撞得松散然后撞到地球上；第三，被陨石撞击后，微生物也可能生存下来，已有证据显示它们能在太空中生存数千年。

生命在一个行星上发生再传播到另一个行星，理论上并非不靠谱。而且根据轨道动力学，岩石从火星到地球比到其他地方去要容易 100 倍。假如生命最初是从火星开始，而我们可能都是那些古老微生物的后代，研究火星的生物化学将对研究我们自己的生物起源有着重要意义。

研究人员估计，可能要花两年以上的时间来完成设计，并对 SETG 样机进行调试。尽管这一设备还没有被即将开展的火星任务选用，但未来带有钻探设备的火星任务都可能携带它。(常丽君)

(原载 2011 年 3 月 25 日《科技日报》)

宇宙中找寻人类同伴希望渺茫

亚东评论 在正式一点的场合，人们常常会经过一秒钟犹豫，迅速把“没有”的说法换成了“没发现”。它不尽为外交辞令，而是一种合乎逻辑并经得起推敲的严谨表述。短短3000年前，我们的祖先哪里想到，就在黄河流域以外并不遥远的世界不少地方，竟然也生活着为数众多的同类！通读本篇报道，我们从史密斯的论点中似乎找不到外星人不存在的确凿根据，就像霍金等人也拿不出外星人存在的确凿根据一样。这种情况下，还是多用那个“外交辞令”为好。

据英国《每日邮报》在线版1月25日(北京时间)报道，哈佛大学天体物理学家近日推论认为，人类几乎不可能发现外星生命的存在。即使有若干线索，也很难与之建立起联系。按照这一推论，或许根本就没有任何所谓的外星人，人类在浩瀚宇宙中就是地地道道的一枝独秀。

迄今为止，天文学家们已经从遥远的、被称为系外系统(且与太阳系结构类似)的星系中，发现了总数达500颗的行星，并且相信这只是数以亿计同类星体中的九牛一毛。基于这种论断，许多学者对地外生命的存在持有积极肯定的乐观态度。史蒂芬·霍金在不久前就曾表示，以数亿个银河系存在为前提，提出宇宙中存在其他生命形式的假设是非常理性的。而伦敦大学的研究者最近更是精确地推算出，外星人可能栖身于多达4万颗的行星之上。

但哈佛大学天体物理学家霍华德·史密斯认为，这些想法过于乐观了。史密斯对于人们从宇宙中寻找“伙伴”的热切希望抱着消极的态度。他表示，尽管有成千上万颗类地行星具有与地球相似的体积，但其自身气候等条件，却极有可能非常不适宜诸如电影形象中的ET等生命形式的存在。首先，部分行星距离围绕运行的恒星要么过近，要么过远，导致其表面温度异常极端而不具备支持生命形成的条件；其次，许多行星的运行轨道非常特殊，造成星体温差变化过大，生命的基本要素——水无法以液体的形式存在。

2010年9月发现的“疑似首颗系外宜居行星”Gliese 581g曾一度令世人瞩目，但终究只能是“疑似”，其存在与否至今众说纷纭，不断有新证指出该星可能根本不存在，更罔论从中发现类似人类的生命。“我们已经验证，大部分类地行星和太阳系外星系都与我们的太阳系大相径庭。对于生命而言，其环境过于恶劣，因而对存在可与之联系的外星智能生物的期望将越来越渺茫。”史密斯说。

在持史密斯这种观点的科学家们看来，即便非要抱着侥幸的心理去联系外星生命，也只能把搜寻领域限定在以地球为中心、半径至多为1250光年的球体范围内，外星人方有可能听到我们的讯息并做出反馈。但是这番对话，“将要跨越几十个世纪的时间”。(张梦然)

(原载2011年1月26日《科技日报》)

陨石新研究佐证地球生命或源自太空

亚东评论 英国科学家维克拉马辛1974年提出了星际胚种论，认为生命以细菌或孢子的形式从太空来到地球。其实，如果承认地球是宇宙的一份子，那么地球生命无论起源于太空还是地球，都不值得大惊小怪。只是我们在确认自己的“外星人”身份之前尚需考虑两件事。第一，多数陨石撞击地球后都被迅速污染，所以陨石样本中发现的氨基酸有可能是“自产自销”；第二，就算是“来料加工”，怎见得其失衡的左右旋氨基酸比例会必然地造就一个“左撇子地球”？

据英国《自然》杂志在线版1月21日(北京时间)消息称，美国航天航空局(NASA)戈达德宇航中心科学家日前于小行星的陨石样本中发现了氨基酸异缬氨酸，且其在富碳样本中绝大多数以左旋形态存在。鉴于氨基酸对生物体的重要性和地球上的“左型氨基酸之谜”，该研究小组认为极可能是小行星岩石将生物原材料带到地球，成为了一项佐证“地球生命起源于太空”的新证据。研究发表在最新一期《陨石与行星科学》上。

生命的产生、存在和消亡，无一不与蛋白质扯上关系，而蛋白质的基本单位就是氨基酸。据此次研究领导者、戈达德宇航中心科学家丹尼尔·格拉文于报告中描述，他们研究的着眼点是氨基酸的分子结构。氨基酸分子为手性分子，有左旋和右旋两种光学异构体，被称为L型(左)和D型(右)两种。这两者之间呈相互镜像关系，数量亦该相同，因此照常理讲，氨基酸化学反应需要左型氨基酸和右型氨基酸等量搭配作用。但存在于地球上所有的生物体中，氨基酸都为左旋型。这种被戏称为“左撇子地球”的偏差一直都是让科学家备受困扰的谜题。

丹尼尔·格拉文小组此次对9个小行星陨石样本进行勘察，其中包括闻名遐迩的、1969年在澳大利亚轰然坠落的默奇森陨石。在“地球生命起源于太空”的诸项研究中，这块被称为“化学宝藏”的陨石其分析数据一直都备受关注。小组成员们此次在这些样本中发现了氨基酸异缬氨酸，且在富碳样本中绝大多数以左旋形态存在，支持了太空中分子或参与地球生命起源过程的论点。

同时，分析显示，水的存在很大程度放大了陨石内左旋异缬氨酸的水平。小组成员在逐个分析陨石所含水合矿物岩石时，确定了有液态水参与的小行星陨石。而随着被他们确认的小行星陨石数量增多，左旋异缬氨酸也出现得越多。他们认为，与液态水有关的某些过程，应加速了左旋异缬氨酸的形成。

科学家们早前认为，“左撇子地球”造成原因应正是地球生命起源的突破点。在太阳系形成初期，原始太阳系星云受到大质量恒星圆偏光的照射，形成的氨基酸全部为左旋型，而地球尚“年幼”时遭到的陨石袭击，为地球带来了生命种子。但也有部分人猜测，“左型氨基酸之谜”的形成是由于初期地表的超高温度，使物质在熔化状态中消失了镜像现象。而类似此次新证据的出现，则帮助缩小了研究范围。（张梦然）

（原载 2011 年 1 月 22 日《科技日报》）

NASA公开2025年民用飞机研制计划

亚东评论 虽然标题醒目，但这篇报道似乎没有披露更多我们最希望了解的内容。未来几十年里，世界民用航空工业迅速“拉升”的飞行姿态无疑在该领域酝酿着一场巨大变革，而节能环保的新型航空发动机研发将成为其命运的主宰。此外，飞机结构从全金属转向以复合材料为主，也是一个可以预期的发展方向。至于外形设计，无论怎么“不拘一格”或“梦幻”，最终都得靠谱儿并且万变不离其宗，毕竟还有空气动力学一言九鼎。不信的话，咱就2025年见！

据美国国家航空航天局（NASA）官方网站、英国《每日邮报》网站等1月17日（北京时间）报道称，NASA曾向三家航空巨头——洛克希德—马丁、诺思罗普—格鲁曼和波音公司签订研发合同，计划将联手打造2025年民用飞机。现今三家公司都已提交了构想与设计图，其造型相当不拘一格，引来热评。而NASA今年将在研发、测试、模拟结束后，择其一而发展之。

NASA对于未来飞机的需求报告是：飞行速度必须达到音速的85%，续航能力超过7000英里（1.1万公里），有效载荷在5万到10万磅（23吨到45吨）之间，兼可载人或载货。因此符合该计划的新飞机必着力突显绿色节能，比现有的民用机更安静、更高效、更环保是前提条件。

在NASA终于放出了候选的设计图后，一时引来颇多评论。飞机的造型奇特是很大一个原因——有外媒称它们即便出现在科幻影片中也毫无突兀之感，另一点则是因为这些公司居然在未来机型的设计上很善于借鉴竞争对手的风格路线。

以波音的方案为例，交上去的是一款飞翼布局式飞机，翼身融合技术使机身好像压扁了一样平滑融入外侧的机翼。波音史上虽曾对飞翼式客机一提再提，但此类型似乎还没在民用机上体现过很大优势，反而因为雷达反射波弱、气动效率高而成为了轰炸机的心头好。鼎鼎大名的好似一片树叶的B—2隐形轰炸机就是这种气动布局，而它和“飞翼”一词都是诺思罗普的经典作品。

另两个方案中，诺—格出人意表地设计了两架飞机双生在一起的“连体机”；常有不俗想法的洛—马这次拿出了最中规中矩的一款飞机式样，被评论为除了机翼外其他都很像波音787。

这些设计稿也引起了一定的质疑。据《赫芬顿邮报》网援引美影响力商业杂志 *Fast Company* 称，作为几乎“白手起家”的全新机型，除了从设计图到产品之间的跨度耗时长久以外，还需铭记波音787梦想客机遭遇的技术困境。

然而，目前该计划中各项齿轮已然启动运转，三家在民用和军工领域都声名显赫的公司正期冀着成为赢家，以便使自己家的那款奇特飞机能在2025年掠过人们头顶的蓝天。（张梦然）

（原载2011年1月18日《科技日报》）

美私营企业首次成功发射并回收航天器

亚东评论 卖掉座驾后“打的”上下班，不仅省了钱，还落得无车一身轻。就像这位精于算计的兄弟一样，美国政府也在转变航天思路。奥巴马两个月前刚刚签署一项空间计划法案，拟投巨资扶持私企开发轨道飞行器，以最终接手向国际空间站运送人员和物资的任务。这样一来，NASA 便可专注于火星探索等更高端技术。航天工程费用高、风险大，一般应属国家行为。所以，私企跻身这一领域无疑是创举，同时也反映了航天运输商业化加速的新趋势。

据美国有线新闻网(CNN)及《华盛顿邮报》在线版 12 月 9 日(北京时间)报道，美国私营企业太空探索技术公司(SpaceX)的“龙”号(Dragon)航天器于当地时间 8 日发射升空，进入低地球轨道后返回，成为首个完成这一系列活动的私营企业航天器。而由于美国国家航空航天局(NASA)全部的航天飞机正先后踏上退役之旅，本次举动被认为是未来商业太空飞行的一项极其重要的试验。

本周一，火箭发动机喷嘴出现的裂缝曾一度使发射推迟。但在当地时间 8 日上午 10 点 43 分，“龙”号航天器由“猎鹰”9 号运载火箭搭载，于美国佛罗里达州的卡纳维拉尔角火箭发射场成功点火升空，发射 9 分钟后，地面控制中心报告说其已安全进入预定轨道，“龙”号成为了首个进入低地球轨道的私营企业航天器。“龙”号在以超过 17000 英里的时速绕地运行后，于美国东部时间下午 2 点降落在太平洋洋面上。

SpaceX 公司希望借这次首航来完整地展示“龙”号航天器发射升空、脱离运载火箭、绕地球运转、传送信号、接收命令、返回地球大气层直至在太平洋上被寻回的一系列能力。福克斯(Fox)新闻网称该举动可被视为一个起点，开启了突破性的商业太空飞行测试；而《每日邮报》认为在刚过去的这一天中，太空旅行的未来经历了一个关键性检验；NASA 官员指出该次成功是新一代商业发射系统迈出的第一步；商业航天飞行联合会主席布雷顿·亚历山大则表示此次发射身负历史意义，是人类太空之旅的承担方由政府部门转向私营企业的开端。

同样地，本次飞行对美国总统奥巴马而言亦相当重要。此前，他曾期望扩大近地轨道飞行方面的商业成分，以便 NASA 腾出这部分资金将宇航员们送往火星等更深的宇宙空间。另一方面，美国没有了前往国际空间站的设备，以至于不得不购买俄罗斯的运送服务，因此美国人希望“龙”号航天器将来承担起搭载物品和人员奔赴空间站的任务。

搭载航天器的“猎鹰”9号火箭亦由SpaceX公司建造，于今年6月试飞成功，其低地球轨道发射能力达24750公斤。SpaceX成为有能力直接和NASA以及全球各国的太空中心抢生意的私营公司，其从成立到“猎鹰”9号发射成功总共用了不到10年时间，这类企业被认为将革命性地颠覆航天事业发展的举国体制。（张梦然）

（原载2010年12月10日《科技日报》）

NASA 首次以微卫星发射纳卫星

亚东评论 一颗大卫星做到的，多颗小卫星能够做到；而一颗大卫星做不到的，多颗小卫星也可以做到。不追求功能全面、完美，而主张设计简约、单一，卫星家族里这些"小个子"代表了一种新思想和新趋势。发射机动性强、研制周期短、成本低廉、可充分利用大型火箭剩余发射能力等，小型化卫星的诸多卓越表现将足以在外层空间引发一场革命。NASA 以微卫星发射纳卫星，技术上并无太多玄奥，但它对于航天工业发展的路标效应却值得认真关注。

据美国《大众科学》杂志在线版 12 月 7 日（北京时间）报道，美国国家航空航天局（NASA）于当地时间 6 日凌晨首次利用微卫星发射了一颗纳卫星，即其太阳帆飞行器"纳米帆－D"（NanoSail－D）。这标志着 NASA 不但发射成功了一颗拥有独立系统的卫星，且这颗卫星又成功进行了"二级展开"——发射出一颗更小的卫星。

除人们所知的常规卫星外，卫星按其重量还可分为微卫星、纳卫星（又称纳型卫星）、皮卫星等等。常规卫星重量一般要由 500 公斤起，而纳卫星质量通常大于 1 公斤而小于 10 公斤，它是基于微电子技术、微机电技术、微光电技术等微米/纳米技术而发展起来的新型微小卫星，亦是当前国际航天技术发展的重要方向之一。由于纳卫星质量比微型卫星更轻，这就要求一体化设计和更高集成度。

"快速、经济可承受、科学与技术卫星"（FASTSAT）是一颗微卫星，其旨在提高次级科学技术有效载荷以较低成本进入太空，被认为是高度协同概念的解决方案，可满足实验、有效载荷和发射进程的需求。该卫星于今年 11 月 20 日在阿拉斯加科迪亚克岛刚刚成功发射，被认为是 NASA 太空探索的一座里程碑，向研发特有的小卫星平台和提供在太空进行低成本研究的环境迈近一步。

而"纳米帆－D"则是一颗纳卫星，其作为 FASTSAT 的有效载荷，于当地时间 6 日凌晨被微卫星发射了出去。这意味着 FASTSAT 能以小型、独立、成本效益好的方式发射商用或科学卫星，从而让 NASA 摒弃了更大型、更昂贵的发射任务。

"纳米帆－D"实际上是 NASA 的太阳帆试验设备。这一类型的飞行器无需火箭燃料，只要是在有阳光的地方，它都会不断获得动力加速飞行，因而肩负着人类未来星际旅行的希望。据"纳米帆－D"项目研制人员介绍，太阳帆飞行器的制作材料主要是薄型铝材和太空塑料，进入轨道后，其将会在短短 5 秒内展开 4 个小型帆板，使飞行器的着光面达到将近 10 平方米，可吸收大量的太阳能作为飞行器的动力来源。如果一切顺利，"纳米帆－D"将在近地轨道依靠阳光游弋 70 天到 120 天。（张梦然）

（原载 2010 年 12 月 8 日《科技日报》）

美用核磁共振技术提高喷气发动机性能

亚东评论 航空发动机，飞机的心脏。它被称为制造业的皇冠，是一个国家科技发展水平的主要标志。其研发和生产涉及空气动力、材料与工艺、燃烧、传热、结构、控制与测试等多个学科。在设计和制造过程中，一点微不足道的瑕疵往往都会在整体性能和可靠性方面做出“夸张”的表现。斯坦福大学研究人员试图用核磁共振成像技术提高航空发动机性能，这项具有“嫁接”性质的工作目前虽然只取得阶段性进展，但所展现的前景却叫人“过目不忘”。

据美国科学促进会11月22日(北京时间)报道，核磁共振成像(MRI)这种医学成像技术如今还将在提高喷气发动机效率方面发挥重要作用。在近日举行的美国物理协会流体动力学部年会上，斯坦福大学机械工程博士科勒奈尔·迈克尔·本森介绍了他们的发明。

本森称，利用MRI能在几个小时内收集大量的三维数据，而传统方法需要两年甚至更久才能完成相关检测。这种技术能大大节省喷气发动机的设计和测试时间，使改良后的发动机不仅效率提高，还可节约能源。

作为首批利用MRI技术收集流体数据的研究人员之一，本森利用MRI技术来分析涡轮喷气发动机中热燃烧和制冷气体之间的混合情况，希望以此来优化设计，减少制冷剂用量，同时提高发动机性能和燃烧效率。

本森说，此前分析冷热混合情况时都依靠荧光染料微粒或油滴，通过激光照射使其发光，然后用高速照相机拍摄它们的位置，再利用计算机分析画面计算出这些微粒的位置和速度。由于照相机拍摄的照片覆盖面很小，需要将多张局部小照片拼在一起才能形成一幅完整图像，而为了达到三维立体视觉效果，还要拍摄更多不同角度图像，这一过程非常耗时。“有个博士生收集这些数据就花了3年时间。”本森说，而用MRI来拍摄同样数量的数据，却只要4小时到8小时。因为MRI技术本身就是设计用来拍摄三维物体的，它能利用电磁脉冲有组织地震荡氢分子中的质子，当其在磁场中重新排列时迅速测出它们的位置。

研究小组在实验中使用了水和硫酸铜的混合溶液来成像，硫酸铜不仅成本低，而且也能对电磁脉冲快速作出响应，相比之下，如果利用医学上通常使用的流质钆作为造影剂，连续几个小时的扫描消耗，所需成本过于昂贵。

本森目前仍在分析发动机扇叶尾缘设计，并已经取得了一些进展：“表面制冷效率已经提高了10%，这相当于将扇叶的温度降低了100华氏度(约38摄氏度)到150华氏度(约66摄氏度)。”(常丽君)

(原载2010年11月23日《科技日报》)

生命源于外星病毒残骸吗？

亚东评论 形形色色的胚种论都假定地球不可能自发地造化生命，这个前题很值得怀疑。胚种论者对自己水土丰饶的家园视而不见，却一门心思盯上了迄今尚未发现任何生机的流星、彗星和外太空，胚种论还不过瘾，又推出死亡胚种论，总之就是信不过地球。如果这不是科学上的偏执，至少也是一种方法论的误区。作为对生命起源的探索，威森的观点的确“有新意，令人感兴趣”，但仅此而已，因为它既没有实证的支撑，也远远不能自圆其说——漏洞太多。

据美国《连线》杂志11月11日(北京时间)报道，美国天文学家称，地球上的生命可能来自于外星病毒的残骸，尽管病毒已经死掉，但它们仍然留下了足够的信息以孕育出新生命。然而，也有科学家对此表示怀疑，他们认为，外星病毒在星际之间旅行的时间太长让这种说法站不住脚。

地球生命或源于外星病毒

早在19世纪，科学家便提出了生命可能从太空来到地球的“胚种论”(panspermia)。例如，19世纪70年代，英国著名物理学家开尔文提出，微生物可能“搭乘”彗星或流星来到地球。也有科学家认为，微小的有机物可以依附太空尘埃颗粒从而横跨银河，星星辐射产生的微小压力会将这些尘埃颗粒从一个星球轻推到另一个星球。

然而，大多数太空生物学家认为，同样的星星辐射会让脆弱的微生物死亡。地外文明搜索研究所的太空生物学者洛克·曼希尼利表示：“这就让‘胚种论’无法成立。”

不过，加拿大赫茨伯格天体物理研究所的天文学家保罗·威森在即将发表于《空间科学评论》杂志上的一篇论文中指出，即使微生物抵达地球时已经死亡，它们携带的信息也会让地球上的生命之花从其残骸中破茧而出。他将这种观点称为“死亡胚种论(necropanspermia)”。

威森表示，“大量有机物在技术上被称为死亡的状态下到达其银河系内的新家后有可能死而复生”，其中的关键是在这段旅程中有多少遗传信息被保存下来。有机体携带的遗传信息按照其DNA(脱氧核糖核酸)内核苷酸的序列来编码。信息的多少可以以字节来表示，例如，大肠杆菌等细菌的DNA内就携带有约600万个字节的信息。

威森解释说，随机化学过程无法产生足够多的信息来驱使一个简单的细胞运行，在大约5亿年间，随机的分子活动只产生了194个字节的信息。

因此，可以这样来解释，地球上的生命被携带有大量信息的生物分子所孕育，即使这些分子本身已经死亡，这些信息内容都会被保存下来。

威森不知道这些信息如何能转移到新的健康的生物体内。但是，他强调说，是病毒携带了所有这些信息。病毒由被蛋白质和脂肪所包裹的遗传物质片段组成。它们携带了10万个字节的信息，并且可能采用与传统细胞不同的方式进化——病毒似乎由蛋白质粒子自我组装而成，不需要其他分子或特定遗传信息的帮助。

美国卡尔·萨根宇宙生命研究中心的文学专家戴维·莫里森称这篇论文"有新意，令人感兴趣"。

时间太长让病毒无法存活

曼希尼利没有参与该研究，他对此观点并不买账。他说："一旦你死了，你就是死了。"

他补充道，该论文忽略了另外两个能杀死病毒中的细胞的因素。其中之一是，病毒在数百万年穿越星系的历程中，钾等元素会衰减，即使这些有机物能躲避太空辐射，衰减的钾也会给其带来额外伤害。钾发出的辐射足以让核酸粉身碎骨，有机物没有任何机会存活下来。

另外一种情况，在真空中，氢气和羟基分子会剥削细胞并且形成水。这个过程先将蛋白质分开，再重新将它们组合在一起，会改变蛋白质的性质，让它们不再具有任何功能。

而且，时间太长也是问题。曼希尼利称，病毒从地球到火星甚至从地球到冥王星都不存在问题，但是，一旦它们超出太阳系，会花费更长时间，问题也会随之出现。（刘霞）

（原载2010年11月12日《科技日报》）

国际太空对接标准发布

亚东评论 当个性化产品越来越受到青睐时，今天的人们不要忘记，现代工业文明从来都以标准化生产为显著特征。正是因为产品的规格和质量有了严格而统一的标准，工业生产才得以迅速从工场手工业走向机器大工业。所以，可别小看刚刚发布的国际太空对接标准，它具有分水岭意义，人类航天事业将由此进入一个崭新的时代。

美国国家航空航天局(NASA)10月20日(北京时间)称，国际空间站多边协调委员会(MCB)批准了一项太空对接标准。这项标准将为从载人宇宙飞船到无人飞船、从低地球轨道飞行器到深空探测任务飞行器等航天设备提供一套通用的接口规范。

MCB是国际空间站的资深管理机构，负责协调轨道实验室的运转以及各成员之间的活动，由NASA、俄罗斯联邦航天署、日本宇宙航空研究开发机构、欧洲航天局和加拿大航天局派出的高级代表组成。

MCB主席、NASA空间站工程主管比尔·格斯坦尼梅尔称，该标准旨在创建一个标准接口，使两种不同的航空器在未来执行任务和操作的过程中能在太空中对接。他还指出："目前，在太空探索领域，国际合作方兴未艾，这套标准将减轻国际空间合作过程中的难度，使太空救援成为可能。"

这套标准将确保接口的通用性，不会为标准接口规定任何特殊的设计。该标准还包含一些必要的信息，描述了标准接口的外观特征、物理性质以及设计载重。由上述5个太空机构的研究人员组成的技术团队将继续努力，对该原始标准进行精炼和修订。(刘霞)

(原载2010年10月21日《科技日报》)

联合国任命首位空间大使接待外星人

亚东评论 读着像一场闹剧。奥斯曼夫人也真敢揽这活儿。一旦接待工作中有个闪失,你负得了责吗?最可乐的是联合国科学顾问委员会争论的结果,竟然是首先要给外星人消毒,也没打听一下人家愿不愿意让你消毒以及"84"还管不管用。未雨绸缪本是件好事,可现今应该考虑的相关问题还远远轮不到任命什么"空间大使"。58岁的人被突击提干,若不是买官卖官的话,就只剩下哗众取宠了。联合国也许还要给新大使发工资,难怪它总是嚷嚷经费不够。

随着空间探索的深入,地外生命存在的可能性大大增加。如果某天外星人来到地球对着吓呆的遭遇者说:"带我去见你们头儿!"别怕,直接带他们去见奥斯曼夫人。据英国《每日电讯报》9月27日(北京时间)报道,联合国日前任命了首位空间大使——马日兰·奥斯曼,她成了官方指定的与外星人联系的地球人。

马日兰·奥斯曼是一位马来西亚天体物理学家,现年58岁,日前入主联合国一个鲜为人知的办公室——联合国外太空事务办公室,负责外太空事务。一旦外星人来造访地球,她将负责代表全人类做出应答协调。下周她将到白金汉郡的英国皇家协会,为这个新角色安排工作细节。

迄今,人类已经发现了上千亿个星系,每个星系又拥有数亿颗恒星及数不清的行星。因此,地外智能生命存在的可能性比人类预想的更大,人类不得不对可能遭遇的命运作多种考虑。此前英国皇家学会院士斯蒂芬·霍金曾发出警告,对于外星闯入者,我们应谨慎对待。外星人可能生存在某个巨大的宇宙飞船上,他们已经用完了自己星球上的所有资源。这就像当年克里斯托夫·哥伦布首次到达美洲对当地的土著并不友好一样,外星人对人类也会不那么友好。

最近,奥斯曼夫人和几位科学家进行了一次会谈。她说:"我们有几个机构一直在寻找来自地球外的讯息,希望有一天人类能接到外星人的讯号。但考虑到所有关于这方面的敏感问题,应该成立一个协调反应机构,来协调这方面的事务,联合国外太空事务办公室正是最合适的。"

设置这样一个办公室来处理人类遭遇外星人的问题,曾在联合国科学顾问委员会内部引起了争论,争论的分歧在于人类该怎么接待外星访客。但最终他们基本达成一致,遵行1967年制定的外层空间条约,由联合国外太空事务办公室负责监督。联合国成员也同意,可以通过给外星人"消毒"的方式,保护地球免受外星物种的污染。

联合国代表团首脑之一、英国航天局太空法规专家理查德·克劳瑟教授说,今后当有人被外星人胁迫"带我去见你们头儿"的时候,奥斯曼夫人绝对是最近的求助人选。(常丽君)

(原载2010年9月28日《科技日报》)

月球花园或成太空“菜篮子”

亚东评论 地球是人类的摇篮，但人类不会永远生活在摇篮。事实上，20世纪我们已经开始走出这个摇篮，迈出了跨向月球的“一大步”。由于月球离地球最近，所以一谈到太空移民，我们总是首先想到这个邻居。但相比之下，不算太远的火星倒是一个更为理想的去处，因为从月球上无法改变的特殊自然环境来看，它实在不适宜我们长期居住。尽管如此，作为未来星际旅行的中转站，那里还是一个不错的选择。“月球花园”蓝图的实际意义可能更在于此。

月球并不适合蔬菜和水果生长：那儿缺乏大气和干净的水源；而且，月球表面昼夜温差极大；另外，宇宙射线也可能置“月球居民”于死地。据美国物理学家组织网9月17日(北京时间)报道，尽管面临上述种种困难，美国科学家还是想方设法建立了一个月球温室，人们可在其中种植西红柿、花生、土豆和辣椒等。

美国桑德勒机器公司菲尔·桑德勒和亚利桑那州立大学吉恩·贾科梅利等研究人员建造了这个月球花园。该月球温室长约5.5米，研究人员计划将其埋藏在月球表面之下，以避免致命的宇宙射线和太阳耀斑带来的伤害。通过使用水栽技术、矿物质营养液，温室中的植物在生长的过程中不需要使用土壤。

在研究人员设计的这个温室中，植物能够从宇航员呼出的废气中得到二氧化碳；植物用的水可从宇航员的尿液中提取。不过，宇航员并不需要深入到月球表面下把这些必需的营养物质供给植物；相反，二氧化碳和水可通过加压罐从月球表面进入表面下的温室中。同样，光纤可以将太阳光输送给植物。

研究人员还可远程操控这个温室，甚至让其自动工作。这样，当宇航员到达月球时，食物或许就已经准备妥当了。

整个系统可分装进一个约1.2米宽的盘子中，将其发射到月球上后，在十分钟之内就可以布置好。地球上的人们可通过传感器和照相机操控该温室花园，植物在30天左右就可生长成熟。

贾科梅利表示，月球温室可看做是一种能自动提供食物、氧气和干净饮用水的自动化装置。

整个月球温室包含约100公斤潮湿的植物营养，能在24小时内产生50升水以及34公斤氧气，消耗约100千瓦的电力以及约450克二氧化碳。

该月球花园在某些方面与位于地球南极的生长箱类似，南极生长箱也由桑德勒机器公司制造。在一年的某几个月，生长箱也必须克服同样的挑战，因为循环的洋流会将南极与地球上的其他地方隔绝开。

另外，研究人员也在研究使用同样的技术来建立城市花园，因为在人口密集的地区，肥沃的土壤也很少。贾科梅利表示，提供新鲜的本地化食物对人口稠密的大城市非常有效，不仅可节能和美化环境，还可大大减少二氧化碳的排放。（刘霞）

（原载 2010 年 9 月 18 日《科技日报》）

“凤凰号”发掘出火星液态水的惊人历史

如果谁对火星生命情有独钟，那么这个时代是最好的，也是最坏的。无论NASA的相关结论怎么出尔反尔，留给你自由发挥的空间总之是越来越小。由于强烈辐射和恶劣气候，火星地表已没啥指望，但地表下的情形还很难说，这也许是放飞想象的最后领地。有趣的是，一些曾对火星生命摇头频率最高、幅度最大的人，现在也不再认为这种想法愚不可及。液态水的研究虽不足为据，然而却是迈向真相的重要一步。

美国国家航空航天局（NASA）所属“凤凰号”火星探测器的测量表明，液态水一直与火星陆地表面存在相互作用，且这一过程贯穿了整个火星历史。相关研究发表于9月10日出版的《科学》杂志上。

2008年5月25日，NASA的“凤凰号”探测器着陆火星北极的永久冻土带（此前探测器发现此处疑似有冰冻水潜伏于火星地表之下），开始挖掘、取样和分析火星北极周围的环境，并开展了一系列科学探测任务。最终其不负众望：在表层土下方几厘米处发现水冰，并摄录下水冰的蒸发过程。在火星探测史上，这还是第一次与水亲密接触。《时代》周刊在这一年将“凤凰号”的探索征途评为10大科学成就之一。

而本次的研究结果得力于“凤凰号”上装载的热力与释出气体分析仪（TEGA）。“凤凰号”采集到的火星土壤样本会装入TEGA进行加热，释放出无色气体，经质谱仪分析为二氧化碳。而TEGA的质谱仪比老一辈火星探测器——上个世纪70年代的“海盗号”要强大得多，可以空前精确地分析这些二氧化碳中同位素的比例，且是绝无仅有地能将火星同位素构成结果返回地面的仪器。这些都帮助科学家们去了解液态水的过往历史，以及这颗红色星球表面的火山活动。

分析显示，火星上的二氧化碳中碳与氧同位素的比例，居然和地球大气中二氧化碳惊人相似。这意味着火星的地质活跃程度，远比之前科学家所想的更甚；而火星是在最近才将火山释放出的二氧化碳填满它的大气，这些二氧化碳能渗透到火星地表的每一处，揭示着液态水的现在与过去。研究结果同时显示，火星液态水主要在接近冰冻的温度中存在，这说明，像美国黄石国家公园里的温泉那种地球热液系统，可能在整个火星历史上都是非常稀罕之物。

“我们用TEGA做了类似罪案调查科的活儿。”报告作者之一、亚利桑那大学教授威廉·V. 博因顿称，“同位素可以告诉我们现在面对的这些样本是经过了怎样的过程发展至今。”

在“火星存在有机物”一事上，NASA 的结论出尔反尔，不想声张却偏被大肆宣扬，在本周可谓颜面扫地。幸而争气的“凤凰号”项目带来捷报，让 NASA 多少又有了点光彩。（张梦然）

（原载 2010 年 9 月 11 日《科技日报》）

丹麦业余爱好者拟乘自制火箭上太空

亚东评论 太空其实并不遥远，你只要把汽车竖起来，垂直往上开，一个多小时就到了。估计本斯顿老哥也是这么想的。如果他成功了，最不好意思的可能就是NASA。由此还想到那些总是拿爱因斯坦或哥德巴赫说事儿的民间人士，他们也成心想让众多中外科研机构没脸见人。热爱科学诚然可贵，而更重要的却是科学精神、科学思想和科学方法。旁门左道当作新闻来读有时未尝不可，但有谁见过一例诸如“水变油”之类的痴梦成为现实？

火箭也能DIY（自己动手做）？据英国《每日邮报》8月24日（北京时间）报道，来自丹麦的发明家们打造出了世界上首枚由业余爱好者研制的火箭，他们除打算发射火箭外，还希望让火箭载人升空，实现太空旅行。

丹麦人克里斯坦·本斯顿和彼得·麦迪森领导了哥本哈根的这个业余火箭小组。该小组从未得到过政府的任何资助，只是从赞助、捐赠及志愿者处得到支持。据称，该小组将一个被废弃的造船厂用作研发基地，还曾自制了一只潜水艇。自2004年起，这个“疯狂小组”开始致力于火箭的设计制造，2009年3月曾成功完成了发动机功率达9万千瓦的业余火箭测试点火，今年2月和5月，又分别进行了成功测试。

目前，这个即将发射的家伙被命名为“热”（HEAT）号火箭，名称来自于“混合外大气层运载器”的英文缩写。其体长约9米，使用液态氧作为燃料。测试显示，“热”号火箭能持续工作约60秒，并提供4万牛顿的动力。据测算，载人飞行时，采用坐姿的航行者应当能够承受住座舱内的加速度环境。

按计划，8月30日小组将使用潜艇在波罗的海进行这枚业余火箭的首次发射，如获成功，他们将尽快安排载人发射。研制者之一麦迪森表示，如接下来的测试一切顺利，他希望自己能亲自置身于火箭的单人舱内被发射升空。他已将这个单人舱命名为“第谷·布拉赫”，这是一位丹麦杰出天文学家的名字。而如果这一尝试能成功，丹麦将由此成为世界第四个独立将人类送入太空的国家。

但研制者承认，完全依靠空气动力学原理飞行的“热”号火箭，在发射后对它能做的操控并不多。所以现在正检测它的导航控制，以防重力偏航，争取误差的最小化。

该小组也已声称，此火箭项目将完全出于和平目的，绝不会用于运载爆炸物或核生化产品，仅“旨在为微型载人航天器的发展铺平道路”，技术资料也将在欧盟法律范围内共享。

不过，消息公布后，频有声音指出该举动简直像自杀。《每日邮报》的说法是：这怎么能说很像自杀呢？这就是实实在在的自杀行动。（张梦然）

（原载2010年8月25日《科技日报》）

长期太空旅行会使肌肉严重退化

亚东评论 贺知章写下《回乡偶书》的时候做梦也想不到,"少小离家老大回"的人间悲喜剧可能仅仅历时三年!这么快便从棒小伙追风逐电变成耄耋翁步履蹒跚,要没点儿壮士断腕的勇气,恐怕谁都会退避三舍。太空旅行中长期失重会使人的骨骼和肌肉受损,这种常识对大多数读者来说并不新鲜,但如此给出定量分析,以往还没看到,也着实吓人一跳。不过我们坚信,这样或那样的问题终将得以解决,人类奔向太空的天路上没有过不去的火焰山。

美国科学家研究表明,宇航员在长时间的太空飞行中,其肌肉将日渐退化或萎缩,这可导致他们承担工作负荷的能力下降40%以上。相关研究报告发表在《生理学》杂志网站上。

科学家表示,经过长期太空旅行,宇航员工作负荷能力的下降相当于30岁至50岁宇航员的肌肉退化成80岁以上老人的肌肉。虽然宇航员在飞行过程中保持身体训练,但是,失重状态对骨骼肌造成的破坏性影响,将极大地威胁宇航员飞往火星或其他天体时的安全。

目前,人们对载人探测火星的兴趣越来越浓,同时不断有证据显示火星曾存在过生命。美国宇航局估计,宇航员从地球飞抵火星需要10个月的时间,如在火星上探测一年返回,那么整个火星之旅将耗费大约3年的时间。美国马凯特大学生物学教授罗伯特·费茨带领的研究小组完成的上述报告,无疑让载人火星探测计划的支持者感到不安。

费茨相信,如果宇航员从太空旅行到火星,那么他们的工作能力将大打折扣。由于像小腿这样部位的肌肉会受到严重影响,宇航员工作能力将丧失近50%。此外,身着宇航服的宇航员会更容易疲劳,以至于难以完成日常工作。更为严重的是,当他们返回地球时,他们的身体可能已无法保证他们在紧急着陆的情况下快速逃逸。

研究中,科学家采集了9名宇航员在飞向国际空间站前和在国际空间站工作180天后返回时的小腿肌肉生物样本,并进行了活组织检测。结果显示,返回后的小腿肌肉样本中纤维密度、力量和动力大量减少。此外,科学家还注意到,出发前肌肉最强健的宇航员,其小腿肌肉组织在返回后退化最为严重。

研究结果说明,在宇航员进行长期太空飞行前,专家需要设计和测试更有效的身体训练方法,防止他们的肌肉在国际空间站工作和太空探索中发生退化。新的锻炼方法需要人们在太空飞行中模拟地球大气的环境而采用高阻力的各种运动方式。(毛黎)

(原载2010年8月20日《科技日报》)

霍金称人类下世纪必须移居外星球

亚东评论 我们尊重每个人的话语权，但没必要全都信以为真，即便他是大师。的确，宇宙万物皆有消亡的一天，居安思危难能可贵。但要说地球面临的各种“天灾”使我们必须在百年之内逃离家园，显然缺乏令人信服的依据。至于“人祸”，二战以后世界上已经65年没有爆发全面冲突，怎见得人类未来一定解决不了其他问题！做这种预言，大师比普通人其实强不到哪儿去。衷心希望霍金先生还是多出些“奇性定理”之类的成果，或多留些像《时间简史》这样的科普范本。

下个世纪人类大规模殖民外星球？此言一出必有人认为是大放厥词，但如果放言者是霍金，恐怕要多一分思量了。据美国物理学家组织网与英国《每日电讯报》等媒体8月10日(北京时间)报道，英国著名物理学家斯蒂芬·霍金在接受一家网站采访时表示：地球毁灭是迟早的事，人类若想延续生命与文明，只有移居外太空一条出路。

“大思想”(BigThink)是由一群知识分子创建的视频分享网站。9日该网站在邀请霍金分享他的“大思想”时，得到了霍金忧心忡忡的看法。他认为，人类必须要放弃地球，不然迟早会面临灭绝的局面。

霍金称，在下个百年内，人类想要躲避灾难将何其不易，更遑论未来的数千年甚至数百万年。战争、资源殆尽、人口过剩，这些都是正在膨胀的威胁。可以说彼时人类“到了最危险的时刻”，天灾人祸降临的次数可能超过以往任何年代。

但霍金又称：“我乃乐观之人，如果人们能在本世纪或下个世纪逃灾避祸，则有望长期生存。”然而“这唯一的机会不在地球，应延伸至太空”。

霍金认为，正是人类骨子里自私和侵略性的因子，能帮助人类一次次度过生死攸关的局面。因此他以“不该将所有的鸡蛋都放在同一个篮子里”，比喻不能把赌注只压在一个星球上。“我们可以将篮子容量扩大后再将其扔掉嘛。”

尽管言辞耸人听闻，但透漏了霍金对资源掠夺日盛的不满。今年以来，这位“可能是当今在世的知名度最高的科学家”频频露脸，发出诸多警告。4月的《泰晤士报》报道霍金提醒外星人肯定存在，要避免接触(这一观点现被批评与移居外星球的言论相矛盾)；5月份他再劝诫人们莫要乘时间机器返回历史。但《每日电讯报》称，放弃地球，应该是霍金迄今为止发出的最可怕警告了。

那么,如果依他老人家所言,肯接受我们大规模迁徙的星球是哪个呢?美国密歇根大学天体物理学家凯瑟琳·弗里斯告诉大家:“离太阳最近的一颗恒星是4.2光年外的比邻星。”这意味着,人类最好到那时掌握了光速航行,用上4年多即可到达,否则利用当前火箭技术的话,要5万年。(张梦然)

(原载2010年8月11日《科技日报》)

日公司提出月球太阳能电站计划

亚东评论 从现在起到2035年还有25年。25年，对于攻克这项工程涉及的众多技术难题来说不算太仓促，而对于一个国家谋划明天来说又不算太久远。月球这一人类尚未开垦的新边疆，肯定是未来综合国力竞争的一个制高点。希望嫦娥工程能为中国人顺利地打开月球之门。那里空间有限，别等人家摆好了锅碗瓢盆，我们才上去另起炉灶。

据美国物理学家组织网6月3日（北京时间）报道，日本清水建设株式会社最近提出了一项史无前例的大规模利用太阳能的计划——“月神之环（Luna Ring）”工程。拟于2035年启动的此项庞大工程，计划建设一条沿月球赤道（长约11000公里）的太阳能电池带，将电力转换成强大的微波和激光束射向地球，然后由地面接收站再转换为电能。该公司表示，“月神之环”工程将能满足全世界的用电需求。

清水建设设想，机器人将在“月神之环”的建设中担当主力，这些机器人可以24小时不间断接受来自地球的遥控，完成诸如平整地面和组装机器设备等任务，同时还将安排一支宇航员队伍在现场提供支持。

由于该计划需要大量的太阳能电池板和其他材料，清水建设打算尽可能利用月球资源。月球资源可用来制造水泥和混凝土材料，而太阳能热处理技术也可帮助生产砖、玻璃纤维和其他建筑材料。

“月神之环”的最先建设宽度为数公里，之后将扩大为400公里。太阳能电池产生的电力将通过电缆传输到月球朝向地球一侧的设备。电能转换为微波束和激光束后，通过直径为20公里的天线射向地球接收站，具有导向功能的无线电指向标将保证波束传输方向的准确。而后，波束能量再由地面站重新转换为电力送入电网，或用于转换为氢以作燃料或储存之用。

清水建设指出，由于月球几乎没有大气层，因此“月神之环”的最大优势之一是不存在影响太阳能电池板效率的坏天气或云层，可以24小时持续不断地接收清洁能源。其1年的发电规模相当于17亿吨石油或1.3万个核电站的年发电量，以目前的能源消耗计，够全球使用30年。2035年动工的原因是考虑到届时地球上的传统能源资源将被开发得所剩无几。如果这一雄伟计划得以实现，有可能结束人类对有限地球能源资源的依赖。（冯卫东）

（原载2010年6月4日《科技日报》）

太阳帆动力飞船即将驶往金星

亚东评论 从太空旅行变成现实那天起，我们一直渴望摆脱对火箭的单一依赖，让全新动力的宇宙飞船承载着人类的梦想遨游天际。其中，以太阳帆方式利用太阳能被认为是一种最有希望的选项，且近年来已有了操作的可能。以太阳能为动力，宇宙飞船可免携大量燃料，因而比传统飞船更经济，机动范围也更大。只要有阳光照耀，它便会不断加速飞行。由于此前的尝试均告失败，所以这次“伊卡洛斯”号的发射格外引人注目。如果成功，那无疑将是人类太空旅行的一场革命。

日本宇宙航空研究开发机构(JAXA)5月18日早晨宣布，原计划于18日上午6时44分(北京时间5时44分)搭乘火箭升空的深空太阳帆动力飞船“伊卡洛斯”号(Ikaros)，因天气条件不佳而推迟发射，下次发射最早定于本月21日。如一切顺利，这架以金星为目的地的飞行器，将成为第一艘使用太阳帆技术的深空探测飞船。相关报道见于英国《新科学家》在线版。

此次发射行动因“伊卡洛斯”号的特殊动力而备受关注：其并非传统意义上使用燃料助推的太空飞行器，而是一艘使用太阳帆反弹太阳光子的压力作为航行动力的“太空帆船”。

据研究团队介绍，基于薄膜太阳能技术制造的20米帆板是“伊卡洛斯”号最关键的技术组成部分。该帆板柔软而富有弹性，厚度还不及一根头发。发射进入太空后，“伊卡洛斯”号将展开边长14米的太阳帆，整个飞船呈短圆柱形。光电转化加上反弹太阳光子的压力所提供的双重动力，让“伊卡洛斯”号只需沐浴阳光便可获得无尽的前进动力。

JAXA将在飞船发射后，通过改变太阳帆反弹太阳光子的角度来控制“伊卡洛斯”号的飞行路线。按计划，距地球4150万公里的金星将成为“伊卡洛斯”号的首个目的地。如过程顺利，JAXA还将继续推出面积更大的第二代太阳帆宇宙飞船，目的地包括木星。

利用太阳能作为宇宙飞行的动力，一直是宇航界着力探索的领域之一。在开普勒时代，便已提出过仅依靠太阳能持续飞行的宇宙飞船的设想。2005年，美俄曾合作开发了一艘太阳帆飞船“宇宙一号”，但升空后即与地面失去联系，踪影全无。其后美国宇航局的“光帆计划”也因各种技术难题而搁置不前。

过去进行的试验只在地球周围轨道展开太阳帆，因此，耗资15亿日元的“伊卡洛斯”号将成为第一艘使用太阳帆技术的深空探测飞船。(张梦然)

(原载2010年5月19日《科技日报》)

霍金说外星生命肯定存在但不要主动寻找

亚东评论 好多情形都这样，只要大师不说就没人理会。其实，整明白这点事儿根本就用不着麻烦霍金。邂逅外星人，给地球文明带来的可能是划时代的飞跃，但也可能是万劫不复的灭顶之灾，问题的关键是我们赌不起也输不起。万一弄成"羊爱上狼"，我们恐怕连捶胸顿足的工夫都没有，更甭提和它"相互搀扶去远方"。别因为有了原子弹、空间站或者互联网，就太把自己当"干粮"。霍金苦口婆心的好言相劝，尤其应该让那些科学狂人警醒。

据英国《每日电讯报》网站4月26日(北京时间)报道，英国著名物理学家斯蒂芬·霍金称外星生命肯定存在，但对人类来说最好不要去寻找他们，应尽量避免与其接触，否则将面临极大风险。

霍金称，整个宇宙中我们已知的星系就有1000亿个，每个星系中又包含数亿颗恒星，地球不大可能是唯一存在生命的星球。他说："从数理逻辑上来看，仅是这些数字就足以让外星生命存在的想法显得完全合理。相比之下，弄清外星人的模样或许才是人类面临的真正挑战。"

霍金认为，外星生命最初极有可能以简单生物的形式存在，但地外环境或许会加速其进化过程。"我想他们可能生活在大型飞船中，由于母星资源耗尽而成为在宇宙中四处游荡的游牧民族。这类拥有先进科技的外星生命很可能会对他们能够达到的星球进行征服和殖民。"霍金补充说。

根据上述观点霍金警告称，与外星生命接触可能会给人类带来灾难性的后果。他说："如果某一天外星人真的来到地球，我想结果应该与哥伦布第一次到达美洲大陆时差不多，这对原住民来说并非什么好事。"

据了解，霍金是在美国探索频道一部名为《斯蒂芬·霍金的宇宙》的纪录片中发表上述观点的。整个纪录片的录制耗时3年多，反映了霍金对宇宙中最为神秘的一些问题的思考，将于下月起在英国播出。

霍金被誉为是继爱因斯坦之后最杰出的理论物理学家之一。21岁时被诊断患有肌肉萎缩性侧索硬化症，往后数十年逐渐全身瘫痪并失去了说话能力。他在黑洞研究和量子宇宙论中的贡献，被认为是多年来理论物理学最重要的进展。(王小龙)

(原载2010年4月27日《科技日报》)

计算机科学与集成电路

概率修剪技术让芯片更快更小更节能

亚东评论 所谓概率修剪技术其实就是贯彻落实系统设计的容错思想。好比每个胜任普通工作甚至堪当大用的人都有缺点毛病，允许其存在意味着能在更大程度上人尽其才。在发生各种软硬件故障的情况下仍能继续正确地完成指定任务，这种容错技术也是提高计算机系统可靠性的有效方法。科学家们今天把它施用于芯片领域，既是一种独辟蹊径的探索，又是一种很有意义的提示——我们没必要为着根本用不着的计算精度，而在性能、体积和能耗等方面做出牺牲。

据美国物理学家组织网 3 月 17 日（北京时间）报道，一个国际科研小组使用“概率修剪技术”，将集成电路中很少使用的部分修剪后，使计算机芯片的性能提高了 2 倍，而能耗仅为以前的一半。

美国莱斯大学与新加坡南洋理工大学合作在新加坡设立的持续性与应用信息动力学研究所（旨在研发出更节约能源和降低成本的创新信息技术）和瑞士电子与微系统技术中心的科学家携手开发了这项具有突破性的技术。

这种“概率修剪”技术的原理非常简单：通过允许微处理器出错来削减其对能源的需求。研究人员发现，他们可以通过正确地管理错误发生的可能性并通过限制哪些计算产生错误，来削减能源需求并提升芯片的性能。

持续性与应用信息动力学研究所负责人、美国莱斯大学计算机教授克里希纳·帕莱姆说：“根据摩尔定律，芯片上的晶体管会越来越多。芯片上的高密度晶体管会导致许多背景‘噪声’。为了补偿，工程师会通过增加电路上的电压来克服噪声和保证计算的精确，因此，略减少计算精度能在一定程度上改进速度和节省能耗。”

该研究团队使用“概率修剪”技术将集成电路上很少使用的部分剪切掉，制造出了新的芯片模型。研究人员表示：“最初的测试表明，修剪后电路的运行速度至少是以前电路的 2 倍，能耗是以前的一半，而其占用的空间仅为传统电路的一半。”

不过，这项技术的缺点是令处理器的计算精确度有所降低。帕莱姆认为，诸如声音和影像解码等实时处理所需要的精确度无须太高，但处理器是否省电及运算是否快速更为重要。帕莱姆说：“我们的研究表明，可以通过削减助听设备、照相机和其他多媒体设备中使用的集成电路中不必要的部分，达到同时提升芯片性能和减少能耗的目的。”

电子和微系统技术中心的领导人克里斯蒂安·恩兹表示：“这样做，集成电路的出错率为 8%，据我们所知，许多辅助观看和助听设备能容忍的出错率为 10%。”

帕莱姆表示，下一步我们将使用该技术制造出完整而具有特定用途的芯片，并希望今年夏天之前设计出一款用于助听设备的芯片，“概率修剪能制造出具有特定用途的集成电路，助听设备配备了这种集成电路后，同一电池的使用时间将延长4—5倍”。(刘霞)

(原载 2011 年 3 月 18 日《科技日报》)

操控单分子可设计新型电子设备

亚东评论 根据摩尔先生那条颠扑不破的铁律，到2015年前后，晶体管尺寸将会缩小到20纳米宽和1至2纳米厚，这正是分子的尺度范围。超大规模集成电路发展正在逼近的物理和工艺极限，似乎与分子电子学的长足进步不期而遇。难怪很多人都把突破极限的希望寄托于分子电子器件，有机发光二极管的成功案例尤其让科学家们欢欣鼓舞。然而，该领域研究目前还是基础和探索性的，特别是器件研究尚有许多重大科学问题亟待解决。"陶农建们"还得加油！

当电子设备小到分子水平，分子的电学性能和机械性能就成为关键因素。充分开发分子的电学性能和机械性能，根据特殊需要可开发出新型电子设备。据美国物理学家组织网2月21日(北京时间)报道，美国亚利桑那大学生物设计研究院利用分子机械性能，开发出一种用单分子控制导电性能的方法，可用来设计微小电子设备，提高设备在生化传感、远程通讯、计算存储等多方面的能力。该研究发表在近日出版的《自然·纳米技术》上。

在微观世界中，奇异的量子效应主导着电子设备的性能。领导该研究的陶农建(音译)一直在研制微型电子设备，他说："某些分子有着不寻常的电学性能和机械性能，这与硅基材料不同。通过特殊的相互作用，一个分子能认出其他分子。"这些特性在设计纳米设备时，带来了极大的灵活性。

研究小组将一个名为 pentaphenylene 的分子置于两个电极之间，连成回路。加上一伏特电压时，能检测到电流。改变分子相对于电极表面的朝向，能改变电导率。当不断改变分子的倾斜角度，发现电导率会随着分子和电极之间距离的缩短而增大，分子以90度角置于电极中间时，电导率达到最大值。

陶农建解释说，电导率变化和构成分子的电子π轨道、电子轨道与电极之间的相互作用有关。π轨道可以看作是电子云，它从分子平面的两端垂直伸出，两个电极之间分子的倾斜角度改变时，这些π轨道就会和黄金电极原子的电子轨道接触并发生混合，这一过程称为侧向耦合，这对电导率产生了影响。在 pentaphenylene 分子中，侧向耦合效应非常明显，随着轨道耦合作用增强，导电率能提高10倍。反过来，四苯基(tetraphenyl)分子的倾斜角对电动机械性没有影响，可以在实验中抑制侧向耦合，使电导率保持不变。

陶农建还表示，当前可以从增强或弱化轨道侧向耦合效应两方面来设计分子设备，满足特殊设备电导率微调的需要。(常丽君)

(原载2011年2月22日《科技日报》)

基于新型碳纳米管的薄膜晶体管问世

亚东评论 20年时间能做什么？它足以让人从幼婴走到青年，也足以让电子显微镜下观察到的一种中空碳纤维，发育成为性能优异的新型功能材料和结构材料。碳纳米管1991年首次被日本NEC公司发现后，其独特的金属和半导体导电性、极高的机械强度和较强的微波吸收能力等，立即受到物理、化学、材料学界和高新技术产业的强力追捧。《自然·纳米技术》推介的这种薄膜晶体管，今天再次让我们感知了一位生龙活虎的小伙子体内蕴藏着的无限潜能。

据美国物理学家组织网2月17日(北京时间)报道，最近，科学家研制出了金属性和半导体性之间平衡达到最优化的新式碳纳米管，并使用这种纳米管制造出了薄膜晶体管(TFT)，未来有望研制出诸如电子书和电子标签等高性能、透明的柔性设备。

日本名古屋大学的科学家孙东明(音译)和同事以及芬兰阿尔托大学科学家在最新一期《自然·纳米技术》杂志上，介绍了用这种新碳纳米管制造薄膜晶体管和柔性集成电路的技术。

碳纳米管的电子属性可以分为金属性和半导体性两种，且这两种属性的碳纳米管相互“粘连”成绳索状或束状，这时金属性比半导体性还要强，而只有半导体性的纳米管才可用作晶体管，这就使碳纳米管的用途大打折扣。尽管金属性可增加晶体管载荷子的运动能力，但它也能降低晶体管的开关频率。

最新研究中，科学家研发出了一种制造碳纳米管的新方式，让纳米管的金属性和半导体性之间的平衡达到了最优化。新纳米管网络中包含有直的、相对较长(10微米)的纳米管(其中30%是金属)，而且，新网络的纳米管之间Y形接口比X形接口多，其电阻也更低。

科学家使用这种新纳米管网络制造出了薄膜晶体管，与以前的纳米晶体管相比，新晶体管的载荷子运动能力和开关频率都很高。研究人员表示，运动能力高主要得益于纳米管网络独特的形态；开关频率高则源于构造过程可以控制金属纳米管的密度，使其密度更低。

科学家还制造出了能处理顺序逻辑的集成电路，这是迄今为止首个基于碳纳米管的顺序逻辑集成电路。在该电路中，输出值不仅取决于当前的输入值，也取决于历史输入值，这使其具有存储或者记忆能力。

该研究的联合作者、名古屋大学教授大野裕表示，通过让制造过程规模化并使用改进后的印刷技术，科学家可以使用这些基于纳米管的薄膜晶体管，制造出廉价的柔性电子产品，比如智能手机和电子纸等。并有望在5年内实现商业化生产。(刘霞)

(原载2011年2月18日《科技日报》)

欧研制宇宙飞船人工智能控制系统

亚东评论 说 sysbrain 在太空中能更多地为主人排忧解难，我信；但说它“具有人所具有的推理能力”，我不信，至少现在不信。其实，以往任何一种宇宙飞行器都在或多或少地应用人工智能的最新成果，它反映着当时的人类科技发展水平。无论南安普敦大学研究人员所描述的功能多么悬乎，sysbrain 终究没有实质性地突破现有人工智能的局限。假如它真的这般聪明，倒是应该在上天之前先想法子帮维纳斯先生再加一级薪水，或者争取更多的经费。

据英国《每日电讯报》2 月 14 日（北京时间）报道，科学家正在研制宇宙飞船人工智能控制系统 sysbrain，并已将其部分成果配备在即将发射的欧洲航空局智能运输车 2（ATV2）上。未来的宇宙飞船或能自己做决定、提要求、预测危险并像人类一样思考。

在科幻小说、电影《2001 太空漫游》中，尽管作为宇宙飞船总控制电脑的人工智能电脑 HAL9000 既具有电脑对任务的绝对服从及精确性，又具有人类的思维甚至感情，但它却在星际探索任务中设计害死了几乎所有宇航员。尽管如此，欧空局还是希望有朝一日能用人工智能控制宇宙飞船。

在欧空局的支持下，英国南安普敦大学的自动控制系统专家桑德尔·维纳斯领导的科研团队一直在研发能用于人造卫星、机器人探索工具和宇宙飞船中的人工智能控制系统 sysbrain，以便这些设备能更好地控制自身。

维纳斯表示，通讯卫星和探测设备装配了人工智能系统后能实现自我操控，这将大大减少成本；同时也将能自我学习、发现问题、自我调试、自我修复并做决定以更好地完成任务。另外，该系统能用自然语言获得新指令或新信息，宇宙飞船的控制系统因此能阅读英语文档，而不需要上传特殊的编程代码。

维纳斯补充道，这套系统甚至能上网，阅读最新信息并从中学习。该系统也具有人所具有的推理能力，能准确预测宇宙飞船可能会遇到的问题并迅速找到解决方法。另外，在采取行动前，也能对任务的轻重缓急进行排序，优先完成最重要的任务。

欧空局太空控制中心先进概念和技术办公室主任艾里斯安多·多纳提表示，欧空局希望在未来的星球探索设备和宇宙飞船上使用人工智能软件。他说：“当这些人工智能软件发现一块有重要意义的岩石时，它们能自动拍照并重新安排计划，而不必等到新命令告诉它如何做。”

将于 2 月 15 日发射的欧空局智能运输车 2（ATV2）上已配备了一套人工智能系统，ATV2 有望证实这项技术的安全可靠性。ATV2 将遵循提前编好的路线，并使用车载传感器和避免碰撞系统安全到达国际空间站。研发部门负责人沃尔夫冈·帕特斯基表示："人工智能现面临的最大挑战是如何真正确保安全。"

目前ATV将物资送往国际空间站后，会自动在大气中焚毁。但欧空局已开始着手研发能将物资和实验设备放入回收舱并运回地球的宇宙飞船。（刘霞）

（原载2011年2月15日《科技日报》）

石墨烯晶体管开关频率提高1000倍

亚东评论 就载流子迁移而言，石墨烯本来就比硅快100—1000倍，所以提高频率并不难，难的是工艺和技术上的许多纠结尚未理清。《科学》杂志一年前曾报道，IBM开发的石墨烯场效应晶体管的截止频率达100G赫兹。若以此为参照，南安普敦大学至少把这个数字推升到了100太赫兹的量级。果真如此，我们必须对摩卡塔德博士竖起大拇指。这两年，该领域研究的井喷势头让人不能不信，石墨烯作为硅的接班人，将引领半导体工业进入一个新的微缩时代。

据美国物理学家组织网2月9日(北京时间)报道，美国科学家使用世界上最纤薄的材料——石墨烯研制出一种晶体管，该晶体管拥有创纪录的开关性能，将开关频率提高了1000多倍，可以广泛应用于未来的电子设备和计算机中，使其功能更强、性能更优异。

美国南安普敦大学纳米研究小组的扎卡里亚·摩卡塔德博士将石墨烯设置成二维的蜂巢结构，并由此研发出了该石墨烯场效应晶体管(GFETs)，该晶体管拥有一个独特的管道结构，相关研究发表在《电子快报》杂志上。

摩卡塔德表示，硅互补金属氧化物半导体(CMOS)的尺寸不断缩减，正在逼近其极限，因此需要找到合适的替代物，而在电子领域，石墨烯有望取代硅，至少能同硅集成在一起使用，但石墨烯固有的物理特性使其很难切断电流。该纳米研究小组的主任希罗斯·米祖塔说："全球有很多科学家在殚精竭虑地进行研究，试图切断GFETs的管道，但目前的方法要么要求管道的宽度小于10纳米，要么需要在双层石墨烯层上垂直施加超高的电压，这使得通过这些方法得到的开关频率都无法达到实际应用需要的标准。"

摩卡塔德研究发现，通过在双层石墨烯纳米线中引入几何形状(比如弯管和边角等)，可以有效地切断电流。米祖塔表示，摩卡塔德研制出的晶体管将开关频率提高了1000多倍。

该校电子和计算机科学系主任哈维·鲁特表示："这是一个重要的突破，对下一代计算机、通讯和电子设备的研发具有重要意义，藉此，我们可以超越目前已有的CMOS技术，研发出更加高级的晶体管。将几何形状引入石墨烯管道是一个新想法，该方法在让GFETs保持结构简单的同时获得卓越的性能，因此，可以很容易实现商业化生产。"

摩卡塔德现正在进行更进一步的研究，以了解致使电流在该石墨烯晶体管管道内停止流动的机制。(刘霞)

(原载2011年2月10日《科技日报》)

IBM 完成赛道存储器磁畴壁运动检测

亚东评论 即使那些最富有预见性的先人，恐怕也无法想象当今一项物理学成果产业化的迅猛进程。比如，巨磁阻效应从发现到应用仅历时 6 年，而采用这种技术的硬盘和 MP3 等蜂涌入市，更让你看到 IBM 一边数着钱一边偷着乐。尽管体现自旋电子学研究最新进展的赛道存储器目前还停留在实验室阶段，且有不少难题待解，但揭示磁畴壁运动规律的这项成果足以使我们相信，蓝色巨人即将在一条能把摩尔定律累死的“赛道”上，颠覆现行的数据存储和处理方式。

据美国物理学家组织网 12 月 24 日(北京时间)报道，IBM 研究人员在当天出版的《科学》杂志上发表论文，详细介绍了一种新型存储系统“赛道存储器”(Racetrack memory)的研发情况。

赛道存储器项目始于 6 年前，完全抛开了当前存储器惯用的信息存储模式，能提高手机、便携电脑和商用服务器的存储能力，比一般的设计容量提高 100 倍，而且能耗更少。

传统存储器是让计算机自己去找所需要的数据，而赛道存储器反其道而行，让磁比特(magnetic bits)沿纳米线“赛道”前后滑行，自动将数据送到需要的地方。利用这一技术能让电子制造商生产出一种大容量便携设备，能存储全世界 1 年生产的全部电影，甚至还有空间剩余。

将数字数据存储在硬盘驱动器中，虽然降低成本但也降低了速度；存储在闪存设备中，虽然速度提高了，但成本也增加。赛道存储器旨在结合这两者的优点，用赛道中仅有几十个纳米宽的磁畴来存储数据。

磁畴壁是磁性材料内磁畴间的交界面。近 50 年来，科学家一直探索在磁畴壁中存储信息的可能性，但直到目前，制造磁畴壁既昂贵又复杂，在 2008 年发表的一篇理论构想论文中，IBM 研究人员首次证明了赛道存储器的可能性，显示了如何利用电子自旋运动简化存储设备。

最新论文中，IBM 研究人员对细节进行了论述，首次检测了磁畴壁在电流脉冲下做加(减)速反应的时间和距离，这是赛道存储器处理数据信息的方式。斯图亚特·帕金博士介绍说：“通电时，磁畴壁加速到最高速度需要一定的时间和距离，磁畴壁开始减速直到停止所需的时间和距离同磁畴壁加速到最高所需的时间和距离一样。以前我们并不清楚磁畴壁是否有质量，以及它们的加速和减速效果如何互相补偿。而现在我们知道，即使磁畴壁有质量，也可以通过简单地改变电流脉冲的长度，在赛道上精确设置磁畴壁。”

能精确控制放置这些磁畴，就可以在纳米尺寸精确管理数据，控制设备中的电脉冲，就能以每小时几百英里的速度移动这些磁畴壁，并在需要的位置准确停住，达到在十亿分之一秒内存取大量信息。这使研究人员进一步理解了设备内部的磁性运动，将赛道存储器推向市场更近了一步。（常丽君）

（原载 2010 年 12 月 25 日《科技日报》）

科学家首次实现数据的原子核自旋读储

亚东评论 沿着戈登·摩尔指引的"革命"路线，人类信息社会已经前行了将近半个世纪，今天仿佛已经走到从微电子时代进入纳电子时代的"大年三十"。所以，你才在纳电子研究的地界上，看到自旋电子器件门庭若市。运用原子核自旋特性实现数据存储和阅读的此项成就令人咋舌，也为年轻的自旋电子学机体注入了新的养分。尽管其工作条件极端严苛等许多问题尚待解决，但勃姆和麦卡密分明让我们看到了料峭的春寒里飞来一只红蜻蜓。

据美国物理学家组织网12月17日(北京时间)报道，科学家在实验室内实现了数据的原子核自旋存储和首次电子方式阅读，其中数据存储时长达112秒。研究人员表示，原子核自旋有可能成为全球最小的计算机存储器，这类新式存储器可广泛用于量子计算机。

该研究由美国犹他大学的克利斯朵夫·勃姆和澳大利亚悉尼大学的丹纳·麦卡密领导。勃姆在12月17日出版的《科学》杂志上表示："这是一种全新的存储和阅读信息的方式，以前还没有科学家采用电子方式阅读原子核自旋存储的数据。"两年前，一科研小组也报告称，他们让所谓的"量子数据"在原子核内存储2秒，但未能实现数据的阅读。

2006年，勃姆团队就证明，读出存储在一个硅半导体内嵌的磷原子中的1万个电子的自旋中的数据是可行的，现在，新实验实现了数据的原子核自旋存储和电子阅读。

在最新实验中，麦卡密、勃姆团队使用了一块大小约1平方毫米、掺杂了磷的硅晶片，并在其上放置了电接点。该设备位于一个超冷的容器内，周围环绕着超强的磁场，该设备通过电线和电流以及一个记录数据的示波器相连。科学家使用高达8.59特斯拉的磁场来调整磷电子的自旋。

接着，科学家使用接近太赫兹电磁波的脉冲让围绕磷原子运动的电子自旋，然后，运用FM范围内的无线电波来读取存储在电子内的自旋数据并在磷原子核上写下这些数据。随后，利用接近太赫兹波的脉冲将原子核自旋信息传回运转的电子中，因为电子自旋被转变为电流时发生了震动，因此，触发了读出数据的过程。

勃姆表示，在短时间内，物理学家可重复2000次阅读同样的原子核自旋数据，这证明阅读并不会破坏原子核，因此，数据能被可靠地存储。

勃姆解释道，对存储信息来说，原子核自旋比电子自旋更好。因为，电子自旋容易被周围的电子和原子内的温度所改变。而坐落在原子中心的原子核的自旋不会被电子云所影响。原子核自旋能更好地存储信息，存储时间也更长。新研究中平均112秒的存储时长听起来似乎不长，但勃姆表示，一台现代计算机或手提电脑中的动态随机存储器(DRAM)存储信息的时间仅为几毫秒(1/1000秒)。

勃姆指出，该技术目前还面临着巨大的技术障碍：该核自旋存储和读出装置只能在3.2开氏度（只比绝对零度高一点点）下工作，此温度下，原子几乎被冰冻到静止状态且只能轻微摆动。另外，该装置必须被超级强大的磁场所包围，而且，现在读出的是大量原子核和电子集体的自旋，而真正的量子计算机只需读单个粒子的自旋，他们希望几年内能够做到这一点。（刘霞）

（原载2010年12月18日《科技日报》）

酵母细胞“生物电路”研制成功

亚东评论 尽管迄今世界上还没有一台真正意义上的生物计算机，但许多实验室都在以极大热情追逐这个梦想。在如何实现生物计算这个根本问题上众口异词，以有机分子元件代替目前的半导体逻辑、存储元件便是其中之一。用酵母细胞制成“生物电路”当然是一种有益尝试，不过今天来判断其前景还为时太早。也许现有方案将来都派不上用场，最终脱颖而出的却是基于某种新材料的全新设计。完成这一伟大工程即使跨越到下个世纪，也不能算长。

据美国物理学家组织网 12 月 15 日(北京时间)报道，瑞典和西班牙科学家使用转基因酵母细胞制造出了能够互相交流的“生物电路”，未来，科学家有望使用人体细胞构建出更复杂的系统，来检测人体健康状况。相关研究发表在 12 月 9 日出版的《自然》杂志上。

作为欧盟“分子计算机”项目的一部分，瑞典哥德堡大学和西班牙巴塞罗那庞培法布拉大学的科学家在哥德堡大学施特芬·霍曼教授的领导下进行了该项研究。

哥德堡大学细胞和分子生物学系肯塔罗·弗瑞卡瓦表示，尽管经过重新编程的细胞不能像真正的计算机做同样的工作，但该研究为使用这样的细胞建立复杂的系统铺平了道路。未来人体健康状况有望通过这种“分子对分子”的交流系统来探测，将疾病消灭在萌芽阶段；或者将其作为生物传感器来探测污染物，分解环境中的有毒物质等。

合成生物学是一个方兴未艾的研究领域，其中的一个应用是设计出自然界中不存在的生物系统。例如，研究人员已经成功地使用转基因细胞构建出许多不同的人工连接装置，诸如电路断路器、振荡器和传感器等。尽管这些人工连接器具有很大的潜力，但迄今为止还存在很多技术限制，主要原因是，分处不同细胞中的人工系统很少能按科学家的期望来工作，因此影响了最终结果。

该研究团队使用酵母细胞制造出了合成电路，细胞之间可通过基因调控进行连接。他们对这些酵母细胞进行了基因修改，使它们能够基于设定的标准来感应周遭环境，并通过分泌出分子向其他酵母细胞发送信号。因此，这些不同的细胞能像乐高玩具的积木块一样连接在一起，产生更复杂的电路。与使用一种转基因酵母细胞制成的结构相比，这种由不同转基因酵母细胞组成的结构能完成更复杂的“电子功能”。(刘霞)

(原载 2010 年 12 月 16 日《科技日报》)

千台PS3游戏机打造美军超级计算机

亚东评论 数学家寻找安全的密码系统，天文学家分析太空脉冲或星位移动，生物学家模拟蛋白质折叠过程……其海量计算成为现代人类社会的一个重要特征。除超级计算机堪当此任外，科学家们日益关注一种廉价且高效的计算方法——分布式计算，它研究如何把一座大山拆分成无数个蚂蚁所能承受之重。这种“蚂蚁搬山”的数据处理方式精彩地演绎了“团结就是力量”，在互联网时代更是一种理想的计算架构。“鹰群”交互式计算机今天为我们做出了最新示范。

据美国物理学家组织网12月3日(北京时间)报道，目前全球第33大超级计算机正是由1760台PS3游戏机矩阵构筑而成。这个被称为“鹰群”的超级计算机速度每秒500万亿次浮点运算，已成为美国国防部速度最快的交互式计算机。

PS3是由索尼公司开发的家用游戏机，其CPU使用SCE、东芝及IBM共同开发的Cell中央处理器。高性能的Cell最大特征是名为“Cell运算”的网络分布运算功能。

大约在去年这个时候，有消息报道美国空军曾出资购买了一堆PS3用来进行某些“科学研究”。而今这些PS3的真正用途和去向终于为人所知——显然它们没被用来打游戏，这1760台PS3主机，通过168块独立的图形处理芯片和84台服务器相连接后组成了超级计算机。

该计算机处理超高分辨率图像时十分迅速，每分钟可分析数以亿计的像素，这正是得益于PS3视频游戏所需的尖端图形处理能力。而超级计算的算法亦得以改进，比此前的系统能更好识别出模糊的空间飞行物。据称，“鹰群”将服务于美国空军遍布全国的任务：雷达增强、模式识别、高清卫星照片分析及人工智能研究等军方研究课题。

“鹰群”项目始于4年前，当时PS3的价格约为每台400美元，相比服务器和超级电脑不只便宜一点——据美国空军研究实验室高能计算部主任马克·巴涅尔称，他们采用PS3使最终花费只是同等系统的5%—10%。

缩减开支是一方面，另一项无可比拟的优势，是使用了PS3的超级计算机十分节能，能耗仅约为同等处理能力系统的10%，再加上强大的Cell核心也是军方所需要的，这都使得PS3成功开辟了第二战场。

而这已不是人们第一次利用PS3这块“它山之石”来“攻玉”。鉴于它强大的运算性能，从1.6版本固件开始，PS3的Cell处理器开始支援美国斯坦福大学“Folding@home”计划的科学运算。该计划是一个研究蛋白质折叠、误折、聚合及由此引起的相关疾病的分布式计算工程，PS3会启动运算程式来精确计算蛋白质的折叠效应，利用所得的结果研究各种疑难杂症。(张梦然　刘霞)

(原载2010年12月4日《科技日报》)

IBM发布集光电纳米器件于一体的新芯片

亚东评论 一种运行速度更快、传输信息量更大、体积也更小的计算机被称为"光脑"。虽然概念陌生，但制造它的努力早在半个世纪前就已开始。"纯种"不易做到，科学家们便先尝试光电"杂交"，于是才有了今天发布的集光电器件于一体的芯片。IBM十年磨此一剑的背后是硅光子学的理论支撑，而熟透了的硅工艺也成为硅光子学迅猛发展的坚实技术后盾。在信息功能材料及器件等诸多领域，硅光子学只是小荷才露尖尖角。难怪有人预言，21世纪是光脑世纪。

据美国物理学家组织网和英国《新科学家》网站12月2日(北京时间)报道，IBM公司当日在日本东京发布了其在芯片技术领域的最新突破——CMOS(互补金属氧化物半导体)集成硅纳米光子学技术，该芯片技术可将电子和光子纳米器件集成在一块硅芯片上，使计算机芯片之间通过光脉冲(而不是电子信号)进行通讯。科学家有望据此研制出比传统芯片更小、更快、能耗更低的芯片，为亿亿次超级计算机的研发开辟道路。

参与研究的IBM科学家威廉姆·格林表示，亿亿次超级计算机的运算速度是目前最快计算机的1000倍，甚至可以与人脑的运转速度相媲美。

格林指出，制造超级计算机面临的一个主要挑战是芯片之间能否很快传输大量数据。在这方面，光纤的表现优于铜缆，但将电子数据转化成光子的器件往往在另外的芯片上，因此光电设备进行集成一直是科学家努力突破的瓶颈。

IBM历时10年研发的CMOS集成硅纳米光子学技术，通过将光电器件集成在一块芯片上，增加芯片之间传输数据的速度和芯片的性能，突破了这一瓶颈。IBM主管科技的副总裁陈自强(音译)表示，硅纳米光子学技术创新让芯片上的光学互联更加接近现实。通过嵌入处理器芯片的光通信，建立亿亿次超级计算机的愿景将在不远的未来变成现实。

IBM表示，新技术的另一个优势在于它可在一个标准的芯片制造生产线上生产，不需要新的或者特殊的工具。IBM公司的科学家已经研发出一套集成超密集的硅纳米光子学器件。

IBM公司硅纳米光学部门的负责人尤里·弗拉索夫介绍，只需要在一个标准的CMOS制造流程添加几个处理模块，该技术就能够制造出很多硅纳米光子学器件，如调制器、锗光电探测器和超密集的波分多路转换器等。借此，拥有所有光学和电学电路的单芯片光学互联交换服务器可在一个标准的CMOS工厂进行生产。另外，由于最新技术将芯片的集成密度提高了10倍，使用这种技术制造出的单芯片交换服务器大小仅为0.5平方毫米，是目前产品的1/10。

IBM希望使用这项技术于5年内研发出功能强大的亿亿次超级计算机。另外，随着科学家不断改进和优化该项技术，它或许也可用来制造高性能的游戏操作台，提高显卡和处理器之间的数据传输速度。（刘霞）

（原载2010年12月3日《科技日报》）

德研发出由算法自动生成的机器人

亚东评论 不仅干活儿用机器人，就连设计和制造机器人都用上了“机器人”！那些放心不下自己“饭碗”的读者可能不会喜欢德国科学家这项成就，尽管它堪称人工智能领域的一个创举。机器人虽能代替人类出色地完成许多繁重、枯燥或危险任务，但也确曾影响过一部分人的生计。然而，人类社会发展史证明，先进的机器设备在提高劳动生产率的同时，也必将创造更多的就业机会。没有机器人，人将成为机器；有了机器人，人将成为闲不着却舒服的主人。

据美国物理学家组织网 11 月 30 日(北京时间)报道，“遗传机器人”正朝着不需要人类插手即能完全自行制造的方向进发。最近，德国科学家使用遗传软件算法和快速制造技术创造出了这种能自动生成的机器人结构，并将于 12 月 1 日至 4 日在德国法兰克福欧洲国际模具展览会上展示这些机器人。

对于工程师来说，让机器人的运动模式化并使它们移动或能够抓住物体一直是一个巨大的挑战。法兰克福机械工程和机械制造自动化研究所(IPA)的科学家摒弃设计工程师的人为干扰，成功地通过一个遗传软件算法制造出了能自动生成的运动机器人。

这种机器人由具有球窝接头的圆柱形管子组成，其中的球窝接头可以根据外部因素或所要制作出的机器人的功能呈现不同的形状。IPA 的工业设计师兼产品研发人员安德里亚斯·费许表示，唯一需要输入的命令是，尽可能有效地沿一个水平面向前移动。软件算法中包含的适应度函数会选择运动单元，使用这些运动单元，“遗传机器人”能够沿着表面前进，软件决定管子的形状、运动点的方位以及驱动器的方位。

该运动机器人的设计基础是一个电子马达，让机器人能顺利行动。其中，包括地面摩擦、重力等重要的环境影响都被考虑在内。如果该“遗传机器人”准备对抗表面出现的凹凸不平、爬楼梯或者划水，软件算法也会模拟这些环境条件，并提供不止一个解决方案，让设计师从中选出最合适的。费许解释说，该“遗传机器人”系统也能够被用来设计子部件，比如工业机器人的夹紧结构。

仿生学为该“遗传机器人”的运动提供了基础。科学家在设计时，广泛使用了自然法则，并用快速制造技术获得了最终要得到的仿生结构。最初的遗传算法由美国布兰迪斯大学科学家胡迪·利普森和乔丹·波拉克所研发，经瑞士的 i2p 公司对软件进一步优化和修正后，科学家可以直接得到机器人的几何形状。

这个完全自动生成的机器人结构具有四处移动的能力，能使用同其腿部和关节连接在一起的电子设备来移动，超轻型的结构也能减少机器人的重量，而不会影响其能力。科学家希望自行演化机器人可以成为探索太空的利器，在各种险恶的地形、大气和辐射中“生存”。（刘霞）

（原载 2010 年 12 月 1 日《科技日报》）

砷化铟可替代硅制造未来电子设备

亚东评论 如果仅用一个字来表征当代人类物质文明，你恐怕很难找到比“硅”更贴切的答案。硅晶体上诞生的一个又一个辉煌已经伴随我们走过半个多世纪，然而和它说再见的时候或许就要来到。由于芯片的性能和尺寸越来越接近极限，美国一些顶尖实验室和制造商近十年来都在紧锣密鼓地寻找硅的替代材料，其中砷化铟的前景被普遍看好，成为翘楚。虽然未来仍有诸多不确定性，但今天砷化铟纳米晶体管问世分明给出了关于一场新的微电子革命的强烈预示。

据美国物理学家组织网11月23日（北京时间）报道，美国能源部劳伦斯伯克利国家实验室和加州大学伯克利分校的科学家成功地将厚度仅为10纳米的超薄半导体砷化铟层集成在一个硅衬底上，制造出一块纳米晶体管，其电学性能优异，在电流密度和跨导方面也表现突出，可与同样尺寸的硅晶体管相媲美。该研究结果发表在最新一期《自然》杂志上。

尽管硅拥有很多令人惊奇的电子特性，但这些特性已经快被利用到极限，科学家一直在寻找能替代硅的半导体材料，以制造未来的电子设备。伯克利实验室材料科学分部的首席科学家、加州大学伯克利分校电子工程和计算机科学教授艾里·杰维表示，最新的研究证明，半导体家族Ⅲ—Ⅴ族化合物中的一个成员砷化铟具有超强的电子迁移率和电子迁移速度，可以成为性能优异的“硅替身”，用于制造未来低能耗、高速率的电子设备。

一直以来研究人员面临的挑战是如何将Ⅲ—Ⅴ族化合物半导体同现有的生产硅基设备的低成本处理技术相结合，因为硅和Ⅲ—Ⅴ族化合物半导体之间存在着巨大的晶格失配度，让这些化合物半导体直接在硅衬底上进行异质外延生长面临着巨大挑战，并可能导致产品出现大量缺陷。

杰维表示，他们使用了一种外延转移方法，通过绝缘体上化合物半导体（XOI）平台，将超薄的单晶砷化铟层转移到硅/二氧化硅衬底上，然后用传统的处理技术制造出了该晶体管设备。研究表明，该XOI技术平台与绝缘体上覆硅（SOI）工艺一样。

为了制造出XOI平台，杰维团队在一个初级源衬底上种植了单晶砷化铟薄膜（其厚度为10纳米到100纳米），接着采用石板印刷的方式将薄膜蚀刻成有序的纳米带阵列，再用湿法刻蚀技术将该纳米带阵列从源衬底上移走，最后使用冲压工艺将其转移到硅/二氧化硅衬底上。

杰维认为，砷化铟化合物半导体薄层的尺寸非常小，再加上量子局限效应让该材料的带状结构和传输性能相协调，因此，所得到的半导体具有优异的电学性能。尽管他们仅仅使用了砷化铟，但该技术应该同样适用于其他Ⅲ—Ⅴ族化合物半导体。

杰维表示，新技术可以直接将高性能的光电二极管、激光二极管以及发光二极管集成在传统的硅衬底上，下一步他们将研究该过程是否可以扩展来制造8英寸和12英寸芯片，而且该技术应该能使科学家在同一块芯片上制造出P型和N型半导体。该技术的独特性还在于，它使科学家能够研究仅几个原子层厚的无机半导体的属性。（刘霞）

（原载2010年11月24日《科技日报》）

美研发出替代传统逻辑门的“混沌门”

亚东评论 说起混沌，人们总是想到洛伦兹的“蝴蝶效应”，其实郑板桥的“难得糊涂”早已为之做了精神境界的注解。今天，“混沌门”终于让这种年轻的理论迈出计算机应用的重要一步。作为非线性系统所独有的一种非周期性运动现象，混沌几乎涉及自然科学和社会科学的所有分支，对它的研究也极大地拓展了人类的认知疆域。生活在混沌的海洋，我们与其抗拒各种不确定性，还不如尝试接受诸多可能性。对此，未来的“混沌门”计算机肯定会告诉你更多。

美国亚利桑那州立大学的研究人员16日表示，他们研发出了能够取代传统逻辑门的“混沌门”(chaogates)，该成果对半导体工业的发展具有十分重要的意义。相关论文发表在美国物理学会出版的《混沌》杂志上。

对于何为“混沌门”的问题，研究人员表示，简单而言就是利用无序模式或图形(chaotic patterns)对输入信号进行编码和操纵后产生出所需的输出信号。在具体的工作中，研究人员从混沌系统提供的多种多样的模式中选出所需的模式并组成一个子集，然后将子集中的模式用于映射系统的输入来获取所需的输出。

研究人员发现，上述处理过程为利用丰富的非线性动力学固有特性以设计具有大范围逻辑门重设能力的计算设备提供了新方法。这些新获得的变异的逻辑门被称为“混沌门”。

亚利桑那州立大学生物健康系统工程学院院长、基于混沌计算的发明人威廉姆·迪托表示，“混沌门”是新的、以混沌为基础的计算系统的基石，这类计算系统利用了计算混沌系统中大量的模式形成特性。利用“混沌门”，人们有望获得一台能够根据用户的需求而改变自身内部行为、在一秒钟内产生数以10亿计定制芯片方案的计算机。

目前，迪托和同事共同创建的、总部设在佛罗里达的半导体公司ChaoLogix正在将程序转为商业原型，有望用于各种类型的电子设备中。迪托说，“混沌门”将为游戏增加更多的优势，同时有能力保护技术芯片和用户，因为它们可能在硬件层更有效地避免计算机“黑客”的攻击。

同样重要的是，使用“混沌门”的集成电路能够利用如今大量应用的生产、组装和测试设备来制造，并且这些集成电路能够在相同的设备上混合使用标准逻辑、记忆和“混沌门”。(毛黎)

(原载2010年11月18日《科技日报》)

人类可通过思维操纵数字图像

亚东评论 沃森和克里克发现DNA双螺旋结构后曾说，对人类而言，没有什么比研究自己的脑更重要，我们对宇宙的全部认识都有赖于此。1990年，美国开始实施“脑的十年”研究计划，中国、欧洲和日本随后也迅速掀起脑科学研究热潮。而最具轰动效应的，当属爱因斯坦大脑被“偷”事件。脑成像技术和生命科学的发展，使人类从未像今天一样接近这个世界。实现用人的意志操控电脑是重大突破，它无疑让我们拿到一张深入这个未知王国的通行证。

美国国家卫生研究院10月27日表示，科学家最新研究表明，人们可以通过传感器，依靠思维来操纵计算机屏幕上复杂的视觉图像。新研究为闭锁综合征患者打开了一扇同外界沟通的窗户。

美国加州大学洛杉矶分校神经外科教授伊特扎克·福瑞德领导的研究团队在最新一期的《自然》杂志上指出，他们在研究中发现，当研究对象的大脑通过传感器与一台显示两幅重叠图像的计算机相连后，他们可以迫使计算机显示其中的一幅图像，放弃另外一幅。这表明，研究对象能够用其思维对在计算机屏幕上看到的图像进行选择。此外，研究对象大脑传给计算机的信号仅出自少量的大脑细胞。

研究人员称，他们的研究代表了人机接口设备(BCIs)研发方面的新进展。BCIs允许人们利用自己的思维控制计算机或其他设备，有望帮助瘫痪者控制他们的假肢。不过，在福瑞德团队的研究中，BCIs主要被当做一个工具，帮助人们认识大脑如何处理信息，特别是认识脑细胞的集体活动如何形成思维和决定。

研究人员在12名癫痫病患者的大脑中植入了十分精细的、与计算机相连的传感器。通常，人们用此途径记录大脑中与癫痫发作相关区域的情况。但在此次研究中，传感器连接的是内侧颞叶——它是人体的记忆储存区，具有识别包括人体面部形状在内的复杂图像的能力。

在实验中，当大脑中的记录传递到计算机后，研究对象在计算机屏幕上看到两张重叠的图像，每个图像展示的是熟悉的物体、地方、动物或人物。随后，研究人员要求他们选择一个图像作为自己的目标，并将自己的注意力集中到选定的图像上，直到选定的图像变得完全清晰，而剩余的那张图像彻底消失。根据大脑传递的记录信息，监视器上的显示每隔1/10秒更新一次。研究人员表示，他们对其研究对象共完成了近900次测试，其中70%显示出了目标图像。

研究人员指出，这项研究最有意义的一点，是证明我们能够通过调制脑细胞集中注意力来做出决定，并且我们能够学会快速地控制这些细胞。

以前有关 BCIs 的研究已经证明，这些设备可以执行其他任务，诸如使用几个脑细胞来控制鼠标等。然而，此次任务更加复杂而且可能包含了大脑中与视觉、注意力、记忆和做决定有关的很多细胞的很多区域。（毛黎）

（原载 2010 年 10 月 29 日《科技日报》）

美开发基于人类视觉系统的超级计算机

亚东评论 自动驾驶的梦想一旦成真，或许开车不用考驾照，出行仅仅意味着按动几个电钮或点击几下鼠标。卡鲁塞伊罗的“神经流”是仿生学的又一成功案例，也让我们无限憧憬那个舒坦自在的未来。其实，形形色色的航空自动驾驶仪早已广泛使用，而地面上的事复杂得多，也困难得多，实现起来尚待时日，GPS的普及也不过是万里长征的第一步。别的先不说，单是想想系统一旦出现我们屡见不鲜的电脑死机状况，那后果就足以叫人不寒而栗。

美国耶鲁大学工程和应用科学学院的欧亨尼奥·卡鲁塞伊罗15日在马萨诸塞州波士顿市举行的高性能嵌入式计算（HPEC）研讨会上表示，他和研究小组开发出了基于人类视觉系统的超级计算机，与人们过去所研制的同类计算机相比，其在速度和节能上均有很大提高。

人在开车时，视觉和大脑的反应能力能够轻松地帮助自己了解道路和周围的环境，从而自如地驾车。然而人类这种看似十分简单的快速识别视觉环境的能力，要想在计算机上实现，需要大量的运算，这也是计算机系统难以模仿人脑识别物体的原因。

卡鲁塞伊罗研制的超级计算机系统被命名为“神经流”（NeuFlow），其设计灵感来自人体视觉系统，它能模仿人体视觉系统的神经网快速地识别自己周围的世界。其采用了纽约大学雅恩·勒库发明的复杂视觉算法，以运行适合于人造视觉应用的大型神经网络。

卡鲁塞伊罗和勒库将研究的重点放在让该系统能够自己判断道路情况以引导汽车行走上。系统也具备实时处理上千万像素图像的能力，可以识别道路上常见的各种目标（包括其他汽车、行人、信号灯、人行道等）。

此外，虽然“神经流”超级计算机系统每秒能完成超过千亿次的操作任务，但是其能耗却十分低，甚至少于手机的用电量。而在实验室中，拥有多个图像处理器的计算机如完成相同的工作，需要消耗300瓦的电能。

该系统具有运行速度快，同时又节能的原因，在于研究人员将超级计算机嵌入在单芯片上。与全尺寸的计算机相比，“神经流”系统要小巧得多。他表示，整个系统的大小不会超过一个钱包的体积，因此它能够方便地安装在汽车上或其他地方。

除为汽车导航外，“神经流”系统还能用于提高机器人进入有害或难以接近场所的导航能力；为战士提供战场360度环境的合成视觉功能；或用于现场动态监视，如帮助发现老年人摔倒等。（毛黎）

（原载2010年9月17日《科技日报》）

智能机器人学会了欺骗人类

亚东评论 与其说机器人学会了骗人类,不如说是人类在骗自己玩儿,这样的事随时都会在我们身边发生,不算稀奇。这位机器人兄弟是很了不起,但其本身并不能自主思考,举手投足间所反映的还是主人的高明。而就人工智能水平而言,亚金这一作品也未超越当年因战胜国际象棋大师卡斯帕罗夫而名噪一时的 IBM 超级计算机"深蓝"。凭藉预置若干出色的程序,机器人的行为让人喜出望外,仅此而已。这时候就谈论相关的伦理问题,未免有哗众取宠之嫌。

英国《每日邮报》9 月 13 日(北京时间)的一篇文章,以"现实版《2001 太空漫游》"作为大标题,报道了一台能够欺骗其他机器人,甚至欺骗人类的智能机器人。据研制机器人的科学家称,这应是世界上第一例涉及机器人"欺骗行为"而进行的实验。论文刊登在《国际社交机器人技术杂志》上。

在美国电影大师斯坦利·库布里克的殿堂级作品《2001 太空漫游》中,宇宙飞船上一台名叫"哈尔"的智能电脑,劫持了飞船并施计杀死了 4 名机组人员,表现出人工智能的精湛"骗术"。

一直以来,人们认为这只是科幻电影中的场景,但现在,美国佐治亚州理工学院的科学家罗纳德·亚金率领的研究小组编写出了一套计算机运算法则,该高科技程序能让机器人自主决定它是否面临危险,以及是否应该通过欺骗另一个机器人或一个人的方式,让自己安全地躲藏起来,而不被敌人发现。

为了防止机器人滥用"骗术",科学家使其必须先满足两个必要条件后,才能获得行使欺骗行为的授权:其一,它和搜寻者之间必须有冲突;其二,它可以从欺骗行为中获得益处。然后,科学家利用相互依存理论和博弈论开发出算法,测试欺骗行为可以获得的收益,以教会机器人在辨别眼前的形势后决定是否需要行使欺骗行为,并让它能根据对"敌方"的了解程度,而调整欺骗策略以赢取最佳效果。

在实验中,科学家让两个机器人进行了 20 次"躲猫猫"游戏。其中安装了新程序的"机器小骗子"多次制造出假的运动轨迹,顺利躲过了另一个机器人的搜寻;但该机器人也会因为没能成功施展出计划中的骗术,被后者逮到而失败,然而,整个实验中,骗术成功的概率达 75%。研究合作者、工程师艾伦·瓦格纳称:"它虽不甚完美,但仍证明新技术及算法可使机器人于杂乱环境下施行骗术。"

尽管有些人期待着"机器小骗子"在军事上"大展拳脚",但包括研究者本身在内的多数人，都看到了这其中暗含的伦理问题。他们担心，假如某一天人工智能摆脱了人类意志而自行设下迷魂阵，届时现实版的《2001 太空漫游》就将"粉墨登场"。

研究人员一致认为，必须保证机器人这些行为和预期完全一致并对社会有益。他们建议，就"骗子"机器人的适合性展开讨论，争取制订出束缚这一系统的规章制度和指导方针。(张梦然)

（原载 2010 年 9 月 14 日《科技日报》）

英特尔着手开发用意念控制的计算机

亚东评论 用意念控制计算机，肯定会让现今众多文字输入法开发商夜不能寐。还远不止这些，因为它将是人机互动方式的一场革命，电脑名副其实地成为人脑的延伸。如果计算机读懂的“人心”再由形象思维过渡到抽象思维，拉特纳关于保护隐私的观点就更显片面：那些保不齐闪现的0.1秒的念头再也不能来去无踪。于是，要想人不知，除非己莫“思”！当“intel inside”标签真的从电脑上搬到你脑门上时，人们对这家IT巨头可就不单单是感谢了。

据美国物理学家组织网8月26日(北京时间)报道，英特尔公司正在开发一种意念控制计算机，旨在让计算机能直接由大脑操作，通过意念来移动屏幕上的光标，甚至还能直接从用户思想中读取单词。

英特尔科学家使用核磁共振成像(MRI)扫描仪，测量了大约20000个脑区的活动，目前正在绘制当人们思考特定单词时的大脑活动图像。英特尔的资深研究人员迪安·波玛劳说：“我们将仿照医院所用MRI扫描仪，开发更小的设备戴在头部，当脑区活动图绘制出来以后，计算机就能通过对比相似的大脑活动方式，确定用户所想的是哪个单词。”

研究人员发现，思考不同的单词，会产生不同的大脑活动。比如思考一种食物苹果，会在大脑中与饥饿相连的脑区引起脑电活动，而思考一种与物理有关的单词如铁锹，会在与挖掘相关的运动皮层区引起脑电活动。通过这种方式，计算机就能推断出用户所想单词，并很快缩小范围确定它。

实验人员已经制造出一个模型，能判断出诸如房子、螺丝刀、仓库等单词。随着大脑扫描更加先进，计算机识别思想的能力也将提高。

如果这项计划成功，用户只要想一想不需动手，就能实现网上冲浪、写电子邮件等活动。英特尔实验室主任贾斯汀·拉特纳说，这项技术将使人们不再受键盘和鼠标的限制，意念阅读正是“终极用户界面”，用户也将不再担忧任何隐私外泄。

这种意念计算机对身体健康的用户可能用途不大，但对那些不能操作键盘鼠标的残障人士，将带来更多和他人自由沟通的机会。(常丽君)

(原载2010年8月27日《科技日报》)

P≠NP，计算机科学最大难题或已破解

亚东评论 较之不久前刚被"拿下"的庞加莱猜想等其他六大数学难题，本文所议者最是"贴近生活，贴近群众，贴近实际"。证明了P与NP的关系意味着数学计算在方法论范畴的一次拨云见日，进而会给整个信息产业带来革命性冲击。每年声称解决了P与NP问题的中外人士无以计数，可他们大都缺乏基本专业训练，因而其"成果"几乎不具任何价值。我们毫不怀疑迪奥拉里卡是位严肃的科学家，但仍应以谨慎的态度耐心等待最终审查结果，毕竟兹事体大。

P≠NP，一个简洁的论文标题，或许预示着七大世界数学难题之一的P问题(多项式算法)对NP问题(非多项式算法)终于有了答案。据英国《新科学家》杂志网站8月11日(北京时间)报道，美国惠普实验室的数学家维奈·迪奥拉里卡已经于6日提交了关于论证该问题的论文草稿，如果此答案被证实无误，那么他将获得由美国克雷数学研究所提供的100万美元奖金。

P对NP问题是克雷数学研究所高额悬赏的七个千禧年难题之一，同时也是计算机科学领域的最大难题，关系到计算机完成一项任务的速度到底有多快。有些问题计算起来很容易，利用多项式算法很快能解决，比如求若干个数的乘积，这类问题被称作P问题；另一类问题计算过程比较繁琐，但验证答案却很容易，比如把整数44427进行因数分解，求解过程可能会很费时，但如果告诉你答案是177×251，简单计算即可验证答案是对的，这类问题就被归为NP问题。

因此，如果P=NP，那么每个答案很容易得到验证的问题也同样可以轻松求解。这将对计算机安全构成巨大威胁，目前加密系统的破解就相当于要将一个整数分解为几个因数的乘积，正是其求解过程的繁琐，才能杜绝黑客的入侵。

而现在，迪奥拉里卡围绕一个众所周知的NP问题进行论证，给出了P≠NP的答案。这就是布尔可满足性问题(Boolean Satisfiability Problem)，即询问一组逻辑陈述是否能同时成立或者互相矛盾。迪奥拉里卡声称，他已经证明，任何程序都无法迅速解答这个问题，因此，它不是一个P问题。

如果迪奥拉里卡的答案成立，说明P问题和NP问题是不同的两类问题，这也意味着计算机处理问题的能力有限，很多任务的复杂性从根本上来说也许是无法简化的。

对于有些NP问题，包括因数分解，P≠NP的结果并没有明确表示它们是不能被快速解答的；但对于其子集NP完全问题，却注定了其无法很快得到解决。其中一个著名的例

子就是旅行商问题(Travelling Salesman Problem),即寻找从一个城市到另一个城市的最短路线,答案非常容易验证,不过,如果 P≠NP,就没有计算机程序可以迅速给出这个答案。

迪奥拉里卡的论文草稿已经得到了复杂性理论家的认可,但一周后公布的论文终稿还将接受严格的审查。(陈丹)

(原载 2010 年 8 月 12 日《科技日报》)

计算机模拟生命形式进化出基本智能

亚东评论 即便是IBM超级计算机“深蓝”击败国际象棋大师卡斯帕罗夫的时候，我们都斩钉截铁地否定“人脑不及电脑”的说法。原因在于“深蓝”的胜利不是自主思考的结果，而是人类智慧组合的必然。组合的确也是本事，但它毕竟不同于创造。如果说这里有一个“度”，那么密歇根州立大学的科学家们正在试图对其突破。虽然还只看到“曙光”，但也足以让人类“心神不安”。

据英国《每日电讯报》8月6日(北京时间)报道，美国密歇根州立大学科学家利用计算机模拟的生命形式，使它们在电子世界里自我复制繁殖，并逐步进化到产生基本智能。这对未来在计算机里“孵化”人工智能的大脑带来了希望。

阿维蒂恩斯，这个在被称为“阿维达”的计算机世界里生存的数字生物，由密歇根州立大学科学家制造运行。阿维蒂恩斯用计算机编码而不是DNA来繁殖，每次的自我复制并不完美，随机的复制错误会在它们的编码中产生不同。

早期的实验给阿维蒂恩斯设计了一串细胞，并给它难度不同的食物以让它自生自灭。经过100代繁殖后，一个突变使得细胞串中的某个细胞有了一个能指导它得到更多食物的“基因”，并在食物丰富的地方产下一个新细胞。这个新细胞复制得更快，因而比其他细胞有更多的后代。经过数千代以后，阿维蒂恩斯进化出了更惊人的能力：初级记忆，向着食物源运动等等。

参与实验的科学家罗伯特·潘诺克说，这种能力需要某些初级智能思维。后期的实验给阿维蒂恩斯增加了新的困难，除了包含“重复你在上个细胞中所做的”这类简单指令，还有“到哪里找食物”这类复杂指令。为了搞清楚这些指令的含义，阿维蒂恩斯必须进化出更复杂的记忆，才能及时准确地完成任务。

另一位研究人员劳拉·格拉博斯基说，环境设置带来了选择压力，阿维蒂恩斯被迫形成了某种记忆功能。过去在计算机里，这种方法只用于高等智能的自我复制，而这次相反，显示了记忆从低等简单生命中逐步建立起来有多么复杂。研究人员还演示了通过阿维蒂恩斯进化出一种向光性能力，然后用进化出的编码控制现实中的计算机，结果计算机也会向着光源运动。

这对研究智能的基本进化带来了曙光。对数字有机生物来说，这虽然还不能算是所谓的学习能力，但这一发现可能会在未来使研究人员制造出真正的人工智能。

另一个由密歇根大学杰弗·克鲁恩领导的研究小组，正致力于通过进化造出更加复杂的智能。他们的系统称为“HyperNEAT”，由计算机模拟神经元组成，每个模拟细胞的功能和人脑中相同位置的神经细胞相同。从简单的指令开始，逐步建立复杂的大脑，然后改变那些指令，得到一个不同的人工大脑。

克鲁恩在一个机器人上测试了这个大脑，让它执行诸如穿过界面之类的任务，随后摘下这个在执行任务时表现良好的大脑，对它进行复制后并在其中加入了容错指令，以使它得到进化。结果发现，进化了的大脑在执行设计任务时，变得比原来守旧的神经网络大脑更好。HyperNEAT 的大脑已被进化到有上百万的连接，仍能很好地执行任务，而且数量还能进一步提高。

克鲁恩说，这是人工智能领域的一次巨大变革。在此层面上，数字生命能进化出功能强大的大脑，从而拓展人工神经网络的容量，打开一条开发人工大脑的新路，甚至实现和现实中的自然人竞争。（常丽君）

（原载 2010 年 8 月 7 日《科技日报》）

英特尔首次实现50Gbps硅光子数据连接

亚东评论 信不信由你，天将降每秒Tbit级计算之大任于硅光子。其实，科幻小说作者经常使用的那种“光脑”，就是以光导线替代现今计算机中的铜导线，从而实现传输带宽爆炸式的增加。滚瓜烂熟的微电子加工工艺让英特尔、IBM等顶尖芯片制造商得以领跑硅光子学的迅猛发展，也成为该学科坚实的技术后盾。“50Gbps硅光子数据连接”之前，英特尔近年来已经在这个领域拿到多项世界第一。随着硅光子学独树一帜的趋势日渐明朗，完全集成的CMOS光子技术越来越成为一种现实可能。

据美国物理学家组织网7月28日(北京时间)报道，美国英特尔公司宣布其在全世界首次实现硅光子数据连接，数据传输速度高达每秒500亿比特(50Gbps)，目前，他们正朝着实现每秒1万亿比特(1Tbps)的目标迈进。

英特尔公司首席技术官、实验室主任贾斯廷·拉特勒表示，此项成果是该公司在硅光学通信领域取得的里程碑式的进展。结果证实，在未来的电脑中，光束可代替电子来传输数据，研究人员可用超细超轻的光纤替代铜线，让计算机在更长的距离传输更多的数据，从根本上改变未来电脑的设计模式，以及未来数据中心的构建方式。

当前，计算机组件之间通过电路板的铜线或印痕来相互“沟通”。但使用铜等金属传输数据时，信号会出现衰减，因此，铜线的最大长度受到限制，这就迫使处理器、存储器等组件相互“依赖”在一起，限制了计算机的设计。

而英特尔公司最新的研究成果可以让超级计算机或未来数据中心的组件散落在建筑物的各个角落，相互之间可实现高速连接。硅光学通信也将使搜索引擎公司、云计算提供商等数据中心的用户能够改进性能、增加功能、节省能源和空间，甚至还能帮助科学家建造更强大的超级计算机来解决世界上最难的问题。

拉特勒介绍，该硅光子连接模型由一块硅传输器芯片、一块硅接收器芯片组成，芯片的制造成本很低。其中每块芯片上都整合了英特尔在相关领域的重大突破，包括全球首款混合硅晶激光器以及2007年推出的高速光学调制器和光电探测器。

发射器芯片包含4个激光器，每个激光器发射的光束进入一个光学调制器中，调制器以12.5Gbps的速度对激光束携带的数据进行编码，这4束激光结合后输出到一条光纤上，数据的总传输率由此达到了50Gbps。而接收器芯片负责将这4束光束分开，并将它们直接引入光学探测器中，由光学探测器将数据变回电信号。

英特尔公司正在尝试通过提高调制器的编码速度以及增加每块芯片上激光器的数量来让数据的传输速度达到1Tbps，这足以将一台计算机上的所有信息在一秒钟内传递到另外一台计算机上。（刘霞）

（原载2010年7月29日《科技日报》）

基于硅芯片的首个全光学积分器面世

亚东评论 从今往后，不会再有人说硅芯片上的光集成只是梦想。作为电流载体，电子运速之快甚至让人难以捕捉其身影。但和光子相比，它简直就像蜗牛在爬。而且，不同于婆婆妈妈的电子，光子之间没那么多相互纠葛。因而，当传统硅芯片发展遭遇瓶颈时，科学家们便开始尝试为现有硅芯片处理能力插上光速的翅膀。硅芯片全光学积分器让我们看到了在标准工业芯片上像操作电信号一样控制光信号的前景，也让我们得以预报一场通讯和计算机产业的里氏8级震撼。

据美国物理学家组织网6月21日(北京时间)报道，澳大利亚研究人员研制出了首个集成的全光学时间积分器，该积分器是一块与电子技术兼容的光子芯片。研究人员表示，这标志着硅芯片进入了超高速光学处理时代，其全光学计算和信息处理能力克服了电子器件所固有的速度极限。相关研究成果发表在最新出版的《自然·通信》杂志上。

悉尼大学光子和光学研究所大卫·摩斯副教授领导的国际团队，在一个与互补金属氧化物半导体(CMOS)工艺兼容的硅芯片上制造了这款光学积分器。积分器是实现对输入信号进行积分运算的电路，它是一种基本电路，在压控振荡器、波形发生器、扫描电路等许多方面具有广泛的应用。

建立在一个被动分频微型环腔谐振器上的该积分器，可对时间分辨率为几皮秒的任意光波波形进行时间积分，相当于200吉赫兹左右的处理速度，其"持续"时间大约为一纳秒(十亿分之一秒)。

摩斯称，新型时间积分器拥有前所未有的时间—频宽乘积(TBP)。该全光学集成积分器的成功研制表明，可将包括超高速信号处理、计算以及光学存储等在内的大量光学功能集成在一块芯片上，并利用光使硅芯片的信息处理、计算以及存储过程达到超高速。

该设备建立在掺杂石英玻璃上，损耗低且具有高度的可制造性和很大的设计灵活性。该超高速光学积分器性能之佳，使其不只适用于光计算，还可在光学信息处理和光学存储等诸多方面大显身手。

研究人员表示，与电子技术兼容的该款光子芯片将成为引领下一代全集成超高速光学处理技术发展的基石之一，促进超高速光学信息处理、存储、测量以及实时微分方程计算元件等设备的研发。随着社会对更加快速的处理技术的渴求日益强烈，超高速光计算及信号处理变得非常重要。这项技术最终将为消费者提供更为便宜、处理速度更快的计算机。(刘霞)

(原载2010年6月22日《科技日报》)

氧化钛一种结晶形式可成超级储存材料

亚东评论 容量提高1000倍，而成本却是原来的1%！蓝光DVD尚未充分普及，“超级”蓝光DVD就已箭在弦上。若顺利投入商业化生产，这样的“大跃进”恐连“每隔18个月翻一番”的摩尔定律也望尘莫及。当人们热议着IT行业的硅基集成电路发展正逼近其物理极限时，光盘的信息存储技术似还方兴未艾，远远望不到头。

据美国物理学家组织网5月24日报道，目前，蓝光是最先进的大容量光盘格式，用以储存高画质的影像和高容量的数据。日本研究人员称，他们制造出氧化钛的一种新的结晶形式，可以用于制造“超级”蓝光光盘，这种光盘不仅价格更加低廉，而且其数据存储能力是DVD的几千倍。

日本东京大学的化学教授真一香里团队在《自然·化学》网站发表文章指出，这种物质是氧化钛的一种新的结晶形式，在室温下，当它受到光线的刺激时，能够从导电的纯黑色的金属态转化为棕色的半导体态，这为数据存储创造出一种有效的开关功能，它有潜力成为下一代光存储设备的主要组成物质。

真一香里表示，随着光线改变颜色的物质能够被用来制造存储设备，因为不同的颜色通过反射不同的光可以存储不同的信息。

研究人员表示，如果全部使用5纳米大小的粒子来制造该物质，制造出的新蓝光光盘能够容纳的信息是目前蓝光光盘存储信息的一千多倍。

另外，目前可读写的蓝光光盘和DVD光盘使用的材料主要为一种被称为锗锑碲合金的稀有物质，而氧化钛的市场价格不到锗锑碲合金的百分之一。同时，研究人员指出，氧化钛很安全，其应用范围也很广泛，从擦脸粉到白漆都可见其“倩影”。

真一香里表示，目前还不知道使用了这种物质的光盘何时能够生产并应用于实践，他正在同私人公司接洽，希望其更早实现商业化生产。（刘霞）

（原载2010年5月25日《科技日报》）

DNA 计算机渐行渐近 芯片制造模式现雏形

亚东评论 谁要说原子弹可以做得像个“二踢脚”，你肯定得劝他回家量体温。有些事听着比这还要悬，但却千真万确。就说你自己的大拇指吧，里面的遗传物质足够造出一台超级计算机的所有逻辑组件，而其潜在的计算和存储能力会让目前世界上功能最强大的计算机相形见绌。从 16 年前首次提出 DNA 计算机概念并证明其可行，到今天宣告“华夫饼干”式分子开关研发成功，实用的 DNA 计算机渐行渐近。关于它将如何改变人类生活，我敢断言，最权威的专家现在也只能看到皮毛。

据美国物理学家组织网 5 月 12 日(北京时间)报道，美国杜克大学研究人员称，他们利用携带全部生命信息的 DNA(脱氧核糖核酸)的独特双螺旋结构，将经过改造的 DNA 片段和其他分子进行简单混合，即可制造出无数个同样的、细小的、像华夫饼干一样的器件。利用这种技术，将来或许只需一天时间就可达到现在全球每月的芯片生产量。

杜克大学电子和计算机工程学副教授克里斯·德维耶认为，下一代电脑中或将不再使用硅芯片，而使用由 DNA 片段制造的逻辑芯片。

DNA 由多对核苷酸碱基组成，这些碱基之间的关系非常密切，德维耶团队通过将这些碱基对以不同的顺序进行排列，得到了不同的 DNA 片段。这个过程类似于玩拼图游戏：混乱的拼图碎片会慢慢找到它们的邻居，最终成为一幅完整的拼图。研究人员要做的则是将无数个拼图碎片放在一起，然后拼出无数个同样的拼图。

在德维耶的实验中，“华夫饼干”拼图有 16 块，光敏分子放置在“拼图”的脊线上。当光线照射在光敏分子上时，光敏分子吸收光线，刺激电子，释放出的能量会使附近的另一类光敏分子吸收这些能量，并发射出不同波长的光线。仅用一个探测器就可将输出光线与输入光线区别开来。

研究证明，这些纳米结构能够有效地进行自组装，当在其上添加不同的光敏分子时，这个“华夫饼干”会显示出独特的“可编程”特性，因此，通过使用光线来刺激这些光敏分子，研究人员就能够制造出简单的逻辑门(开关)。使用更大一些的“华夫饼干”，可制造出更复杂的电路，而且这种可能性是无限的。

传统的电路使用电流快速地在“0”和“1”之间切换，而在新的器件中，光线可刺激由 DNA 制造的开关做出同样的反应，且速度更快。德维耶称，这是人们首次证明分子具有如此活跃且快速的处理和传感能力。

德维耶指出，这些“华夫饼干”器件可成为未来计算机芯片的基本组件。由于这些纳米结构从根本上来说就是传感器，因此，它亦可应用于生物医学。研究人员可据此制造出细小的纳米器件，以对作为疾病标识的不同蛋白做出反应。（刘霞）

（原载 2010 年 5 月 18 日《科技日报》）

硬盘数据密度或达每平方英寸 10 太位

亚东评论 对于"1+1"这个算式，任何计算机都不会给出"2"以外的答案。但在计算机存储领域，今天却实实在在地显现了一个"1+1>2"的结果。两种硬盘写入手段结合后相得益彰，创造出新的数据存储方式，或将把硬盘容量扩大几十倍。说实话，计算机某项性能这种量级的提高并不稀罕，其意义更在于给我们提了一个醒：即便硅芯片技术真的已经接近极限，那个微观世界里依然有大量未竟的事业等待人类完成。挖潜革新改造，路漫漫其修远兮，万不能轻言到顶而忘记上下求索。

据美国物理学家组织网 5 月 11 日(北京时间)报道，发表在最新一期《自然·光子学》杂志上的研究报告显示，研究人员展示了一种可结合两种硬盘写入方式的新型数据存储方法，其可将目前硬盘约为每平方英寸数百吉字节(1 吉字节相当于 1000 兆字节)的存储密度提升至 1 太位(1 太字节相当于 100 万兆字节)，并有望将介质的存储容量最高提升到每平方英寸 10 太位左右，可被应用于光刻、生物传感器和纳米操控等诸多领域。

两种写入方式之一的"热辅助磁记录技术"(TAR)通过激光照射写入点对盘片微粒进行加热的方式，加以辅助磁头写入来改变记录单元的属性。即硬盘介质受热后，会使磁盘微粒按一定方向被磁化，数据位就形成了"1"和"0"的表示。热量的产生能更容易地将数据记录在盘片上，之后随着快速冷却，又可使已写入的数据变得稳定，从而达到永久存储的目的，而写入时间也可小幅缩短。

事实上，当硬盘上的存储单元彼此距离极小时，便会产生所谓的超顺磁性现象。硬盘读写头在向存储单元中写入数据时产生的热量会致使该存储单元周围的数据损坏，而随着硬盘存储密度的提升，避免超顺磁现象发生也变得越来越有难度。而此时，另一种名为"位式记录技术"(BPR)的写入方式会对记录介质表面进行光刻处理，利用磁岛分隔每个独立的写入事件，从而使"超顺磁效应"不会对周围的存储单元造成影响。

研究人员表示，单独使用这两种写入技术之一时，数据的存储密度并不会有太大的提升，最多可提升到每平方英寸 200 吉字节至 300 吉字节左右。而将两种技术结合使用，"位式记录技术"的磁岛可使"热辅助磁记录技术"因存储介质颗粒偏小造成的不稳定性不再棘手，而"热辅助磁记录技术"则可放宽"位式记录技术"对读写头尺寸的苛刻要求，弥补两种技术各自的缺陷，从而实现存储密度的极大提升。而随着单位存储密度的提升，硬盘容量也有望提升数十倍，令传统硬盘重获新生。(刘霞)

(原载 2010 年 5 月 12 日《科技日报》)

可与脑组织相容的大脑记录装置问世

亚东评论 大脑芯片技术的商业应用呼之欲出，就像树上那只快要熟透的苹果，不知何时就会跌落下来。科若舍兹等人的这项成果让一些顽疾患者看到了希望，无疑也将我们进一步推向人类尊严的最敏感地带。人工干预智能的结果将颠覆性地改变人类社会的伦理架构，也限时地逼迫我们不得不思考和回答这样一些问题：我们是谁？我们从哪里来？我们到哪里去？

据美国物理学家组织网 4 月 19 日(北京时间)报道，美国国立卫生研究院科学家成功研发出可与大脑沟回等脑组织相容的薄膜状柔性大脑记录装置，这将为癫痫监控设备的研制以及开发越过脊髓受损部位，从大脑向身体传输信号的技术铺平道路。相关研究发表在近期出版的《自然·材料》杂志上。

最简单的大脑记录设备是针状电极，而“微电极阵列”较针状电极又进了一步。但“微电极阵列”通常由多个半弹性的电极丝构成，且被固定于硅制网格上，很难与大脑形状相符合。新型装置大部分由丝织物和聚酰亚胺材料混合制成，轻薄且柔度极高，可在特定时间点分解并融入脑组织，比普通电子植入设备更能“忠实”地记录大脑的活动。

新型装置可由头盖骨上的小孔进入，附着于大脑表面丰富的沟回之上，显著提升脑活动记录的稳定度和准确度。而柔性的设计则可像“收缩膜”般保护脑组织的安全。此外，柔性材料的延展性也为记录大规模的脑细胞活动提供了可能，而丝质材料的耐用性也使其成为了不二的基底材料。在实验中，科学家已成功将 30 个厚度为 500 微米的神经电极列按 5×6 的规格附着于大脑模型之上。

对于癫痫患者，新型装置的电极阵列可探测到首次痉挛的发生，并迅即传递脉冲迫使痉挛终止。而对于脊髓损伤病患，这一装置有望读懂大脑指挥行动的复杂信号，并将信号传送至正常的肌肉或是义肢。

美国国立卫生研究院下属国立神经疾病和中风研究所(NINDS)副主任沃尔特·科若舍兹表示：“这一装置能最大程度上使电极和脑组织联系起来，并将记录设备对大脑的损害降至最低。”

研究人员目前已在大脑模型和麻醉后的活体动物身上进行了测试，其通过记录大脑视觉中心发出的、回应视觉刺激的信号发现，丝质和聚酰亚胺混合材料薄膜能比一般的植入设备捕捉到更强烈的信号。研究团队下一步将测试新型装置对于动物大脑活动的记录情况，并致力于设计出与电极阵列结合更紧密的植入装置，以便达到更高的记录准确度。(张巍巍)

(原载 2010 年 4 月 20 日《科技日报》)

石墨烯“导线”只有几个原子粗细

亚东评论 基于32纳米制程技术的处理器量产正在紧锣密鼓。有人以为看到了集成电路技术的天花板，于是便开始轻狂地对摩尔大叔说三道四。“石墨烯”无疑是在这块天花板上开了一扇天窗，因而他们庆幸摩尔大叔又有活路了，但还是会为“石墨烯”以后发愁。事实上，不是石墨烯技术挽救了摩尔定律，而是摩尔定律依然牢牢地掌控着集成电路技术的脉动。速度更快、效率更高、功能更强的计算机依然在以“摩尔速度”改变着人类生活。

据俄塔社4月6日(北京时间)报道，美国南佛罗里达大学(USF)的研究人员开发出一种新技术，能够将石墨烯(单层碳原子薄膜)上的窄带变成细小的金属线，并称这种只有几个原子粗细的“导线”有可能让已到“暮年”的摩尔定律重现生机。

根据摩尔定律，集成电路上可容纳的晶体管数目，约每隔18个月便会增加一倍，性能也将提升一倍。

该项目的负责人马蒂亚斯·巴泽尔和伊万·奥列尼克称，此前科学家就有过类似设想，希望能以石墨烯取代目前在集成电路中广泛使用的硅。但由于石墨烯的表面较为粗糙且边缘处的化学自由键极难控制，因此难以在其内部生成仅为原子大小的窄带。

USF团队在新的研究中找到一种完善的解决方案。试验中，研究人员利用单晶镍基的自组特性，将两片具有原子精度的石墨烯加以融合，最终得到了理想的窄带状石墨烯材料。通过这种特殊的方法，研究人员已经能将一条八边形或者五边形的碳环嵌入石墨烯薄片中。

随后的扫描隧道显微镜和电子结构计算均证明了这种新的一维碳空隙的结构较为完美，能起到准一维纳米金属导线的作用，具有极好的导电性能，在微电子制造方面具有非常重要的应用价值。

随着半导体晶体管的尺寸接近纳米级，其副作用也逐渐显现，以硅为基础的半导体晶体管的发展前景正在受到来自各方面的质疑。不少学者声称“摩尔定律”肯定不会在下一个40年继续有效。目前来看，虽然这项技术还不大可能立即得到应用，但它为未来研发出更小、更强的电子设备提供了一条新的有效途径。(王小龙)

(原载2010年4月7日《科技日报》)

新　材　料

实验首次证实高温超导与磁性有关

亚东评论 证实铁基高温超导与磁性有关之后，如能进一步证实铜基高温超导也与磁性有关，或许便可得出结论：无论哪种材料，其高温超导现象都出于同样机制，而磁自旋激发的电子耦合可能就是这种机制的关键。自20多年前高温超导体被发现以来，此类重大理论问题一直悬而未决。斯坦福科学家的实验数据有望成为突破口，让人们攻陷高温超导领域铁桶般的围城，并再现1987年的辉煌。果真如此，它也将极大地推动凝聚态物理学和相关边缘学科发展。

据美国物理学家组织网2月25日（北京时间）报道，美国科学家首次在实验室获得铁基高温超导体的量化数据，结果表明，高温超导体的超导性和磁性有关，相关研究发表在近期出版的《物理评论快报》上。

美国斯坦福材料和能源科学研究所与斯坦福直线加速器中心的科学家携手获得了这些数据。科学家一直认为，高温超导体的超导性和磁性有关，但很难通过实验证实这种关系的存在。由凯瑟琳·摩尔领导的该研究团队使用新技术，证实了铁基高温超导体（砷化钡铁晶体）的磁性和超导性之间可能存在的关联，破解了这一难题。

科学家首先向砷化钡铁晶体掺杂了不同数量的钴，用来替代铁；接着让该晶体“遭遇”微小的探磁针，以观察它们之间如何相互作用，并用微米设备记录下相关数据。

以前的研究只能捕捉这块晶体整体的数据，但这次使用的“点测量”技术让科学家能更清楚地洞悉该铁基超导体的电子和超导行为。研究人员在实验中观察到了3种倾向，都可以用这种掺杂了钴的砷化钡铁晶体的磁性和超导性之间的关联来解释。

第一个倾向表明，在掺杂不足的晶体中，用来作为超导电子的电子太少；而在掺杂钴过度的晶体中，用来作为超导电子的电子则太多。因为掺杂钴不足和过度都减少了载荷子（能变成超导电子的电子）的数量，因为磁相和超导相都通过电子来完成。第二个倾向揭示了晶体钴的数量和需要瓦解超导相（将电子从平滑的电荷流中“踢出”）所需的能量有关。掺杂其他物质带来的影响和自然出现的磁性相结合，可以解释这个结果。第三个倾向表明，随着温度降低，掺杂钴不足和掺杂钴达到最优的高温超导晶体的超导性出现得更快，好像在持续争夺电子的过程中，超导性突然超越了磁性。

论文第一作者、斯坦福材料和能源科学研究所研究员栾兰（音译）表示，这是科学家首次在超导领域获得定量数据。非常规超导性这个领域充满了争议，不过最终还是要靠实验数据来说话。（刘霞）

（原载2011年2月26日《科技日报》）

新型"隐声衣"让物体销声匿迹

亚东评论 唐朝长安的宗某和陈敬瑄本是铁哥们，却为一美女反目成仇。绝交后的陈敬瑄当上了四川节度使，而宗某在安史之乱中逃到蜀地。宗某隐姓埋名四处游荡，结果还是在内江被陈敬瑄所杀。《北梦琐言》记载的这个"销声匿迹"的成语故事，恰恰否定了销声匿迹的可能。无论"隐声衣"还是"隐形衣"，所针对的都是现有声源或光源。因而在肯定伊利诺斯大学这项成果时，我们不应对"神不知鬼不觉"抱有超乎科学尺度的期待，别忘了宗某血的教训。

所谓"隐形"即是让人看不到，但肉眼看不到的物体还是可以通过主动声呐来探测其存在。而据美国物理学家组织网 1 月 6 日(北京时间)报道，最近伊利诺斯大学一个实验室新开发出一种连声呐也探测不到的"隐声衣"，研究人员在《物理评论快报》的一篇论文中，详细论述了这种能让物体在声呐或其他超声波探测中销声匿迹的技术。

多年以来，将围绕物体的声音弯曲而不反射或吸收的材料只存在于理论中，真正要实现还有诸多困难。领导本次研究的贝克曼高等科技学院力学科学与工程教授尼古拉斯·方介绍称："新技术不是科幻，也不是哈里·波特的魔法，而是一种声学外罩。它能在一个设计好的空间内，通过弯曲或扭转来控制声波。"

该外罩是一种精心设计的、由超介质材料制造的声音线路，超材料可以加强线路结构的特性与功能。这种外罩由 16 个声音线路构成的同心环组成，每个环都有不同的折射指数，这就意味着声波速度从外环到内环会发生改变，可引导声波方向。

"外罩看起来就是一系列由隧道联通的腔洞，当声音在隧道内部传播时，腔洞会减缓声波传播速度，"方说，"而传到内环，声波的速度会越来越快。"但加速需要能量，这样声波就会沿着外罩的外缘传播，被隧道内的声音线路引导。这种特殊结构的声音线路会造成声波翘曲，使其沿着外罩外层转弯。

研究人员用钢制圆柱体对隐声外罩进行了测试。他们将圆柱体沉入水箱，水箱一边装有超声波源，另一边装有一排传感器，在将圆柱体套上外罩后它从声呐探测中消失了。进一步测试显示外罩对不同结构物体的隐声效果一样。

该外罩的另一优点是能覆盖广泛的声波波长，目前消音效果范围是 40 千赫到 80 千赫的超声波，改进后理论上将能覆盖到几十兆赫。

研究人员下一步计划拓展这种隐声技术的应用，从军方的秘密行动到卫生保健领域隔音。如医疗中普遍应用的超声及声波成像技术，如用超材料制成的绷带或防护罩就可以有效遮蔽干扰。

该隐声技术也能影响非线性的声音现象。如水下物体迅速移动造成的空穴现象，或引起气泡和向心聚爆，这个问题广泛存在却难以解决。研究人员认为，利用隐声外罩则能对此加以改善。（常丽君）

（原载 2011 年 1 月 7 日《科技日报》）

一次性电子纸挑战电子阅读器

亚东评论 人类的阅读习惯无可否认地正在发生空前的改变。然而，当你急于给危如累卵的传统媒体宣判死刑时，是否已经充分考虑到新材料和显示技术的发展和影响？不妨设想这样的情形：还是在一个网络和数字化出版的世界，但读者手持的既不是电脑，也不是平板液晶阅读器，而是斯特科尔团队研发的一次性电子纸，传统媒体因此实现了与新兴媒体互为补充的契合。载体不同或将导致命运不同，这是一次性电子纸带给我们的关于传统媒体未来的启示。

据英国《每日邮报》11月26日（北京时间）报道，美国科学家宣称，他们使用纸张替代玻璃做衬底，在其上施加电湿润（Electrowetting）技术，获得了一次性纸质版电子纸显示屏。研究人员希望据此研发出物美价廉的新型纸质电子阅读器，相关研究结果发表在新一期《应用材料和界面》杂志上。

电湿润技术是指将电场施加到一个显示屏内的彩色液滴上，以便展示照片、视频等内容。美国辛辛那提大学电气工程学教授安德鲁·斯特科尔及其团队将纸张当做显示屏的玻璃衬底，并在纸张表面应用电湿润技术，获得了这种纸质版的电子纸显示屏，其目的是“获得与印刷墨水的纸一样的观感和触感”。

研究人员发现，这种纸质电湿润设备的性能可同以玻璃为衬底的设备相媲美。迄今为止，用于制作电子阅读器的衬底中，玻璃的性能最好，目前市场上流行的亚马逊公司的Kindle和苹果公司的iPad等电子阅读器都是在玻璃衬底上印刷复杂的电路。

研究人员称，新显示屏具有成本低廉、翻页快速并且全彩色等优点，而且使用结束后可以将其丢弃，从环保角度出发，处理起来也非常简单。

斯特科尔表示，没有什么比纸张更利于阅读。他们希望借助此技术，3—5年内推出一种新的电子纸阅读器，该设备看起来像纸，能像纸张一样卷曲，也可以像计算机显示器，在其上显示书本、新闻，光线明亮的情况下甚至还能观看高清彩色视频。

随着电子阅读器越来越流行，很多人认为，书籍将成为继音乐和电影之后下一场互联网革命的对象。今年年初，亚马逊公司宣布其电子书销量首次超过实体书。今年5月，谷歌公司也宣布将进军电子书市场，并提供了1500万本书的电子版让用户购买，用户不需要任何特定的设备。而苹果公司新推出的平板电脑iPad的用户也可以下载150万本电子书。（刘霞）

（原载2010年11月27日《科技日报》）

新证据表明超固体可能真的存在

亚东评论 因为前所未见，所以备受争议；因为意义重大，所以质疑不绝。在人类已有的知识范畴，超固体作为一种全新的物质形态，似乎注定不会顺利拿到自己的“出生证”。然而，科学从来就是在这种争议和质疑中前行的。金恩盛等人这项成果也许不会如此轻易地给这一学术分歧画上句号，但世界各国科学家近年来关于超固体展开的攻防战，充分地诠释了胡适先生在“大胆假设，小心求证”的名言中倡导的科学精神和科学方法，这同样值得我们关注。

据英国《新科学家》杂志11月19日(北京时间)报道，科学家曾于2004年首次报告了超固体(或称超固态)的存在，处于这种状态下的固体能毫无摩擦力地流动，但同时也有专家质疑当时的研究人员对实验结果的解读是错误的，而现在，两项更进一步的研究表明，超固体可能已经真的被科学家制造出来了。

根据量子理论，如果将某些固体冷却到接近绝对零度，它们将变得没有摩擦力，并且能像液体一样流动，同时维持其晶格结构。

2004年，韩国科学和技术先进研究所的金恩盛(音译)和美国宾夕法尼亚州立大学的摩西·陈在《自然》杂志上报告称，他们对冷却后的液态氦施压直至原子被迫进入晶格中，然后让一个填满了这种固体氦的滚筒先朝一个方向旋转，再朝反方向旋转，如此反复。当该滚筒被冷却时，会更加频繁地转换旋转方向。他们推测，这是因为有些氦变成了无摩擦力的超固态，减少了同滚筒一起旋转的氦的质量，使滚筒能更快地改变方向。

但美国康乃尔大学的约翰·雷普对此解释提出了质疑。雷普认为，滚筒能在更低温度下更快地转换方向是因为氦已经变成了不稳定的“量子塑料”——一种科学家以前并不知晓、有别于超固态的物质相位。他表示，是“量子塑料”增加的弹性让滚筒更容易改变其旋转方向。

为了验证雷普的说法是否正确，金恩盛将滚筒放置在一个更大的装置中，并让这种装置仅朝一个方向旋转，而其内部的滚筒则跟之前实验一样，先朝一个方向旋转，再朝反方向旋转。他认为，弹性应该只能影响滚筒改变其旋转方向的频率，如果固态氦是量子塑料，那么，外部添加一个大的装置并不会改变结果。

然而，金恩盛的研究团队发现，实验结果出现了变化，随着温度下降，滚筒旋转方向改变的频率并没有加快。他表示，最好的解释就是氦变成了超固体，因为在一个超固体中，持续的旋转应该导致涡系形成(如同液体中出现的一样)，从而干扰物质的量子属性，并且减少超固态物质。

与此同时，西班牙加泰罗尼亚理工大学的雅洛斯拉弗·路特斯希恩和同事在最近的研究中也发现了超固态存在的更进一步证据。他们表示，超固体氦之所以流动是因为在晶格中形成了洞。该团队试验了这些洞在不同压力下形成的可能性，结果证明，洞形成的压力同金恩盛实验中确认超固态氦出现比例最大时的压力最匹配，这说明金恩盛的实验的确提供了确凿的证据（尽管并非全部证据）表明固体氦中包含超固体。

然而，雷普还是对此保持怀疑，他认为，外部添加的装置所补充的能量不会影响滚筒改变旋转方向的频率这一假设不对。他表示，研究人员看到的超固体信号正是"量子塑料"弹性的表现。（刘霞）

（原载 2010 年 11 月 20 日《科技日报》）

隐身衣又出"超柔"新品牌

亚东评论 隐形材料如果针对雷达，其物质结构在毫米级，制造起来相对容易，所以许多种类的隐形战机早已问世。但如果针对可见光，隐形材料的制造则必须在纳米尺度上完成，难度可想而知，同时也带来文中提到的质地坚硬等问题。即使这种不够柔软的隐形材料"织"得出来，用以遮挡军舰还凑合，可要穿在人身上，就太不美妙了，这会极大地限制其推广和应用。因而，圣安德鲁大学这项成果若继续完善，最终很可能会突破该领域的一个瓶颈。

自超材料问世以来，隐身衣研发水涨船高，目前已制造出从太赫兹到近红外波段隐形的隐身衣，但要让物体在可见光下消失，还力有未逮。据美国物理学家组织网 11 月 4 日（北京时间）报道，苏格兰圣安德鲁大学的研究人员不断实践并获得突破，研发出一种柔软灵活、能控制光线的超常材料，这种材料更易用于制造一种隐身羊毛衫或其他类型的隐身衣，让人们离真正意义上的可见光下隐身衣又近了一步。

要使隐身衣在可见光下起作用，其组成面料面临两大挑战。首先，由于可见光的波长更短，必须找到一种非常小的超原子微粒才能与可见光发生反应；其次，超材料的纤维要能够从坚固的表面上卸下来，让这种表面能用在更加柔软灵活的结构中。而 11 月 4 日《新物理学》杂志上详细介绍的这种超柔性新材料，就克服了这两个困难。

极小的超原子微粒通常只能做成扁平而且坚固的表面，这让它们的结构僵硬，不适于衣物制造或超透镜等其他需要柔性材料的应用。研究小组开发了一种精细技术，使超原子微粒从组成结构的坚固表面（基底）中解放出来。研究人员预测，把这些微粒堆积在一起能生成一种独立的、弯曲自如的材料，这样就可以让它们的用途大大拓展。

领导该研究的英国工程及物理研究委员会职业促进会的安德烈娅·迪·弗科博士说，这种新的超柔材料给了我们最终控制光的工具，它的影响效果也将无处不在。超柔材料可用于制造更高端的纤维，这项实验也证实用其制造超柔舒适的抛弃型隐形眼镜非常容易，而人工视觉假体的超透镜也可变得尤为柔软灵活。（常丽君）

（原载 2010 年 11 月 5 日《科技日报》）

美研制出奇特的拓扑超导体材料

亚东评论 量子计算机之所以成为人们关于这种新材料应用的第一联想，主要是因为如果用马拉约那费米子承载量子信息，将能有效保护脆弱的量子态不受侵害。与两次受到诺贝尔奖青睐的量子霍尔效应极其相似，“非驴非马”的拓扑超导体和不久前发现的拓扑绝缘体展示的奇异量子现象自然让这些科学家兴奋不已。拓扑绝缘体一经发现便成为宠儿，拓扑超导体肯定更将被物理学界视作明天娇子。求索之路漫漫，即使它只是昙花一现，我们无疑也会从中获知良多。

3年前，美国普林斯顿大学的一个研究小组发现了三维拓扑绝缘体，这是一种金属表面的奇怪绝缘体，虽然它独特的属性具有很大应用潜力，但用于量子计算机却并非理想材料。两年来，科学家经过不断探索，完全扭转其性质，使之成为表面是金属、内部却具有超导性的拓扑超导体。这种新材料的发现有望发展出新一代电子学，使当前的信息存储与处理方式完全改观。

表面是金属，内部是超导体

据美国物理学家组织网11月3日（北京时间）报道，普林斯顿大学扎西德·哈桑领导的研究小组发现了一种具有“双重性格”新型晶体材料：在极低温度下，晶体内部表现与普通超导体类似，能以零电阻导电；同时，它的表面是仍有电阻的金属，能传输电流。相关成果发表在最新一期《自然·物理学》杂志上。

实验中，为了评价新晶体材料的性能，研究人员利用X光谱进行分析，通过研究X射线轰击出来的单个电子来确定晶体的真实属性，测试发现生成的是一种拓扑超导体。研究人员进一步在晶体的表面发现了不同寻常的电子，其表现得像轻子。由于哈桑小组去年曾经第一次直接观察到了一种被称为螺旋状狄拉克费米子的电子，此时他们立刻认出了这种电子就是科学家长期寻找的马拉约那费米子（Majorana fermions）。

而宾夕法尼亚大学物理学家查尔斯·凯恩预测，如果一种拓扑超导体取代了一种拓扑绝缘体，把这种混合材料置于强磁场中时，其边界电子将变成马拉约那费米子。由于这种新晶体材料囊括了金属、绝缘体和传统超导体等多重“身份”，如何根据电子状态来将它归类让科学家困惑不已。哈桑表示，拓扑超导体除了表面是金属以外，其他部分都是超导体，这将给我们带来许多应用前景。

把绝缘体变成超导体

2007年，哈桑领导的研究小组发现了三维拓扑绝缘体硒化铋。在过去的两年中，研究小组扭转了硒化铋的属性，使其变成了表面是金属、内部为超导体的材料，这种属性就很适合于未来电子学的开发。

为了使超导体具有拓扑性质，参与研究的普林斯顿大学化学教授罗伯特·卡瓦把铜原子嵌入硒化铋半导体的原子晶格中，发明了一种新晶体。这一过程称为半导体掺杂，是一种改变材料电子数量的方法，用来转变其电性。结果发现，在低于4K(约零下269摄氏度)的温度下，合适的嵌入数量能将晶体转变成一种超导体。但美中不足的是，根据最初的实验结果，超导体无法长久保持其拓扑性质，在真空中仅能保持几个月。

加州大学伯克利分校物理副教授约尔·摩尔说，从理论上而言，如果一种拓扑绝缘体变成了拓扑超导体，它会具有一些超常的性质，最异类的就是出现马拉约那费米子。由普通原子核和电子构成的固体能“生成”具有特异性质的粒子，比如分数电荷，但马拉约那费米子是零质量零电荷，这可能是最奇怪的。尽管还没有能检测拓扑超导体的工具，但哈桑的研究在正确的方向上迈进了一大步。

应用还需再等几十年

量子计算机使用次原子粒子“量子”来存储和处理信息。量子计算机将来能以远远超过今天传统计算机的速度来操作数据，然而，研制更高性能量子计算机的努力，却由于量子行为的不确定而受到阻碍。如果多个马拉约那费米子的运动能被预测，拓扑量子计算机用它们来存储信息将是容错的，即计算机能“知道”自己在执行对错计算时是否出现了错误。

“从新物理学发展到新技术应用需要很长时间，通常要20年到30年时间。”哈桑介绍说，拓扑超导体最激动人心的应用就是高能量子计算机，它能在计算中发现错误，一旦出错就会在信息处理过程中产生抵抗。他解释说，普通电子带负电荷，而马拉约那费米子是中性的，它们不会被附近的粒子、原子吸引或排斥，它们的行动是可预测的，有着预定的轨迹，这是它们真正的潜能所在。

哈桑也称，这种具有双重电子特性的新型超导材料，可以被认为是一种特殊的绝缘体。“我们可以利用这一点来‘哄骗’电子嗖嗖地跑到它的表面上，变成马拉约那费米子。”

“这些超导体是产生和控制马拉约那费米子的理想育儿所。”论文第一作者安德鲁·雷说。由于粒子是存在于超导体中的，能以低能耗装置来控制，不仅环保，还避免了当前硅材料不可避免的过热问题。

目前，研究小组还在鉴别其他种类的拓扑超导体和拓扑绝缘体。关于进一步的研究，哈桑和他的团队表示将继续检测马拉约那费米子，找出控制它们性质的方法。他们的两个重要目标，一是找到高温超导的拓扑材料，二是开发内部高度绝缘的拓扑绝缘体。(常丽君)

(原载2010年11月4日《科技日报》)

导电聚合物薄膜可以如此简易制造

亚东评论 易加工、耐腐蚀、密度小的有机高分子材料能像铜一样导电，这在30年前还是梦想。三位美国和日本科学家最终把它变成现实，因而当之无愧地分享了本世纪第一年的诺贝尔化学奖。说白了，就像给塑料薄膜再穿一件导电的塑料外衣，可就是这样一个小小的创造，着实为现代电子工业插上了腾飞的翅膀。导电聚合物薄膜的功能增强和成本降低，在材料超细化、纳米化的今天本是题中应有之意，但它将给我们生活带来的巨大改变却是难以估量的。

据美国物理学家组织网11月2日(北京时间)报道，美国研究人员研发出了一种新方法，可以通过使用水、油和纳米纤维，简单便捷地制造出应用范围广泛的导电聚合物薄膜。相关研究论文发表在《美国国家科学院院刊》上。

加州大学洛杉矶分校(UCLA)纳米系统研究中心的研究员朱利·达西领导的团队，将水、浓稠的油和聚合物纳米纤维进行剧烈搅拌，搅拌后的溶液可以铺展在任何物体表面，形成薄膜。这种纳米纤维薄膜既透明又能导电，应用范围非常广。

达西的导师理查德·肯纳表示，这种方法非常简单，而使用的原材料很便宜并可以回收。整个过程可以在任何基底上进行，得到的薄膜也相同。同时耗时很短，能够在室温下操作。

研究人员解释说，当水和油混合在一起时，会形成许多混合液滴，创造出一个水—油接口，这种接口可以作为一个入口点，将聚合物纳米纤维“诱捕”过来。随着这些液滴聚集在一起，在水油接口处混合固体的浓度会发生变化，这种变化导致水油接口处的表面张力出现差异。为了减少这种表面张力的差异，研究人员将混合溶液铺展在一面玻璃墙上。定向的液体流动就产生了一个可以持续导电的薄膜，薄膜由单层的聚合物纳米纤维组成。

实际上，以前也有很多其他制造导电聚合物薄膜的技术，但都存在缺陷，科学家一直希望能找到一种能克服这些缺陷的新方法。而将水和油混合，并在其中添加纳米材料可能是一种普遍适用的方法，可以大规模制造出大的导电聚合物薄膜。

UCLA萨缪理工程与应用科学学院的材料科学和工程学教授杨阳(音译)表示，导电薄膜在电学领域有巨大的应用潜力，由于这种技术适用于很多基底，其应用范围非常广泛，包括有机太阳能电池、发光二极管、智能玻璃和传感器等。

其中的一个应用是制造出智能玻璃或者可切换玻璃，当给这种玻璃施加电流时，会改变其状态，玻璃会在透明和不透明的状态之间进行转换，以便让光线进入或者阻止光线进入。

UCLA 的研究人员正在将这项技术应用到除了聚合物纤维以外的其他纳米物质，希望扩展其应用范围。

研究人员同 Fibron 技术公司合作进行了这项研发，Fibron 公司首席执行官克里斯蒂安·贝伦布瑞克表示，这项应用技术即将进入商业化生产阶段。（刘霞）

（原载 2010 年 11 月 3 日《科技日报》）

负折射率超材料实现光线增强

亚东评论 《科技日报》的《总编辑圈点》栏目今年4月24日刚刚报道了加州理工学院一项杰作，这种单功能层光学超材料可引导光线负折射。与此相比，普渡大学的负折射率超材料更实现了对入射光线的增强，从而消除了一直折磨该领域研发的“卡脖子”之痛。仅仅3个多月里接连出现这些重大突破，让我们有些应接不暇。尽管还有成本等各种问题，但再木讷的人都会意识到，负折射率超材料已经走出黎明前的黑暗，一个崭新的朝阳产业群即将喷薄而出。

美国研究人员研制出了一种可增强光线的负折射率超材料，从而扫除了超材料在光学技术领域大展拳脚的根本障碍。新研究预示着，研究人员能据此研发出功能超强的显微镜、计算机甚至隐形斗篷。相关研究成果发表在8月5日出版的《自然》杂志上。

超材料是具有天然材料所不具备的超常物理性质的人工复合结构或复合材料。负折射率超材料的研发工作一直困难重重，主要原因在于很多入射光线要么流失，要么被超材料中所含的金和银吸收，这使得超材料一直很难被用于制作光学设备。经过3年多努力，美国普渡大学比尔克纳米技术中心的研究人员终于消灭了这只“拦路虎”。

普渡大学电子和计算机工程系教授弗拉基米尔·沙拉耶夫团队用渔网样薄膜和银、氧化铝叠层研制出新的光学超材料。他们将银和不传导的氧化铝交替层堆叠在一起，在薄膜上挖出直径100纳米的小洞，小洞交织在一起呈现出渔网图样。研究人员接着蚀刻掉银层之间的一部分氧化铝，并代之于一种由能增强光线的彩色染料制成的“增益介质”。

沙拉耶夫称，此前曾有研究人员尝试在渔网薄膜的顶部应用不同的增益介质，但这些方法并没有明显减少光线损失。该团队将染料放置在渔网薄膜的银层之间，此处的光“定域场”远远强于薄膜表面，从而将增益介质的效率提高了50倍。

在自然界发现的所有材料都具有正折射率，折射率被用来衡量电磁波从一种媒介进入另一种媒介时，光线被弯曲的程度，弯曲意味着存在光线损失。

沙拉耶夫表示，新研制的超材料具有改变光线传播方向的能力，光线在这种材料中会出现“负折射”，而且，因为拥有增益介质，新的光学超材料还可以增强入射的光线。他指出，制造这种材料是一个非常复杂的过程。研究人员必须精确地移除尽可能多的氧化铝层，以便为染料腾出空间，同时又不破坏整个结构。

研究人员称，新的超材料能大大推动变换光学领域的进展。可能的应用包括研制出二维超级透镜（这种透镜能将光学显微镜的精度提高10倍，能够看见小到DNA的物体）、先进传感器、新型聚光镜（用来制作更高效的太阳能聚集器）、使用光而不是电子信号来处理信息的计算机和电子产品，甚至隐形斗篷等。（刘霞）

（原载2010年8月6日《科技日报》）

美用超高压造出能量密度超大物质

亚东评论 读这篇报道的直觉是，尤教授不知何故在羞答答地遮遮掩掩。我敢打赌，有朝一日这种高密度材料若投入应用，首当其冲的肯定不是文中罗列的领域。如果指望人们看不出其潜在的巨大军事价值，未免太低估了读者的智商。未来高技术武器系统无论是小型化还是增加射程，方方面面都对高性能火炸药形成强有力的需求牵引。谁不知道，今天恩泽人类生活的绝大多数科技成果都是那些战场上“玩儿剩的东西”。

据美国物理学家组织网7月5日(北京时间)报道，美国研究人员使用超高压制造出一种结构非常紧密，并能够存储巨大能量的物质。研究人员表示，目前除核能之外，该物质存储的能量密度最大。相关研究论文发表在最新一期《自然·化学》杂志上。

该论文的作者、华盛顿州立大学化学教授琼·斯克·尤表示，该项研究证明，通过挤压产生的机械能可以转化成化学能存储在一个拥有超强化学键键能的物质内。而且，该物质的能量密度非常大，未来可能用来制造新的能量储存设备、电池和具有高度氧化能力的物质以及超高温超导物质。

研究人员在一个钻石对顶砧(DAC)内制造了这个新物质。DAC是一类高压产生装置，广泛应用于高压科学研究领域。简单地说，其工作原理就是利用两个超硬材料钻石的表面对测试样品进行挤压，从而达到产生高压的目的。DAC能在很小空间产生很大的压力，而且简单、安全。研究人员使用的DAC包含了二氟化氙，它是一种白色的晶体，用来蚀刻两个钻石之间的硅导体。

在正常的大气压力下，该新物质的分子保持离散状态，但随着研究人员不断朝其施加压力，该新物质就变成了一个二维状的类似石墨的半导体。研究人员最终将压力增加到100万大气压以上，该压力可以同地心深处产生的压力相匹配。

琼·斯克·尤表示，所有这些“挤压”迫使该物质内的分子紧密地依附在一起，变成三维状的金属“网络结构”。在这个过程中，压缩产生的大量机械能以分子键中的化学能而存在，因此，可以在很小的地方存储巨大的能量。(刘霞)

(原载2010年7月6日《科技日报》)

晶界阻碍高温超导体内电流流动

亚东评论 从被发现那天起，超导现象似乎就和一个“冷”字结下不解之缘。虽然它曾让很多人看到新工业革命的曙光，但怕热的天性极大地限制了其应用和发展。百年来，让超导现象在摄氏20度左右的室温环境发生，成为科学家们一个遥远而美丽的梦想。迄今，尚没有一种完备和成熟的理论可以预见这种材料找不到或者找得到。因而在当前的国际超导研究领域，理论上的每一进展总是能够引来更多关注。这便是我们为读者圈点这条消息的原由。

美国佛罗里达大学物理学教授彼得·赫希菲尔德和5位其他机构的研究人员表示，晶界(grain boundaries)是阻碍高温超导体内电流流动的原因。相关文章刊登在《自然·物理》杂志网站上。

当20世纪80年代末首次发现高温超导体后，科学家便认为高温超导体将给人类带来效率极高的磁悬浮列车和其他革命性的技术。然而，科学家的预期并没有得以实现。在题为“晶界如何限制高温超导体内超导电流”的文章中，赫希菲尔德和同事首次精确地阐述了陶瓷高温超导体的原子结构是如何阻碍电流流动的。

高温超导陶瓷导线由一排排原子组成。然而，在排列时，每排原子间存在着微小的晶格歪斜。这如同一张方格纸与另一张方格纸叠加时，纵横线没有完美对齐那样。在原子排相交的地方，电荷会出现堆积团，从而阻断电流的自然流动。超导体中分离原子排的晶界阻扰电流的观点，首次恰当地表述了超导体难以实现其潜能这一困扰实验物理学家20多年的现象。

在研究中，赫希菲尔德和同事的主要贡献是构思和创立了与观察非常吻合的数学模型。他表示，他们获得了抽象化的单晶界理论模型，该模型能够应用于所有这样的晶界结构。

赫希菲尔德同时表示，虽然他们的理论模型为研究人员解释过去和未来的实验结果提供了更好的手段，但是该模型却不能帮助找到消除晶界阻碍电流流动的途径。然而，研究人员希望他们的模型在今后能够促使人们开发出晶界限制性小些的高温超导体，从而让人们朝着实现超导体潜能的方向更进一步。(毛黎)

(原载2010年6月29日《科技日报》)

英科学家研发出新碳基超导物质

亚东评论 从1911年荷兰人昂尼斯意外发现水银电阻突然消失开始，到明年超导现象整整陪伴人类100年。回首往事，这位“百岁老人”有过落寞惆怅，也有过绚丽辉煌。尤其是1987年那波临界温度“步步高”的超导热浪，一直为人津津乐道。脱下厚重的棉袍，似已成为科学家对这位老者不变的期待，因为那将是一场其意义不亚于半导体材料的新技术革命。新碳基超导物质的最新发现固然可贺，但我们更渴望高温超导在理论上突破，从而彻底摆脱该领域僵持已久的胶着。

据美国物理学家组织网5月25日（北京时间）报道，英国利物浦大学和杜伦大学的研究人员发现，通过施加一定的压力，改变C60的晶体结构，不同C60晶体结构下的Cs3C60能够从磁绝缘体转变为超导体，而其超导转化温度也从38K转化为35K（彩图8）。研究人员表示，新发现将有助于降低诸如磁共振成像扫描仪及其他依赖超导体的能源存储应用的成本。

研究人员在最新一期的《自然》杂志上撰文指出，他们使用英国卢瑟福·阿普尔顿实验室的散裂中子源（ISIS）和同步辐射光源（Diamond）及位于法国的欧洲同步辐射设施成功证明，金属原子铯（Cs）和巴基球（碳原子组成的一种天然分子，又称为C60，其分子结构类似于巴克敏斯特·富勒设计的某种圆顶，因而得名）组成的新物质Cs3C60本身并不导电，但其在受到挤压时会变成高温超导体。施加在该物体上的压力会使得C60收缩，由体心立方结构转变为面心立方晶体结构，同时，克服了电子之间的排斥力，使得电子能够“成双结对”、毫无阻力地通过物质。

该研究是英国工程与自然科学研究理事会资助的一个研究项目的一部分，旨在调查可使用什么方法制造出在更高温度下工作的超导体，在减少成本的同时让这些物质处于最适宜的温度，应用范围更广。

研究人员表示，C60与碱金属作用能形成AxC60（A代表钾、铷、铯等），它们都是超导体。基于碳的超导物质的优势在于，不同的碳结构具有不同的特征，因此，制造出的物质具有不同的功能和属性。碳基超导物质结构的灵活性让科学家可更好地厘清高温超导产生的内在机制，了解如何制造更高温度的超导体，碳基高温超导物质或将成为未来的主流。

利物浦大学的无机化学教授马修·罗塞斯基称，这是人们首次证明，控制一个高温超导体中的分子的排列方式可控制其属性，比如C60就可以做到这一点。

英国杜伦大学化学系教授科斯马斯·普拉斯德斯表示，新研究对高温超导领域的发展非常重要，因为它让人们看到了超导性在何时突破绝缘状态“破土而出”，而不用考虑原子的具体结构如何，这是以前的任何物质都无法做到的。（刘霞）

（原载 2010 年 5 月 26 日《科技日报》）

为“隐身斗篷”赶制“面料”

亚东评论 我敢肯定，大多数人读过这篇报道后的第一联想不会是用来干坏事。近年来，各种波段的隐形材料都在迅速发展。从多功能层到单功能层，加州理工学院的负折射超材料研发让哈里·波特的隐身斗篷更贴近现实一步。其实，负折射超材料的意义除了别人看不到你之外，还在于你能看到别人看不到的东西。比如，这种材料制作的透镜将使光刻工艺爆发革命，从而大大提高现有芯片的集成能力。这意味着一个真正基于纳米级芯片的高性能计算机时代来临。

据物理学家组织网4月23日(北京时间)报道，美国加州理工学院的科学家研发出一种新型人造光学超材料，可使光线呈现出负折射，即该材料能够“引导”任意入射光线，使折射光线与入射光线在界面法线的同侧(彩图9)。相关研究发表在4月出版的《自然·材料》杂志上。

这种新型负折射超材料具有三维结构，只需单个功能层便可工作，且比传统负折射率材料更加“多才多艺”。论文主要作者、加州理工学院能量转化和能量前沿研究中心的斯坦利·布尔戈斯表示，他们已实现在可见光谱的蓝光部分对入射光进行负折射处理。

新型超材料的与众不同之处在于其独特的制造工艺。此前的负折射率材料一般由共振物质组成多功能层，以达到反常的折射效果。而新材料则将耦合的等离子体波导阵列嵌入单个银质功能层中，从而实现了特殊的光折射需求。较之以往的负折射率材料，新材料的制造过程更具可行性。而通过改变制造材料，并借助波导几何结构的改变，新型超材料能对来自任意角度和偏振的不同波长的光线“做出回应”。他们还有望据此开发出具备同一负折射率的新材料。

作为此次研究的主导者、加州理工学院瑞斯尼克研究所的主任哈利·亚特华德表示，该新型超材料的研发成功开启了通向研制超级透镜的大门，其可逾越衍射极限，获取具超高分辨率的“理想”图像，被认为是下一代光学显微镜的希望所在。此外，新型超材料对于太阳能电池也具有很好的适配性，其可对太阳光谱做出更紧密的“回应”，这就为发展能够提高太阳光收集效率的宽波段、广角度的太阳能电池提供了可能。这种新型负折射率超材料还可用于多个领域，如在眼镜制造等实际应用中，材料对光的入射角度和偏振的感应“钝化”就显得至关重要。这种新的奇异材料还有望为“隐身斗篷”的研究带来进一步的突破。(张巍巍)

(原载2010年4月24日《科技日报》)

有机分子合成有了“流水线”

亚东评论 仿佛不是一项科学发现，英国科学家这项成果的前景，为我们展现了一座洋洋大观的艺术殿堂。科学和艺术从来就是这样紧密而奇妙地联系在一起。根据人类需求再加上想象，合成有机分子如果像搭积木一样简单，我们就将真正进入新药和新材料开发的自由王国。

据美国物理学家组织网4月8日（北京时间）报道，英国布里斯托大学化学系教授瓦利德·阿加沃尔及其团队开发出一种新技术，可有的放矢地激活小分子“组件”上特定位点，进而设计出了一条有机分子合成“流水线”，可更加方便地制造出具有特定形状和功能的有机分子。有关专家指出，该方法或将加快新药的研发速度。

今天，从杀虫剂、用于治疗心脏病的药片到手机屏幕，都有复杂的有机分子的足迹。然而，制造复杂的有机分子绝非易事。

有机分子合成主要是指将更小的分子“组件”搭建在一起，制造出目标分子，但其过程并不像将一块砖头垒在另一块砖头上那么简单。在有机分子合成学领域，研究人员必须首先激活“组件”的两端，让它们能够相互吸引、绑在一起。一旦被绑定，新分子将与另一个“组件”反应，这个过程不断重复，环环相扣，直到制造出目标分子。

然而，随着分子的大小和复杂性不断增加，要想仅仅激活目标位点而不激活其他位点变得更加困难。科学家在成功制造出他们想要的分子的同时，也会得到不想要的化合物，于是，必须要从混合物中提取想要的分子，再用于下一步的激活以及同其他“组件”连接在一起。

阿加沃尔教授的突破在于，他们找到了一种方式，可有的放矢地激活“组件”上特定的位点。更重要的是，得到的分子组件很容易和下一个“组件”发生反应，而不需要再激活，这样就避免了在一个特定的位点有选择性地激活一个日益复杂的分子。研究人员在各种化学实验中已经验证了这一点。

该研究团队进一步设计出生产分子的流水线。在该过程中，科学家通过不断增加分子“组件”，就可以制造出复杂的分子。随着分子依次通过流水线，组件被依次精确地添加上去，到这个过程结束时，一个具有特定形状和功能的复杂有机分子就“出炉”了。

科学家希望，这个分子生产流水线最终能够做到自动化，未来仅仅通过按压几个小的按钮，人们就能够轻而易举地制造出具有特定结构和功能的复杂有机分子。（刘霞）

（原载2010年4月9日《科技日报》）

核能与新能源

“人造树叶”光合效率达自然树叶的10倍

亚东评论 “里程碑”或“圣杯”这种词最好先省着点儿用，因为诺塞拉的太阳能转化装置还没有令人信服地证明其实际应用前景。比如，10倍于自然界树叶的光合作用效率，是否意味着电极上的电流密度已经达到商业化运作标准？果真是廉价电力且能替代化石能源，为什么只向发展中国家而不是所有国家提供？但另一方面，这种“人造树叶”以较低的成本真正模拟了植物的光合作用机制，我们至少应从技术上给予它充分肯定，特别是其新型催化剂卓尔不群。

据美国物理学家组织网3月28日(北京时间)报道，在近日召开的美国化学协会第24届全国会议上，麻省理工学院化学家称，他们在可持续能源方面取得了里程碑式突破，真正的实用型“人造树叶”首次由他们开发成功，其光合作用效率是自然界树叶的10倍。

这种“人造树叶”并非真的像自然界绿色植物的叶子，研究小组只是以树叶作为他们设计太阳能电池的一种风格，由硅、电子元件、催化剂等构成。把它放入1加仑(约4.5升)水中并暴露在阳光下，这种设备产生的电力足够支持一个发展中国家家庭一天的用电量。

这种电池可以安装在房屋顶部或旁侧，其工作原理是将水分解为氢气和氧气储存在电池里，通过这两种气体来产生电流。研究小组负责人、麻省理工学院化学家丹尼尔·诺塞拉说：“我们的目标是让每个家庭有自己的发电站。对于印度和非洲等发展中国家的贫困地区来讲，‘人造树叶’具有更加特殊的意义，可以作为一种廉价的家庭电源。”

“人造树叶”并非新概念。10多年前，美国国家可再生能源实验室的约翰·特纳就造出了第一片“人造树叶”。尽管其光合作用效率挺高，但却由昂贵的稀有金属制造，且很不稳定，寿命仅有一天，因此无法广泛应用。

而“新树叶”克服了这些问题，关键突破在于他们新开发出了几种强效且廉价的催化剂，由镍和钴制造，能在简单的条件下，将水有效地分解为氢气和氧气并保持高度稳定。根据实验，这种“人造树叶”的光合作用能持续45小时而不降低活性，效率是自然界树叶的10倍，并且将来还能进一步提高。

“这种实用型‘人造树叶’是几十年来能源科学领域的圣杯。自然界由光合作用推动，而未来世界可能由‘人造树叶’的光合作用来推动。”诺塞拉说。(常丽君)

(原载2011年3月29日《科技日报》)

美成功模拟聚变反应实验条件

亚东评论 世界上第一颗氢弹1952年11月1日在恩尼威托克岛爆炸成功后，半个多世纪来科学家一直尝试让这种瞬间释放的巨大能量细水长流。有节奏地引爆一颗颗袖珍氢弹，才能得到连续的能量供给。与托卡马克装置的磁约束路径不同，NIF采用激光驱动的惯性约束，继去年10月实验能量首次达到兆焦量级，新近攻克点火装置这两大难题无疑让人类更加接近受控核聚变目标。虽然如此，地平线上那座热核聚变发电厂对我们来说，毕竟还是可望而不可及即。

据美国物理学家组织网3月16日(北京时间)报道，目前的商业核电站都是用核裂变来发电，核聚变迄今还无法用于大规模商业核电站中。最近，美国国家点火装置(NIF)项目的科学家攻克了点火装置中两个关键难题，如太阳般的极端高温以及均匀的、使标靶不会失形的压力，从而演示了在激光驱动下产生核聚变所需的条件。研究结果发表在近日出版的《物理评论快报》上。

与核裂变相比，聚变反应能产生同样巨大的能量但核废料却更少。NIF的目标是实现聚变反应，最终用来生产可持续的清洁能源。NIF科学家们正在研究的是一种惯性约束聚变(ICF)，即在高能激光热量和压力条件下的聚变，将一个一英寸(约2.5厘米)见方的金质燃料芯块(称为“黑体辐射空腔”)作为氢同位素原子核发生聚变的场所。ICF反应的目标是获得点火，让聚变反应内部的燃料芯块所产生的能量，比激光引发反应时所提供的能量高10至20倍甚至更高。

在最近的实验中，NIF科学家获得了类似太阳的极端高温以及均匀、使标靶不会失形的压力。他们用一种直径2毫米的塑料小球代替了金质黑体辐射空腔，将192束激光聚集在含氦元素的塑料球上，所产生的巨大热量中近90%转换为X射线，使温度达到360万摄氏度。在这一温度下，2毫米直径的塑料球各向均匀收缩为只有1/10毫米。

NIF副主管爱德华·莫斯表示，新实验已经模拟出聚变反应发生的实验条件，比以前更加切实可行，并有望在明年上半年进行真正的演示。研究人员目前正在对含有不等量氘和氚的小球进行测试，以检验不对称向心聚爆的可行性，以实现最终的点火。

尽管实验条件看起来相当成熟，但真正的点火跟实验还有些不同。真正点火时，燃料芯块中用的不是氦而是铍元素，并包含了氢同位素氘和氚。激光产生的X射线使铍产生一种向内的向心聚爆，将震波传给氢同位素，进一步提高氘和氚原子核的温度，达到临界点后，它们才会克服彼此的斥力而聚合在一起。(常丽君)

(原载2011年3月17日《科技日报》)

掺杂稀土让热电材料转换率提高 25%

亚东评论 《自然·化学》杂志一个月前刚刚报道美国西北大学研发出一种新材料，其热电转换率由此前至多 12%提高到 14%。增加这两个来之不易的百分点同时也说明一个基本事实：热电转换率的些微改善都会让该领域科学家们使出吃奶的劲儿。谁能不佩服稀土，一不留神便轻松实现该指标的大跃进。看样子，国际上正在热议的稀土话题只会不断升温。中国很多战略资源都贫乏，偏偏稀土矿藏丰富。但咱们别光偷着乐，还得学会善待、善用和善管此天赐之物。

据美国物理学家组织网 2 月 16 日(北京时间)报道，美国能源部阿姆斯国家实验室的科学家发现，只需在一种热电材料中掺杂 1%的稀土元素铈或镱，就可将这种热电材料的转换效率提高 25%。该项目负责人伊维根·列文表示："这是科学家首次如此大幅度地提高热电转换效率。"

热电材料是一种将热能转换成电能的功能材料，塞贝克效应(德国物理学家托马斯·约翰·塞贝克于 1821 年发现)和帕尔特效应(法国物理学家詹纳·查尔斯·帕尔特于 1834 年发现)为热电能量转换和热电制冷的应用提供了理论依据。早在 19 世纪初，热电材料就为人们所知，目前，被人们广为接受且实际应用效果良好的一组热电材料包括碲、锑、锗和银(TAGS)。

阿姆斯实验室的科学家去年就观察到，在 TAGS 材料中增加 1%稀土元素铈或镱能显著提高其转换效率。为了弄清楚为何组成成分如此小的改变会对性能产生如此大的影响，该实验室的科学家施密特·罗尔使用固态核磁共振光谱对掺杂了稀土元素的 TAGS 进行了研究，并于近日证实，掺杂 1%的铈或镱让这种热电材料的转换效率提高了 25%。伊维根·列文表示："稀土元素改变了热电材料的晶体结构，或许因此改变了其热电性能。"

20 世纪 50 年代，在科学家的努力下，热电转换效率取得了一定的突破，并在太空探索领域找到了用武之地。几十年来，热电材料和技术为宇宙探索提供了源源不断的动力，放射性同位素供热的热电发电器是目前唯一的供电系统，已成功用于美国国家航空航天局(NASA)发射的旅行者一号行星际探测器、先锋号探测器、伽利略号木星探测器等宇航器上。

尽管热电材料受到 NASA 的青睐，但转换效率低一直让其很难应用于实际生活。如今，美国科学家在热电领域的最新进展，有望让热电材料成为更好的清洁能源，拥有更广泛的用途。新的耐用性好且相对容易制造的热电材料有望进一步扩展其应用领域，包括从工业精炼厂回收废热或使用电动汽车中排放出的热气给汽车充电等。(刘霞)

(原载 2011 年 2 月 17 日《科技日报》)

“豆荚”复合材料可延长锂离子电池使用寿命

亚东评论 锂离子电池在能量密度等许多性能上都大大优于镍氢电池，只是使用寿命这一项引人注目地成为短板。经过不到1000次充放电后，锂离子电池通常是扶墙都站不起来。所以，新加坡研究人员开发这种“豌豆荚”，既是锦上添花，也是雪中送炭。顺便提个醒，很多人买手机时被告知，其锂离子电池“头三回充电必须超过12小时”以及“每次尽量把电用光”等，这些纯粹是瞎掰。事实上，过充或过放不但不能使它延年益寿，反而会造成致命伤害。

锂离子电池是目前日常生活中使用最为广泛的一种电池，但多种原因导致其存在使用寿命短这一缺点，其中电极退化问题最让科学家们苦恼。这是因为在不断的放电和充电过程中，电池中的锂离子会反复与金属电极发生化学反应，长期积累下来就会导致电极的逐步退化，最终对电池性能造成不可挽回的影响。

据美国物理学家组织网2月11日(北京时间)报道，新加坡A－STAR研究院化学工程研究所的科学家们日前研发出一种可减少电极退化的新技术，进而可延长锂离子电池的使用寿命和容量保持率。

该技术使用了一种豌豆荚结构的复合材料，这种材料由氧化钴(四氧化三钴)纳米颗粒(类似于豌豆荚中的豌豆)和纳米碳纤维(类似于覆盖在豌豆外的豆壳)组成。氧化钴纳米颗粒作为活性材料来存储锂离子，四周的中空碳纤维则可以起到保护氧化钴颗粒防止其断裂的作用。此外，这些碳纤维还扮演着从纳米粒子中传导电子的角色。

由于与目前传统的阳极材料(如锡)相比，氧化钴具有更强的离子吸附和保持能力，它被认为是极富潜力的阳极材料。此外，氧化钴能很容易地转化为已进入商业化应用的阴极材料——氧化钴锂。

为制造这种豆荚结构材料，研究人员首先在充满惰性气体的密闭空间内以700摄氏度的温度对表面附着有聚合葡萄糖的粗制碳酸钴进行加热，而后再将其放置在空气中以250摄氏度的温度加热。电子扫描显微镜显示，这种结构的复合材料在结构上十分整齐，其长度大都是几个微米，直径一般在50纳米左右。

由这种豌豆荚结构复合材料制成的电极能显著提升锂离子电池的电池容量和储电能力，实验发现在经过50次充放电循环后，由其制成的电池仍具有91%的容量。

研究人员称，除在锂离子电池领域的应用前景外，这种豆荚结构复合材料本身就是一个成就，因为该技术首次实现了将具有磁性的纳米颗粒嵌入到中空的碳纤维之中。这种“纳米颗粒胶囊”技术可以推广到多个领域，如基因工程、催化、气体探测、电容以及磁性材料制造等。(王小龙)

(原载2011年2月12日《科技日报》)

新材料首次将热电转化效率提高到14%

亚东评论 单说热电转换率的话，垃圾发电系统中广泛采用的碱金属热电转换技术可以超过30%，西北大学这份14%的成绩单相比之下好像有点拿不出手。不过别忘了，基于半导体材料的此类装置以往蹦着高也没够到12%的天花板。另外，传统的高效率热电转换部件如果用作汽车辅助电源以及高温、冷轧和其他一些工业领域的电源，其耐温性能难以保证。因而以应用范围而论，卡纳茨迪斯开发的新材料也充满诱惑，难怪他攥在手心里的"配方"让人好奇。

据美国物理学家组织网1月19日(北京时间)报道，美国西北大学的化学家、物理学家和材料学家携手研发出一种新材料，这种新材料展示出了高性能的热电特性，能更有效地将机动车的排气系统、工业生产过程和设备、太阳光等发热系统产生的废热转化为电力，其转化效率高达14%，这在科学史上尚属首次。该突破可广泛应用于汽车、玻璃制造等领域。研究结果发表在《自然·化学》杂志上。

该论文的联合作者之一、西北大学化学教授梅科瑞·卡纳茨迪斯说："早在100多年前，科学家就知道半导体拥有能利用电力的特性。为了使这一过程变得有效，人们需要找到正确的材料，现在我们已找到制造这种材料的配方。"

卡纳茨迪斯团队将岩盐纳米晶体溶解在碲化铅内制造出了这种新材料。以前，科学家针对大块物质中内含纳米结构进行的研究表明，纳米内含物可以改进碲化铅的能量转化效率，但纳米内含物也会让电子扩散更多，削减整个组合物的导电能力。在此项研究中，西北大学的研究团队首次证明，碲化铅内内含纳米结构可以同时做到消减电子扩散和提高能源转化效率。

论文联合作者、西北大学材料科学和工程教授文纳雅克·戴维说："我们可以将这种材料放在一个只有几根电线的廉价设备内部，并将其同电灯泡之类的设备连接在一起，利用灯泡产生的热量，并将其中约10%到15%的热量转化为能效更高的电能，这种设备能使灯泡更有效地工作。"

卡纳茨迪斯表示，利用此项科学突破，汽车、化工、玻璃和其他任何利用热能进行生产的工业都能提高其系统的能效。戴维说："环保领域的专家也会对该突破感兴趣，但这仅仅只是一个开始。这类结构还可以在诸如机械特性和改进材料的强度和韧度方面起作用。"(刘霞)

(原载2011年1月20日《科技日报》)

美研制能自我修复的太阳能电池

亚东评论 要说锁定和利用太阳光能，地球上实在找不到比植物光合作用更有效的途径。虽然一时还无法破解其奥秘，但科学家此前照葫芦画瓢做成的液态光电化学电池，在光电转换率上据说已经比目前性能最好的固态太阳能电池（光电转换率不到20%）增加一倍多。随着对植物光合作用的研究不断深入，此类具有自我修复能力的仿生太阳能电池开发频传喜讯。普渡大学这一最新进展也许正在暗示，未来太阳能发电的主宰不一定就是现今沸反盈天的光伏产业。

据美国物理学家组织网1月5日（北京时间）报道，美国研究人员正在研制一种新式太阳能电池，通过使用碳纳米管和DNA等材料，该电池能像植物体内天然的光合作用系统一样进行自我修复，从而延长电池寿命并减少制造成本。

光电化学电池可将太阳光转化为电力，使用能导电的电解液运送电子并制造出电流。传统光电化学电池一个最大弊端是其内吸收光线的染料难以更新，新技术通过不断用新染料替换被光子破坏的染料从而解决了这个问题。

新设计利用了单壁碳纳米管非同寻常的电学特性。碳纳米管可包含一层到上百层石墨片，只有一层石墨片的称为单壁碳纳米管，其管径约1.5纳米左右，是一种非常理想的纳米通道，一根开口的单壁碳纳米管可以被用作“电动马达”和“发电机”。科学家在实验中将单壁碳纳米管用作“捕光电池中的分子电线”。研究人员解释说，在新电池中，碳纳米管的主要功能是固定DNA片段。科学家也对DNA进行编程，让其具有核苷酸所拥有的特定序列，使其能识别并且依附染料。一旦DNA识别出染料分子，系统就开始自我组装，完成染料更新，就像植物体内时时刻刻都在进行的自我再生。

基于这种想法研制的革新性光电化学电池，只要不断向其中添加新染料，就能开足马力继续工作。而通过化学过程或通过增加具有不同核苷酸序列的新DNA片段，击落旧染料分子，接着朝其中添加新染料分子，就可实现染料的新旧更替。

这项模拟自然界中自我修复机制的技术有两个关键点：分子识别和该系统持续被溶解和重组的稳定性。

领导这种新式电池研制的美国普渡大学机械工程学助教崔宗献（音译）表示：“现在，我们已经使用光学纳米材料制造出了一种人工光合作用系统，新系统可以捕获太阳能，并将其转化为电能；将来可以进行工业化生产。”

之前其他研究曾使用从细菌中提取出来的生物载色体取代染料，而崔宗献表示，使用天然载色体非常困难，其必须被捕获并同细菌隔离开，而且其工业化生产也非常昂贵。因此，崔团队在新试验中没有使用生物载色体，而是使用染料卟啉制成的人工载色体。（刘霞）

（原载 2011 年 1 月 6 日《科技日报》）

美研发出铜锌锡硫化合物薄膜电池

亚东评论 晶硅？还是薄膜？普渡大学的报告势必让太阳能电池这两大技术路径之争硝烟再起。曾几何时，薄膜电池异军突进，然而却因国际市场晶硅价格两年来从每公斤 500 美元暴跌至 40 多美元，几近遭受灭顶之灾。铜锌锡硫化合物也许会使薄膜电池带着透光性和弱光吸收性等既有优势，重占成本低廉的制高点，但其相对于晶硅电池的光电转换效率始终是难以遮掩的尴尬。应当说，两者皆有巨大发展空间，光伏世界还远远不是一个唱独角戏的舞台。

据美国物理学家组织网 12 月 8 日(北京时间)报道，美国普渡大学科学家最新报告称，他们设计出了由低成本、来源丰富的材料制成的太阳能电池，这种电池易于大规模生产且性能非常稳定，其全域转化效率高达 7.2%，高于目前的同类太阳能电池，且转化效率在未来还有很大的提升空间。

以郭启杰(音译)为首的科学家在最近一期《美国化学会会志》上撰文指出，他们利用一种以溶液为基础的薄膜沉积法，使用地球上储量非常丰富的铜锌锡硫化合物(CZTSSe)制成了这种太阳能电池。

之前的研究证明，使用铜锌锡硫(CZTS)纳米晶体可制造出太阳能电池。澳大利亚新南威尔士大学马丁·格林教授将 CZTS 称为第 3 代薄膜太阳能电池的候补技术，其具备无毒、矿源丰富的特性，有望取代碲化镉(CdTe)及铜铟镓硒(CIGS)薄膜太阳能技术，从而降低太阳能发电成本，使可再生能源真正在生活中实现替代化石燃料。今年 2 月，IBM 宣布使用 CZTS 制作出了这种太阳能电池，不过，其转化效率还不到 1%。

在最新研究中，科学家通过让该纳米晶体的各种组分更加合理，研发出一种更稳固实用的薄膜涂层方法，对 CZTS 太阳能电池的设计做出了显著改进。

合成出这种纳米晶体后，科学家将其应用于一个衬底上，做出一个厚度为 1 微米的薄膜。研究人员发现，这种纳米晶体薄膜上有很多包裹严实的大晶粒，这大大提高了制得电池的转化效率。研究人员将其放在太阳光模拟器下“浸泡”，15 分钟后，转化效率达到 7.2%，但将模拟器关闭不再施加光线后，效率则下降到 6.89%。

该论文联合作者休奇·希尔豪斯解释到，全域效率指的是整个电池的效率，而不仅仅指“有效光照面积”的效率。郭启杰表示，全域效率才最有效。现在人们提及的转化效率，指的是太阳能电池“有效光照面积”。然而，所有薄膜太阳能电池都由金属接点制成，金属接点会阻止光线到达某些地方。考虑到这些损失，他们使用了“全域”效率这一更公平、更重要的效率。

尽管目前市场上还没有出现 CZTS 或 CZTSSe 太阳能电池，但本研究中的太阳能电池与其他方法制造的太阳能电池相比极富竞争优势。希尔豪斯表示，真空法制造出的最好电池的转化效率仅为 6.7%，且更加昂贵。（刘霞）

（原载 2010 年 12 月 9 日《科技日报》）

美开发出自动除尘太阳能电池板

亚东评论 一提“光伏”俩字儿，我们总是最先想到光电转换率。的确，这是个要命的问题。和它相比，清洁维护似乎没那么高的科技含量，也容易被人遗忘。大家常说，勿以善小而不为。其实，“50 个足球场”那么大的“善”可不能算小！光是用老办法在上面擦灰掸土一项开销，就不知会让科学家们花九牛二虎之力拼来的转换率打多少折扣。所以，以降低太阳能发电成本而论，马札姆达的工作即使不是雪中送炭，也绝不是锦上添花那么简单。

每天清扫桌子、碗橱、玻璃上的灰尘污垢是否让人很腻烦？再设想一下，要清扫的目标是一块有 25—50 个足球场那么大的地方呢？而这是大型太阳能设备必须面对的问题。据物理学家组织网 8 月 23 日（北京时间）报道，科学家在火星空间任务一项技术的基础上，成功开发出一种可自动除尘的太阳能电池板。

在近日召开的美国化学协会第 240 届全国会议上，科研人员描述了这种太阳能电池板，其不仅能实现自动清洁，还能提高光能发电效率，降低大型太阳能设备的维护成本。

这种自动清洁技术主要是在玻璃或透明塑料上沉积一层透明的电敏感材料薄层，覆盖在电池板上。由传感器监测电池板表面的灰尘水平，当灰尘密度达到一定水平时就会通电，电荷就能在材料表面发出一种灰尘排斥波，将灰尘推到保护屏边缘。马札姆达说，这种技术在 2 分钟内，就能清除电池板上大约 90％的灰尘，整个程序只消耗电池板自身产生的很少量电能。

领导该研究的波士顿大学马勒·马札姆达博士说，每平方米仅有 4.05 克的灰尘层就能减少太阳能转换 40％。这种自动清洁电池板甚至不需要借助水或机械，非常适合在灰尘和颗粒物污染高度集中的地区使用。

在美国国家航空航天局工作期间，马札姆达和他的研究小组曾开发出一种用于月球和火星任务自动清洁式太阳能电池板技术。“毫无疑问，火星是个积满灰尘的干燥环境，太阳能电池板必须向太空漫游的宇航员提供能源，并保证未来执行任务的可控机器人不会受到灰尘困扰。”

随着太阳能的普及，这项技术的运用空间也会增加。从 2003 年到 2008 年，太阳能或光电池板的使用增加了 50％，据预测，未来至少每年还要增加 25％。目前太阳能电池板市场份额大约为 240 亿美元，全球电力中只有不到 0.04％来自太阳能电池，而如果仅用全球 4％的沙漠来生产太阳能电力，就能完全满足全世界的能源需求。（常丽君）

（原载 2010 年 8 月 24 日《科技日报》）

新工艺可提高太阳能发电转换率两倍

亚东评论 甭管怎么“取之不尽，用之不竭”，与转换效率密切相关的成本问题，始终都是制约太阳能开发利用的紧箍咒。所以，提高光伏发电的转换效率，总会让研究者们“睡梦中露出甜美的微笑”。斯坦福大学新工艺的独到之处在于变高温之祸为福，很可能成为太阳能电池发展的突破口。光电转换加光热转换若真能进入“一加一大于二”的佳境，那无疑将是光伏产业史上最辉煌的篇章。

据物理学家组织网8月3日(北京时间)报道，美国斯坦福大学的研究人员开发出一种太阳能转换新工艺，该工艺可同时利用太阳的光和热来产生电力，其产生电力的效率要比现有方法高出两倍多，生产成本将有可能与石油相抗衡。此项研究成果发表在8月1日《自然·材料科学》网络版上。

与目前使用在太阳能电池板中的光伏发电技术不同，新工艺不会随温度升高而降低效率，因此可在更高温度下工作。这种被称为“光子增强热离子发射”(PETE)的新工艺，其效率将大大超过现有的光伏及热转换技术的效率。

斯坦福大学材料科学和工程系副教授尼克·梅洛仕领导的研究小组通过在一片半导体材料上喷涂一薄层金属铯，使材料具有了利用光和热来产生电力的能力。研究证实，这一新工艺将不再基于标准的光伏发电机制，能在很高的温度条件下产生类似于光伏发电的反应，而且温度越高，工作效率越高。

大多数硅基太阳能电池在温度达到100摄氏度时已呈现出惰性，但PETE设备在超过200摄氏度的条件下才会达到峰值效率，因而最适于应用在抛物面太阳能聚光器中。可达到800摄氏度高温的抛物面聚光器通常作为太阳能发电厂设计的一部分，因此，PETE设备可为太阳能发电厂提供第二条电力来源，通过与现有技术的结合，电力生产成本有望做到最小化。

梅洛仕计算出，PETE工艺应用于太阳能聚光器时所能达到的效率高达50%，和余热循环系统相结合，则效率可达55%—60%，这几乎是现有系统的3倍。

PETE系统的另一优势在用于太阳能聚光器时，制作设备所需的半导体材料数量相当少，从而大幅降低了太阳能电力生产的成本。

研究人员表示，PETE工艺大大增强了太阳能发电的可行性，即使达不到最佳效率，只要能将转换效率从20%增加到30%，其整体转换效率也将在原有基础上提高50%，这将大大提升太阳能产业与石油业的竞争能力。(常丽君)

(原载2010年8月4日《科技日报》)

无线供电技术进入实用阶段

亚东评论 1905年，一场沸沸扬扬的诉讼案尘埃落定，北美巡回法庭最终判定马可尼是无线电的发明人。他那时也许不会想到，短短几十年里，无线电波就像空气一样弥漫到这个星球的每个角落，脱胎换骨地改变了人类生活。他更不会想到，仅仅过了百余年，硅技术的迅猛发展又很可能让无处不在的无线电波成为一种新型能源。虽然原理极其简单，但对于我们今天建设资源节约和环境友好型社会，其意义和前景都不可限量。

据美国物理学家组织网7月21日(北京时间)报道，现有多个研究小组正在设法利用无线电波为低能耗微型设备提供能源。借助该技术，美国杜克大学已研发出一款带有鸣音提醒功能的安全帽。

用无线电波为电子设备供电这一设想其实很早就已提出，由于在传输的过程中能量会很快衰减，长时间以来该技术都一直乏人问津，但随着硅技术的突飞猛进，越来越多的研究人员开始涉足这个领域。

杜克大学电子和计算机工程系助理教授马特·雷诺兹和佐治亚理工学院土木与环境工程学院助理教授约亨·泰策将他们研制的一款装了传感器和蜂鸣器的安全帽称为“聪明帽”。帽子内安装的低能耗传感器可以通过监测信号的方位和强度来判断戴帽子的人是否正在接近危险。当戴帽子的工人靠近建筑工地上的危险设备时，帽子就会自动发出警报。这款“聪明帽”的特别之处在于安装其上的电子设备彻底告别了电池，安装在挖土机和推土机上方的无线网络发射器发出的电波成了它获取电能的空中能源。这些发射器原本设计用于追踪推土机和挖土机的位置。

位于美国匹兹堡的Powercast公司也在销售同类为低能耗设备提供电力的无线电波发射器和接收器。该公司最近推出了一款可以为无线传感器充电的无线接收器。写字楼全自动中央空调系统中用于监测室内温度的传感器就可用这种接收器实现无线供电。

Intel公司西雅图研究中心的首席工程师、华盛顿大学教授乔舒亚·史密斯亦在研究电磁辐射，并已研制出了一种电子收集器，可以捕获其周围的无线电波。该电子收集器能够从距离实验室2.5米的电视发射站收集到足够的能量，为一个温度和湿度感应器供电。

据华盛顿大学电子工程系助理教授布莱恩·奥蒂斯介绍，目前在电子设备节能领域主要有两个研究方向，除了从环境中获得电能的研究外，还有不少研究人员就如何大幅降低设备的能耗进行攻关。当这两班人马“胜利会师”时，很难想象，我们身边将会有多少电子设备甩掉电池，实现空中“捉”电。(刘霞)

(原载2010年7月22日《科技日报》)

美获得有望成为未来核燃料的铀氮合成物

亚东评论 从伊核危机到朝核危机，从印巴核军备竞赛到美俄核裁军条约，当代国际舞台上这些波谲云诡、折冲樽俎的一幕幕大戏，无一不与最近几十年来原子能科技的迅猛发展相联系。目前，全球已有十几种堆型的近500座核电站，核电已占世界总发电量的20%。而无论核工业还是核力量，其核心都是核燃料，核燃料的研发水平和生产能力不折不扣地成为一个国家体现强势的“胸大肌”。所以，洛斯阿拉莫斯实验室合成的这种铀氮物质不能不引起人们关注。

美国洛斯阿拉莫斯实验室的科学家12日表示，他们利用光能首次成功获得一种罕见的铀氮(U—N)分子合成物，该合成物带有独立的铀氮结构末端，末端上氮原子仅与一个铀原子结合。在过去完成的研究中，氮原子总是同两个或更多的铀原子相连。

为获得铀氮分子合成物，科学家对叠氮化铀(包含有1个铀原子和3个氮原子的分子)进行了光解作用处理：将分子暴露在紫外光下，用单光子能量从叠氮化铀分解出1个氮分子，从而留下了单铀单氮合成物。科学家说，他们获得的新突破十分重要，因为高密度、高稳定性和高热导性铀氮物质有希望成为未来先进的反应堆所需核燃料。相关研究刊登在新出版的《自然·化学》月刊上。

铀氮合成物是一种陶瓷化合物，其包含有众多重复的铀氮结构单元。新获得的铀氮分子仅包含单铀单氮，它是陶瓷固体中能够被观察到的最小结构单元，有利于人们研究其物理和化学特性，帮助解答铀化学和材料科学中长期困扰人们的问题。

洛斯阿拉莫斯实验室材料物理和应用部科学家贾奎林·吉普林格表示，锕系元素氮化物是未来核燃料的候选物质，能满足未来核反应堆以及太空旅行动力的需求。此次新获得的铀氮分子能够帮助人们更好地认识单铀单氮结构单元的功能特性、电子结构和化学反应性，为铀化学揭开新的篇章。

研究发现，新获得的分子反应能力强，能破坏结合力强的碳氢键从而形成新的氮氢键和氮碳键。该发现显示铀氮结构不是惰性物质，能够与强键分子发生反应。这种单铀单氮化合物具有很强的化学反应能力，能够以与天然酶细胞色素P-450类似的方式激活碳氢键，与碳氢化合物发生氧化反应。这一特性为该分子在今后用作核燃料时找到了安全的储存方式，也为铀燃料使用后的废物处理提供了途径。(毛黎)

(原载2010年7月14日《科技日报》)

新型太阳能电池光电转换效率刷新纪录

亚东评论 晶硅基板与非晶硅薄膜结合，三洋电机公司这款 HIT 太阳能电池不但光电转换效率刷新了纪录，同时还可降低成本。就太阳能光伏电池大规模应用而言，后者的意义丝毫不亚于前者。随着太阳能电池制造技术持续改进以及新型光电转换装置不断推出，太阳能光伏产业可能在未来二三十年里逐步赶超核电，成为世界上最重要的基础能源之一。

据美国物理学家组织网 17 日(北京时间)报道，日本三洋电机公司宣布，他们研发出了世界上光电转化效率最高的太阳能电池板 HIT-N230，转化效率高达 20.7%。

三洋公司此款 N 系列的太阳能电池板 HIT-N230 在日本制造，由带有本征薄层的异质结(HIT)太阳能电池组成。

HIT 太阳能电池是一种利用晶体硅基板和非晶硅薄膜制成的混合型太阳能电池。这种太阳能电池按单位面积计算的发电量保持着世界领先水平。HIT 具有制备工艺温度低、转换效率高、高温特性好等特点，是一种低价高效电池。HIT 的转化效率越高，意味着它更加具有可与传统的硅晶太阳能电池相匹敌的优势。

今年 2 月，荷兰生命科学和材料科学公司帝斯曼集团旗下的帝斯曼功能涂料部曾宣布，其 KhepriCoat 太阳能防反射涂层系统在进一步优化后，使全球多晶硅太阳能电池板首次实现了 17%的转换效率。三洋公司表示，新的 N230 太阳能电池板的光电转化效率为20.7%，从而使其成为迄今为止转化效率最高的太阳能电池板。

N230 太阳能电池板效率的提高，得益于研究人员将其中的太阳能电池块由 2 块增加到 3 块，且每块太阳能电池都做得更薄。研究人员还在电池上镀上了 AG(抗反射)玻璃，大大减少了光线的散射和反射。提高光电转化效率使太阳能电池组件在阳光并不充分的地方同样可以使用。

太阳能电池板的薄型化则有助于削减硅材料的成本。对于量产产品来说，如果能使高效率与低成本化两者兼顾，可大幅提高 HIT 太阳能电池的竞争力。

三洋电机公司是全球太阳能电池和电池板生产的龙头企业。得益于日本政府对太阳能电池发展的大力支持，该公司目前正在扩展其太阳能电池板的产能，以应对日益增加的需求。三洋公司表示，该公司的产能将由现在的 340 兆瓦增加到明年 3 月份的 600 兆瓦。(刘霞)

(原载 2010 年 6 月 18 日《科技日报》)

首架纯生物燃料驱动飞机试飞成功

亚东评论 子孙后代如果探寻人类“低碳出行”的足迹，可能会给今天这个日子做一醒目的标记。不过，海藻生物燃料走向实用之路还相当漫长。在此过程中，必须确保其开发不与粮食生产发生冲突。另一方面，为种植生物燃料而砍伐雨林、破坏珍稀物种栖息地的做法当然也是不可接受的。或许可以期待，通过转基因改良，海藻最终得以快乐地生长在以往大片的不毛之地。到那时，我们便能不带负疚感地选择新型交通工具。

据英国《独立报》6月11日（北京时间）报道，由欧洲民航飞机制造公司空中客车（Airbus）主导制造的世界首架纯生物燃料驱动飞机，在6月8日开幕的柏林国际航空航天展览会上完成首飞。

这架飞机名为“新一代钻石DA42”，其100%采用了海藻生物燃料作为驱动燃料，首次证明了生物燃料技术完全可以独立为飞机的飞行提供能量。

海藻现今被看做是最有前景的生物燃料来源，因为与麻风树属或亚麻荠属等其他生物燃料源相比，海藻所需的种植空间更少，在被污染水域也可以生长，而且特定品种的海藻也有更高的含油比例。

空中客车公司的所有者欧洲宇航防务集团表示，废气排放测量结果显示，海藻生物燃料所排放的废气中所含的碳氢化合物，比传统航空煤油产生的废气少8倍，所含氮氧化合物少40%，生成的氧化硫则更低，其浓度仅为10ppm，而传统燃料则高达600ppm。这是因为与矿物衍生燃料相比，生物原料本身的含氮量和含硫量就低得多。

在过去两年中，多家航空公司曾尝试将生物燃料与常用的喷气燃料混合使用，以作为飞机的驱动燃料。英国维京大西洋航空公司制造的世界上首架生物燃料动力飞机，在2008年2月成功进行了首航测试。当时这架客机燃料仍以传统燃油为主，由巴西棕榈树油及椰子油构成的生物燃料仅占全部燃料的20%。

而美国大陆航空公司在2009年1月尝试将50%的生物燃料（由海藻与麻风树提取物融合而成）以及50%的传统喷气燃料相混合进行了试飞。飞行测试数据显示，混合生物燃料的效率均比传统喷气燃料高出约1.1%，温室气体排放量也能减少60%—80%。（张巍巍）

（原载2010年6月12日《科技日报》）

美研发出稳定的生物合成原油

亚东评论 从不否认其带来的福祉，但在一口盛得下全世界的锅里，沸腾的化石能源如今每天都在上演"油炸人类"的大戏，屡禁不止的墨西哥湾漏油事件只是一出新近的悲剧。作为目前最靠谱儿的替代能源，生物燃料这几年虽有越烧越旺之势，但也不时遭遇泼冷水。这冷水中既有关于"抢人类饭吃"等问题的担忧，也有对它现存技术弱点的质疑，其中一个重要方面就是稳定性差。所以，我们希望弗吉尼亚理工大学这项技术进展能够成为生物燃料的"助燃剂"。

据物理学家组织网6月9日(北京时间)报道，美国弗吉尼亚理工学院暨州立大学的研究人员通过控制木材和废品等生物质中的不稳定成分，研发出了稳定的生物合成原油(bio-syncrude)，使木材直接转化为交通用生物汽油成为可能。

该研究的领导者、弗吉尼亚理工大学农业生命科学系副教授福斯特·艾比华表示，在将白杨木和松木等木质原料变成液体燃料时，首先得到的是基础生物油，由于这种基础生物油不稳定且呈酸性，传统的处理技术还无法将其直接转化成交通燃料。非但如此，在存储期间，这种基础生物油会变得越来越浓稠，直至转化为遇热就变成木炭的另一种物质。因此这种基础生物油在仅仅存储几个月后，就不再适合用作生物燃料物质了。

研究人员仔细研究了生物质中不稳定的三种成分：纤维素、半纤维素和木质素，并且分别对其进行了控制，最终得到了性能稳定的生物合成原油。另外，他们也研发出新的催化剂，使这种生物合成原油即使存储1年以上也不会变得更加黏稠。艾比华表示，这是科学家首次制造出稳定的生物合成原油。

艾比华表示，这种生物合成原油可借助传统的石油炼油厂基础设施进行生产。研究人员的下一步研发方向就是省去复杂的中间过程，让木材等生物质直接变成生物汽油，用来做运输燃料。艾比华认为，3年内人们就可以利用目前的炼油厂制造出大量稳定、物美价廉的生物汽油。届时，在炼油厂的一端投入木头，另一端就会出来汽油。

该研究由美国能源部资助，是其2008年开始的生物质计划的一部分。该计划将生物化学方法和热化学方法作为生物燃料研发的两条途径。其中热化学方法主要关注两条路线，一是汽化后的处理和燃料合成方法，另一条就是液化后生物油的处理和燃料合成技术。(刘霞)

(原载2010年6月10日《科技日报》)

氢燃料电池催化剂成本降低八成

亚东评论 就商业前景而言，目前还有不少难题让我们面对着氢燃料电池发呆。比如，大量、廉价地制取氢气太难，以及电化学反应成本过高等。德美科学家采用新型铂合金催化剂，使成本一举减少 80%，无论从哪个角度看都足以让人跌破眼镜。而在此之前，中国的相关研究也已找到用于质子交换膜的贵金属催化剂复合材料，据说成本不到原来的 1/10。不过，要等到这些成果顺利地推广应用时，才可以说我们登上了那艘以氢动力作引擎的时代大船。

德国柏林工业大学研究人员和来自美国的学者合作，共同研发出一种新型铂合金，这种新型催化剂可节约大量的贵金属铂，使氢燃料电池的化学反应成本降低 80%，这项研究成果刊登于最新一期《自然 · 化学》杂志。

作为新型清洁能源之一的氢燃料电池，除可替代传统车用柴油和汽油发动机外，还可广泛用于电力供应，以及便携式电子设备，如笔记本电脑。氢燃料电池的工作原理实际上是个电化学过程，在这个过程中氢气和氧气结合，释放出电和水，不会对环境造成任何污染。为了使这个过程快速和高效，需要使用大量贵金属铂作为催化剂。然而铂材料昂贵，而且是稀有资源，因此，发展氢燃料电池的关键是研发可替代铂的高效廉价催化剂。

研究人员将铂与铜混合，然后从铂铜合金中去除部分铜，形成直径只有几纳米的球状铂铜催化剂颗粒，这种球状铂铜颗粒里面是铜，外壳是只有几个原子厚度的铂，从而极大减少了铂的使用量。研究人员证实，通过铜铂金属混合和去除部分铜的过程，可使催化剂合金颗粒表面铂原子的排列密度比普通铂紧密得多。这种反常结构减少了这些颗粒上氧原子的结合力，使铂合金催化剂比纯铂催化剂性能更好，让氢燃料电池制造成本大大降低。

研究人员的进一步试验证明，催化剂表面金属铂结构的改变，可以优化催化剂的活性。该项目负责人彼得 · 斯特拉瑟指出，类似的结构变化也适用于其他的贵金属，对降低使用贵金属的化学过程成本具有普遍意义。研究人员将进一步研究铂与其他非贵金属的结合效果，以期找到性能更加优良的催化剂。（顾钢）

（原载 2010 年 4 月 29 日《科技日报》）

新型铜铟硒薄膜接近商业化生产

亚东评论 但愿“铜铟硒”这种生涩的字眼不会给普通读者添堵。在太阳能电池大家族里，现今它可是继晶硅之后一个挺有出息的“传人”。俄勒冈州立大学对于铜铟硒薄膜技术的改进和完善固然令人称道，但其前途依然受到资源限制，因为自然界的铟元素和硒元素都相对稀缺。不过我们相信，在世界各国共同努力下，红太阳会把越来越多的恩泽洒向人间。

据美国《技术评论》杂志4月21日(北京时间)报道，美国俄勒冈州立大学化学工程系助理教授张志宏(音译)领导的研究团队利用持续流动的微型反应器，突破了铜铟硒薄膜太阳能电池制造上的技术瓶颈。这项技术在实现铜铟硒膜层厚度可控的同时，还可大幅降低太阳能电池的制造成本并减少废弃物。该研究发表于最新一期的《当代应用物理》杂志。

以往使用铜铟硒制造光能吸收膜时需要使用飞溅、蒸发以及电镀技术，这些过程耗时很长，且需要昂贵的真空系统以及有毒的化学物质，因此成本很高。而另一种铜铟硒化学溶液沉积法尽管降低了成本，但生长溶液会随着时间流逝发生变化，很难控制光能吸收膜的厚度。

俄勒冈州立大学和韩国岭南大学携手研发的这项技术能够在一个持续流动的微型反应器中，让“纳米结构的薄膜”厚度可控地沉积在不同的表面。比以前使用的化学溶液沉积法更加安全、快捷、经济。张志宏他们现在已经证明，这套系统能够在短时间内在玻璃衬底上生产铜铟硒薄膜太阳能电池。接下来，他们将完善这项技术，以便能够与基于真空的技术竞争，实现商业化生产。

值得一提的是，利用这种方式制造的薄膜太阳能电池可直接用于屋顶制造。这将给未来的可再生能源及传统建材带来革命性变化。因为所有的太阳能应用最终都要考虑效率、成本和环境安全，而这种产品恰恰能够满足这些要求。

该研究团队也在研发使用纳米结构的光能吸收薄膜来制造太阳眼镜，不仅成本更低且防紫外性能更好。研究人员认为，这项技术也能应用在照相机和其他光学设备制造上。

研究人员表示，他们旨在进行“太阳能电池的生产和应用的革新”，希望能够将成本降低50%，减少生产过程对环境的伤害，同时创造更多的就业岗位。(刘霞)

(原载2010年4月22日《科技日报》)

利用海藻细胞生产电流获得成功

亚东评论 3 年前，“曼哈顿计划”这个挺唬人的代号把海藻和原子弹这两件风马牛不相及的东西生拉硬扯到一起。向海洋藻类要能源，以帮助摆脱严重依赖进口石油的窘境，看来美国人真的急了。的确，生物质能源有望解决化石能源短缺和温室气体排放等全球性问题。正当人们为它的成本效益争论得面红耳赤时，斯坦福大学的研究人员成功地利用海藻活体细胞产生了电流。这 1 微微安培的电流尽管孱弱，但其影响日后也许毫不逊于 1945 年广岛上空那声巨响。

据美国物理学家组织网 4 月 14 日(北京时间)报道，美国斯坦福大学研究人员利用可进行光合作用的海藻细胞生成了微弱的电流，被认为是在生产清洁、高效的“生物电”历程中迈出的第一步。相关研究发表在近期出版的《纳米快报》杂志上。

所谓光合作用是指植物、藻类和某些细菌等利用叶绿素，在阳光的作用下，把经由气孔进入叶子内部的二氧化碳、水或是硫化氢转化为葡萄糖等碳水化合物，同时释放氧气的过程。这一过程的关键参与者是被称为“细胞发电室”的叶绿体。在叶绿体内水可被分解成氧气、质子和电子。阳光渗透进叶绿体推动电子达到一个能量水平高位，使蛋白可以迅速地捕获电子，并在一系列蛋白的传递过程中逐步积累电子的能量，直到所有的电子能量在合成糖类时消耗殆尽。

作为此项研究的主导人员，柳在亨(译音)表示，他们是首个从活体植物细胞中提取电子的研究团队。研究小组使用了专为探测细胞内部构造而设计的一种独特的纳米金电极。将电极轻轻推进海藻细胞膜，使细胞膜的封口包裹住电极，并保证海藻细胞处于存活状态。在将电极推入可进行光合作用的细胞时，电子被阳光激发并达到最高能量水平，研究人员就对其进行“拦截”：将金电极放置在海藻细胞的叶绿体内，以便快速地“吸出”电子，从而生成微弱的电流。科学家表示，这一发电过程不会释放二氧化碳等常规副产品，仅会产生质子和氧气。

研究人员表示，他们能从单个细胞中获取仅 1 微微安培的电流，这一电流十分微弱，需要上万亿细胞进行为时 1 小时的光合作用，这只等同于存储在一节 AA 电池中的能量。同时，由于包裹在电极周围的细胞膜发生破裂或者细胞遗失原本用于自养的能量，都可能导致海藻细胞的死亡。因此研究团队下一步将致力于优化目前的电极设计，以延长活体细胞的生命，并将借助具有更大叶绿体、更长存活时间的植物等进行研究。

柳在亨称，目前研究仍处于初级阶段，研究人员正通过单个海藻细胞证明是否能获取大量的电子。他表示，这是潜在的、最清洁的能量生成来源之一，聚集电子发电的效率也将大大超越燃烧生物燃料所生成的能量，与太阳能电池的发电效率相当，并有望在理论上达到100%的能量生成效率。但这一方式在经济上是否合算，还需要进一步的探寻。（张巍巍）

（原载2010年4月15日《科技日报》）

美利用病毒从水中分离出氢

亚东评论 重量最轻、发热值最高、占宇宙总质量3/4、无毒无污染等等，这些优点在能源供应日益紧张的时代，让“穷”则思变的人类把最多的目光投向坐在元素周期表头把交椅上的氢老爷。可这位氢老爷的谱儿实在太大，深居简出，在自然界中只以化合物形式存在。如何大量、廉价地提取氢气，成为人类跨入氢经济时代一道难以逾越的门槛。希望“安琪拉·贝尔彻们”最终能找到一顶轿子，抬着称心如意的氢老爷微笑着向我们走来。

据美国物理学家组织网4月12日(北京时间)报道，美国麻省理工学院的研究人员利用病毒将氢从水中分离出来，在将水变成氢燃料的漫漫征程中迈出了关键一步。相关研究发表在最新出版的《自然·纳米技术》杂志上。

麻省理工学院材料化学家安琪拉·贝尔彻领导的团队模拟植物利用太阳光分离水并制造化学燃料来促进自身生长的过程，对一个病毒进行了基因改造，同时将其作为生物支架，将一些纳米组件搭建在一起，最终把水分子分离成了氢原子和氧原子。

以往，研究人员使用太阳能电池板产生的电力来分离水分子，但麻省理工学院的研究人员直接使用太阳光来制取氢。贝尔彻表示，虽然他们的最终目的是从水中得到氢气，但将氧气从水中分离出来面临的技术挑战更大，于是该研究团队首先开始攻克这一难关。

贝尔彻团队将无毒的细菌病毒M13进行基因改造，让它吸附一个催化剂分子氧化铱和一个吸光物质锌卟啉，并同它们绑在一起，吸光物质源源不断地将阳光沿着病毒传递，于是该病毒就变成了类似电线的设备，能够高效地将氧从水分子中分离出来。

然而实验发现，一段时间后，该病毒“电线”会簇拥在一起，失去效力。于是，研究人员将它们变成凝胶状态封入一个胶囊内，这些病毒因此能够保持自己的状态，从而维持了其稳定性和有效性。

这种方法使产生氧气的效率提高了4倍，研究人员希望能够找到同样的以生物学为基础的系统来完成这个反应的另一半过程——分离氢气。目前，从水中分离的氢被分成质子和电子。研究人员正在进行第二步攻关，将这些质子和电子变成氢原子或者氢分子。该研究团队也希望找到更常见、更便宜的物质来做催化剂，替代昂贵而稀少的铱。

贝尔彻表示，她们将在两年内研制出能够自我支持并持久耐用的模型设备，实现将水分离成氢气和氧气。(刘霞)

(原载2010年4月13日《科技日报》)

前沿技术与实用技术

可商用的纳米发电机问世

亚东评论 一大碗过桥米线最多保证你半天不饿，但一小捆氧化锌纳米线却有可能改变全人类的生活。如果认为这是痴人说梦，就请看看王中林教授手里玩儿的宝贝！微安级电流确实很小，可是别忘了，发出这种电流的机器个头更小——即使组成百万军团，也不会占用太大空间。更重要的是，它们所需要的只是那些不用白不用且无处不在的动能。所以，我们以极大的热情期待着“首个可商用的纳米发电机”真正投入商用，届时和咱说再见的绝不仅是 iPod 电池。

据美国物理学家组织网 3 月 30 日（北京时间）报道，美国科学家今天宣布研发出了首个可商用的纳米发电机。研究人员称，这种柔性芯片可依靠人体运动，如手指的压力或脉搏的震动产生电力，有望让 iPod 等电子设备同电池说“拜拜”。

佐治亚理工学院教授王中林（音译）领导的科研团队在美国化学学会国家会议和展览大会上展示了该研究成果。他们通过按压位于两个手指之间的纳米发电机，分别给一个发光二极管（LED）灯泡和一个液晶显示屏（LCD）提供电力，以此证明了其在商业上的可行性。

这种纳米发电机由平放在弹性高分子薄膜衬底上的氧化锌纳米线和两端的电极构成，其技术关键——压电材料氧化锌纳米线能将机械能转化为电能。这些氧化锌纳米线的直径仅为头发丝宽度的 1/500，王中林团队找到了一种方法，可以将数百万根氧化锌纳米线中的电荷捕捉起来并集合在一起。同时，他们也开发出了一种可让纳米线沉积在大小仅为邮票 1/4 的柔性高分子薄膜芯片上的新手段。

王中林表示，5 个纳米发电机结合在一起，能产生 3 伏特的电压和 1 微安的电流，电压与两节普通的 AA 电池相当。从王中林 2005 年开始研究纳米发电机到现在，6 年来纳米发电机的输出功率提高了几千倍，输出电压提高了 150 倍。未来，人们可将很多纳米发电机组合在一起，为 iPod 和手机等电子设备提供电力。

科学家指出，纳米发电机产生的电力可以存储在电容器内，定期驱动传感器并无线传输电信号。而且，未来人们可以通过散步来激活放在鞋子内的纳米发电机，为手持电子设备提供电力；心脏跳动可为植入体内的胰岛素泵提供电力；甚至轻拂的微风都能让纳米发电机为探测环境的传感器提供电力。

王中林表示，他们的下一个目标是进一步提升纳米发电机的输出功率，并可能在 3—5 年内最先在环境检测传感器上实现其商业运用。（刘霞）

（原载 2011 年 3 月 31 日《科技日报》）

增强拉曼散射传感器灵敏度提高10亿倍

亚东评论　在现代科技高歌猛进的背景下，有人类“电五官”之称的传感器发展就算不是“掉链子”，至少也常让我们觉得不给力。40年前，科学家发现粗糙金属表面能把拉曼散射的强度提高100万倍，但这种效应很难控制和重复。4年前，科学家又发现纳米外壳在放大拉曼信号时十分灵敏。今天，科学家终于研制出具有划时代意义的超级传感器，我们反倒一时难以说出哪个才是它最重要的应用领域。有一件事是肯定的，分子水平的医疗诊断仪从此不再是梦想。

据美国物理学家组织网3月22日(北京时间)报道，美国科学家研制出一种超灵敏传感器，可使用其增强的拉曼散射来探测包括癌症信号、炸药等物质，其灵敏度比普通拉曼散射传感器增强了10亿倍。

拉曼散射是指光通过介质时由于入射光与分子运动相互作用而引起光的频率变化，1928年由印度物理学家钱德拉塞卡拉·拉曼发现。在拉曼散射中，一束单色光照射到一个物体后，其反射光会包含另外两种频率的光，这两种光的频率仅与该物体的分子组成相关，这就潜在地提供了一种有效识别物质的方法。但由于这种额外的光太微弱，科学家几十年来很难将拉曼散射付诸于实践。

20世纪70年代，科学家研制出表面增强拉曼散射(SERS)技术，可以通过将所鉴别物质放在粗糙的金属表面或金、银小粒子之上来增强拉曼信号。但科学家随后发现，这种增强的拉曼信号仅出现在传感器表面的几个随机点上，很难预测其具体位置，仍然非常微弱。

而普林斯顿大学电子工程系教授斯蒂芬·周领导的团队摒弃了以往设计和制造拉曼传感器的方法，研发出一种全新的SERS结构：一块芯片上布满一行行由金属和半导体组成的小柱子。

新传感器获胜的“秘密武器”就是这些小柱子的排列方式：每个柱子上部和底部各有一个由金属制成的中空部分；柱壁上布满直径约为20纳米的金属粒子(等离子体纳米点)，金属粒子之间有2纳米左右的空隙。金属粒子和空隙能显著增强拉曼信号；中空部分能捕捉光信号，让光多次而不是仅一次地通过等离子体纳米点，从而也能增强拉曼信号。迄今为止，该芯片的灵敏度比不经过拉曼增强而研制出的传感器高10亿倍，而且其灵敏度非常稳定，能可靠地应用于感应设备中。

除灵敏度大增之外，借助纳米压印技术和纳米粒子自组装技术，新芯片能实现高质量、规模化制造，研究人员已经在4英尺的晶片上制造出这些传感器。

美国海军研究实验室的科学家也在进行相关实验，希望军队也能使用该技术探测化学物质、生物试剂和炸药。(刘霞)

(原载2011年3月23日《科技日报》)

纳米粒子有了彩色三维图像

亚东评论 1981 年出生的扫描隧道显微镜，10 年后把科学家正式带入一个结构尺寸在 0.1 至 100 纳米的微观王国。在那里，他们潜心研究材料的性质和应用，最终目标是按自己的意愿直接操纵单个原子、分子，进而制造出具有特定功能的产品——远不止于你今天看到的不沾油污的服装一类玩艺儿。从扫描隧道显微镜首次揭示可见的原子、分子世界，到欧洲团队今天获得纳米粒子的彩色三维图像整整历时 30 年，纳米技术必然地由此跨上一级新台阶。

纳米粒子具有出人意料的奇特属性，比如可用其制造能够弯曲的陶瓷或磁化强度可被控制的材料，但要想通过弄清纳米粒子的结构来研究这些属性，科学家却始终未能如愿。不过，《大众科学》杂志网站 2 月 24 日(北京时间)的报道称，一个来自欧洲的联合研究团队现已设法获得了纳米粒子的彩色三维图像，可以让他们清点其中的原子数目，了解这些原子是如何排列的。

研究人员使用了美国劳伦斯伯克利国家实验室的专用电子显微镜来拍摄纳米粒子图像。该显微镜的分辨率比单个原子的直径还要高，可清晰地放大观测纳米粒子的原子结构。他们将铝基银纳米粒子倾斜放置于电子束下来捕捉图像；然后基于这些图像建立模型，再通过算法重建银纳米粒子的三维图像，详细地绘制出银纳米粒子中所有 784 个原子的排列组成。

参与此项研究的瑞士苏黎世联邦理工学院的玛尔塔·罗塞尔表示，到目前为止，他们还只能利用从不同角度拍摄的多张照片来显示纳米粒子的大致轮廓。但这一成果可以帮助确定哪些原子构造最适合于各种不同应用，比如用作医疗设备、药物输送系统等。

所获得的三维图像还能为研究如何使用纳米粒子来模仿病毒或输送疫苗提供方法。巧合的是，有两个独立的研究小组分别在 2 月 23 日宣布了他们在这两个方面所取得的突破。来自美国埃默里大学的科学家利用生物可降解高分子材料，成功制造出可在尺寸和构成上模仿多种不同的细菌或病毒的纳米粒子，并在实验中激活了实验鼠免疫系统的两个不同部分，使其具有终身免疫力；而麻省理工学院的科学家开发出的新型纳米粒子可以输送治疗艾滋病和疟疾的安全疫苗，这些纳米粒子其实是脂肪球，能够携带病毒蛋白质的人造版本，从而在肌体内激起强烈的免疫反应。

现在既然有了拍摄纳米粒子图像的方法，科学家们或许借此可以更深入地了解纳米粒子如何在原子尺度上发挥自己的功能。(陈丹)

(原载 2011 年 2 月 25 日《科技日报》)

纳米疫苗能更有效激发免疫反应

亚东评论 用纳米粒子传送疫苗的尝试早就开始，并已取得许多进展。欧文研究小组的工作亮点在于，以蛋白质疫苗引发较强的T细胞反应，从而使人工疫苗在这方面可与病毒疫苗相若。对于灭杀HIV这类难缠的病毒来说，其安全性和有效性都因此在更大程度上得到保证。纳米技术的发展空前地改良了制备工艺，让疫苗具有若干匪夷所思的性质。一些科学家甚至预言，它能在2015年终结癌症给人类带来的痛苦和死亡。就算是酒话，我们何尝不可姑妄听之？

据美国物理学家组织网2月23日(北京时间)报道，麻省理工大学工程人员设计出一种新型纳米粒子，可安全高效地传送抗艾滋病病毒(HIV)和疟疾等疾病的疫苗，并能更有效地激发机体免疫反应。近日出版的《自然·材料学》上对这种新型纳米疫苗进行了详细介绍。

纳米粒子中心有一个脂质球，能携带人工合成的蛋白质，这些合成粒子能引发强烈的免疫反应。论文作者之一、麻省理工大学材料科学工程与生物工程副教授达雷尔·欧文说，这跟活性病毒造成的免疫反应相仿，但更加安全。

设计疫苗时，研究人员需要激发机体两个主要免疫反应中的一个：激活T细胞攻击被病菌感染的体细胞；或激活B细胞，这是血液或其他体液中针对病毒或细菌的秘密抗体。

对那些喜欢待在细胞内部的病毒，比如HIV，需要激发“杀手”T细胞的强烈反应，让它们杀灭病毒或让病毒丧失活性。但事实上，这种方法并不能有效对付HIV——因为HIV很难灭活。为此，科学家一直在研制HIV、B型肝炎等病毒的人工合成疫苗。

虽然人工疫苗安全性更高，却很难引发强烈的T细胞反应。此前，科学家曾打算将疫苗装在一种叫做脂质体的油脂小粒中，以加强T细胞反应。但这些脂质体在血液和体液中很不稳定。

欧文研究小组研制出一种纳米粒子，能把多种脂粒聚集在一起。一旦脂质体聚集，相邻的脂质体壁就会通过化学作用粘在一起，使整体结构更稳定，注射之后短期内很难裂开。一旦纳米粒子被细胞吸收，它们就会很快分解，释放出疫苗引发T细胞反应。

欧文和沃特·里德军事研究院合作，在小鼠身上测试这种纳米粒子传送疟疾疫苗的能力。他们发现在低剂量疫苗作用下，3个免疫过程产生了强烈的T细胞反应，免疫之后，小鼠体内30%的杀手T细胞对疫苗蛋白产生了特效作用。

欧文指出，这是由蛋白质疫苗产生的最强T细胞反应之一，可以和病毒疫苗相比，粒子引发了强烈的抗体反应。佐治亚理工学院副教授尼伦·默西也表示，这种新粒子的出现是一个很大的进步，但在激发人体抗病免疫反应方面，还需要更多实验。

除了疟疾疫苗，欧文还与麻省理工里根研究院、哈佛大学和麻省总医院等机构合作，把这种方法用于传送癌症疫苗。（常丽君）

（原载 2011 年 2 月 24 日《科技日报》）

韩国造出全彩色量子点显示屏

亚东评论 细致入微，微到在量子点上做文章，这样的画面还没看就觉着养眼。《科技日报》的《总编辑圈点》栏目两个多月前曾报道，韩国等国科学家研发的量子点发光二极管显示屏"呼之欲出"。结果，还没顾上"呼"，人家就"出"了。有机发光二极管显示屏的大规模生产尚未实现，性能更加优异的量子点发光二极管显示屏已经异军突起。尽管成本、寿命和屏幕大型化等仍是障碍，但新兴显示技术一日千里的发展已经让我们有点儿懵懂，弄不清是技术引领市场，还是市场引领技术？

由于量子点（Quantum Dots）发光波长范围极窄，颜色非常纯粹，还可实现精细调节，所以量子点显示器画面比液晶画面更加清新明亮。据英国《自然》杂志网站、美国物理学家组织网等媒体 2 月 22 日（北京时间）报道，韩国多家研究院最近联合造出了第一个"大屏幕"全彩色量子点显示器，为开发下一代电视机、手机、数字相机和便携式游戏机等带来全新视野。相关研究发表在最近出版的《自然・光子学》上。

量子点是一些肉眼无法看到的、极其微小的半导体纳米晶体，由锌、镉、硒和硫原子组合而成，晶体中的颗粒直径不足 10 纳米。它有一个与众不同的特性：当受到电或光刺激时就会发光，产生亮光和纯色，发出的光线颜色由量子点的组成材料和大小、形状所决定。

过去 10 多年来，研究人员一直在研究量子点显示器。所谓"大屏幕"只有 4 英寸（约 10 厘米），但生成的场致发光图像的分辨率可达 320×240 像素。由于增大显示屏会降低画面质量，过去是把量子点喷在基底材料表面做涂层，类似于喷墨打印。这种技术要把量子点溶解在有机溶剂中，会污染显示器，降低色彩亮度和能效。

为克服这一缺点，研究人员找到一种压印的方法，用有图案的硅片造出一种"墨水印章"，然后用"印章"来选取大小合适的量子点，不需要溶剂，就可将它们压在薄膜基片上，平均每平方厘米约分布 3 万亿个量子点。研究人员说，这听起来容易做起来难，要考虑很多细节，比如为了实现 100%的转印，需要改变"印章"的速度和压力。

用这种方法制成的显示器密度和量子一致性都更高，能产生更明亮的画面，能效也比以前更高。研究人员指出，新技术印制量子点显示器是在柔软薄膜上，在可卷曲便携式显示器、柔软发光设备、光电设备等领域都会有广泛应用。（常丽君）

（原载 2011 年 2 月 23 日《科技日报》）

美研制出双向同步无线广播技术

亚东评论 这项集发射和接收于一体的双向同步无线广播技术，让人想起美国前总统尼克松，据说他不能一边走路一边吃口香糖——揶揄得实在恶毒！它也让人想起一种职业——同声传译。吃这碗饭的不少人都能以闪电般的思维和令人叹服的口译技巧，克服多重任务相互交织、干扰给大脑造成的能量短缺和注意力分散，从而使听和说并行不悖，往往喧宾夺主地成为明星。100 多年里没人动此脑筋，里维斯的创意无论如何都会给老迈的无线电爷爷注入新的活力。

据美国物理学家组织网 2 月 15 日(北京时间)报道，无线广播一直是单向进行，在某个特定的频率，无线电信号每次只能流向一个方向。但现在，美国科学家首次研发出了能同时发送和接收信号的双向无线广播技术，使无线广播传送信号的信息量提高了一倍，从而有望研制出更快捷高效的网络。

斯坦福大学计算机科学和电子工程副教授菲利普・里维斯表示，大多数无线网络在使用时，每个设备必须打开，由于接收的信号会被无线电广播自己发送的信号所覆盖，因此要么发信息(说)，要么接收信息(听)，而不能同时发送(说)和接收(听)信息。如果无线电广播像我们的大脑一样，能同时听和说会怎样呢？基于这一设想，里维斯和三名同事经过了几个月的尝试，终于研制出双向同步无线广播技术。

里维斯表示，当无线电广播发送信号时，其发送信号的强度是其可能从其他无线电广播接收到信号的几百万倍甚至几十亿倍。但如果无线广播接收机能过滤自己发射出的信号，那么，它或许可以听到微弱的接收信号，而新技术使得每个无线电广播能确切知道其正发射的内容以及其应过滤的内容。

这项技术对未来的通讯网络意义亘大。尽管目前手机网络已使用户能同时听话和交谈，但由于手机网络的运行环境非常昂贵且需要复杂规划，因此，不适用于其他无线通讯网。

同时发送和接收信号最明显的作用是让发送的信息增加了一倍，科学家可借此改进家用和办公网络，让其更快、拥堵更少。另外，这项技术还可以克服空中交通面临的一个重要问题。在目前的系统中，如果两驾飞机以同样的频率同时呼叫地面控制台，那么，没有一个信号能被接收，信号受阻可能导致飞机发生碰撞，而新系统能有效解决这一难题。

该研究团队已申请专利，并计划进行商业推广。目前，他们正在增加传送信号的强度；加大信号能传输的距离。里维斯表示，一旦能利用双向同步传输的硬件和软件设施到位，这项技术对未来网络可能产生无法估量的影响。(刘霞)

(原载 2011 年 2 月 16 日《科技日报》)

美研制出世界首块可编程纳米处理器

亚东评论 别让臭了大街的“纳米鞋垫”们倒胃口，真正的纳米技术本质上是一场更深层次的信息革命，这款可编程纳米处理器便是例证。今天我们使用的计算机建立在微电子学基础上，而纳米技术的发展则使计算机更加微观、高速和节能越来越成为现实可能。虽然仍为电子编程，但采用纳米器件的计算机却是另外一个“小人国”。这么说吧，1 纳米和一个乒乓球相比，就像是一个乒乓球和地球相比。到这个份儿上，纳米计算机可就不是“省地方”那么简单了。

据美国物理学家组织网 2 月 10 日(北京时间)报道，美国哈佛大学和麦特公司(Mitre Corp)科学家携手研发出世界上首块可编程的纳米处理器，该纳米线路不仅能够进行电子编程，还能实现一些较基本的计算和逻辑推理功能，朝着复杂的用人工合成纳米元件组装计算机线路迈出了关键一步。研究发表在 10 日出版的《自然》杂志上。

主要研究人员、美国哈佛大学化学系原主任查尔斯·李波表示，这项研究之所以在电路的复杂性和功能性方面取得重大突破，是因为这种电路与目前主流电路的构建方法完全不同，它是采用自下而上的方法构建而成的。研究人员利用最新技术设计并合成出全新纳米线组件，这些纳米线组件展示出了构建功能性电子线路所需的可重复性，而且完全可以升级，这就使得组装更大型、功能更强大的纳米处理器成为可能。他们同时还证明，这些超薄纳米电路可以采用电学方法进行编程，让其执行大量基本运算和逻辑功能。

过去的 10 年到 15 年内，科学家们一直在研究纳米线、碳纳米管以及其他纳米结构，并几乎组装出了所有设备，但由于单个纳米结构性能的多样性这一重大局限，最基本电路一直无法研制成功。现在，这个最新研究完全克服了这一局限，采用自下而上的方式构建出最基本电路。

另外，该纳米处理器中的电路在操作时耗能极少。由于纳米线组件中包含的晶体管开关是“永久性的”，与传统微型计算机电路中的晶体管不同，一旦该纳米线晶体管被编程，它们不需要任何额外的电能来保存其记忆。

麦特公司资深科学家詹姆士·埃伦博根表示，50 多年前物理学家理查德·费曼提出了纳米计算机的概念，新纳米处理器的研制成功是实现这一概念的重要里程碑。(刘霞　朴淑瑜)

(原载 2011 年 2 月 11 日《科技日报》)

美用“滚轴压印”工艺制作柔性显示屏

亚东评论 “滚轴压印”只是工艺，从技术方面讲，惠普公司正在开发的这款柔性显示屏很像有机发光二极管(OLED)显示屏的改良。超轻薄、可弯曲、高亮度、大视角、快响应、低能耗……这些优点让OLED极有可能成为继液晶显示(LCD)之后的下一代核心显示技术，目前在美英日韩等许多国家都已进入产业化的萌动期。尽管短期内OLED尚因使用寿命短和屏幕大型化难等缺陷不足以替代LCD，但仍被许多人视为21世纪最有前途的产品之一。

据美国物理学家组织网1月20日(北京时间)报道，美国惠普公司研究人员称，他们打算今年末向美国军方提供一种轻薄的可随身佩带的显示器新样本“狄克·翠西腕表”，野外士兵可通过其柔软灵活的塑料屏幕来查询数字地图或其他资料，而不会像玻璃那么易碎。尽管它还处于设计阶段，但在新一轮的柔性电子显示器产品浪潮中，将成为首批产品之一。

惠普实验室先进显示器研究主管卡尔·陶西格说，该样本还结合了电子墨水的低能耗优点，只在刷新页面时才用电，可由装在表带上的一小块太阳能电池来供电。

陶西格小组正在开发一种压印蚀刻的制造工艺。从一卷厚约50微米的塑料薄膜开始，用金属或其他材料进行涂层处理。将塑料通过滚轴压印，印上微细的三维图案，然后用蚀刻技术在胶片上制作出晶体管层，作为显示器内层。晶体管将数字信号传输给顶层的带电粒子或二极管，就可以生成符号或图像。这一过程类似于用巨大的滚筒印刷报纸。

陶西格表示，这种技术尚未用于商业化生产，他们正在研究降低成本的方法，以使滚轴压印工艺比制作玻璃显示器更加廉价。他们的团队还在研究用有机发光二极管(OLED)制造柔软显示器，它能显示彩色视频，惠普公司已在较小型的显示器上验证了这一点。本月在拉斯维加斯召开的消费电子展览会上，韩国三星公司的4.5英寸柔性显示屏样品也用了OLED技术，索尼和LG近来也在大力宣传他们的柔性显示器样品。

研究人员表示，用惠普的“滚筒”工序制造柔软屏幕可能会更便宜。目前，如亚马逊Kindle等一般电子阅读器的玻璃显示器成本要30—50美元，售价为139美元。柔性显示器市场到2018年将超过80亿美元。

研究人员称，第一批使用柔性显示器的消费产品可能会有一个硬框，可用于时尚电话、桌面电脑和笔记本电脑。下一步的屏幕可能是能够弯曲的弧形，或一种永久性塑模新外观，最终将用于衣服、墙壁和其他能卷曲的物体。(常丽君)

(原载2011年1月21日《科技日报》)

量子点显示屏或将成主流

亚东评论 继商用量子点LED照明灯具新近面世后，量子点显示屏也呼之欲出。然而，就是这种具有神奇发光和节能特性的半导体纳米晶体，竟然在1983年“降生”后的好几年里没名没姓。耶鲁大学物理学家马克·里德实在看不过去，才不吝赐号“量子点”并沿用至今。谁料，当年这个姥姥不疼、舅舅不爱的可怜孩儿却成了气候。虽然还有若干技术难题尚待解决，但如果说三年后您家客厅或卧室会摆放一台采用量子点显示屏的电视机，现在也许不会有人张大嘴巴。

据美国物理学家组织网12月14日(北京时间)报道，美国、韩国和比利时的科学家将携手研发基于量子点发光二极管(QLED)的有源矩阵显示屏。与目前的显示屏相比，新显示屏在大大提高了亮度和画面鲜艳度的同时，还减少了能耗。

这种技术中用到的量子点(Quantum Dots)是一些肉眼无法看到的、极其微小的半导体纳米晶体，晶体中的颗粒直径不足10纳米。量子点由锌、镉、硒和硫原子组合而成。量子点有一个与众不同的特性：当受到电或者光(诸如LED产生的光)的刺激时就会发光，产生亮光和纯色，其发出的光线颜色由量子点的组成材料、大小和形状所决定。

美国QD Vision公司首席技术官赛斯·科－沙利文表示，该产品能够进行商业化生产并能同有机发光显示屏(OLED)相竞争。他解释说，制造OLED时，需要使用一个“阴罩”，当屏幕尺寸变大时，阴罩板容易发生热胀冷缩，会使得色彩等不够精确。而QLED的制造过程不需要使用阴罩，因此不会出现精确度减少的问题。另外，量子点还可悬停在液体中，并使用多种技术让其沉积，包括将其喷墨打印在非常薄的、柔性或者透明的衬底上。

沙利文指出，OLED还有一处不足，其纯色需用彩色过滤器才能产生，而QLED从一开始就能产生各种不同纯色，同时在将电子转化为光子方面优于OLED，因此能效更高，制造成本更低。在同等画质下，QLED的节能性有望达到OLED屏的2倍，发光率将提升30%至40%。同时，OLED可以达到与无机半导体材料一样的稳定性和可靠性。

不过，QLED的发展也面临着两个挑战，其一是寿命短，最好的QLED寿命仅为1万小时，这对大尺寸显示屏来说还不够。其二是需要确保色彩能始终如一地再现。沙利文表示，该公司已经在这两方面取得了很大进步，QLED即将开始商业化生产。

据悉，QD Vision公司将与韩国LG显示器公司、比利时化学品公司Solvay合作，研发和制造这种新的 QLED 有源矩阵显示屏。QD Vision 公司将提供量子点技术，而 LG 则负责产品生产。

QD Vision 并非唯一一家研发量子点显示屏技术的公司，位于美国硅谷的 Nanosys 公司也在研发相关新产品，其产品中的一个液晶显示屏背光灯上有很多量子点，以提高能效和色质。（刘霞）

（原载 2010 年 12 月 15 日《科技日报》）

卡车运行中可测是否超载

亚东评论 中国治理货车超载，不能说呼声不大，但收效甚微。究其原因，主要还是缺乏重视。在一个能给月亮近距离拍玉照的国家里，如果这样一个让公共生活饱受困扰的问题竟然找不到解决办法，那肯定是不入情理的。此外，技术障碍也造成执法效率低下。以色列这项技术歪打正着地成了超载货车的克星，在应用价值上毫不逊于道路压力发电的初衷。纵然是它山之玉，我们也得说它是件好事。

以色列国家道路公司、海法理工大学和因诺瓦泰克能源系统公司合作开发了一种卡车载重监测系统，只要将其铺设在路面下，卡车经过时即可探测出是否超载。

据称，这种监测系统是他们去年联合研发道路压力发电的副产品。道路压力发电是利用往来车辆产生的压力，使铺在路面下的压电材料产生电力的一种新技术。他们在研究中发现，这种路面除了能发电外，通过收集分析车辆经过时产生的数据，还可探测车辆的负载和速度。

于是，他们在原有技术基础上，开发出了卡车载重监测系统，并于上周在海法附近的公路上完成了最后一轮测试。试验表明，该系统在任何速度下都能准确测量出过往车辆的负载，监测数据通过无线信号传输到接收设备，交管人员根据探测数据，即可迅速判断出经过车辆是否超载。此外，该系统还具有发电功能，所发电力可为自身工作和与其他设备联系提供动力。

因诺瓦泰克公司首席执行官露希·阿祖雷表示，卡车超载不仅对其他车辆是一种威胁，也会对道路造成损害，但要判断行驶中的车辆是否超载并非易事。他们研发的这种监测系统为交管部门实时掌握车载情况开辟了一条新途径。如果在港口、矿山、仓库等出口处安装该系统，卡车出发前即掌握载重情况，发现超载禁止上路，这对确保交通安全是非常必要的。（郑晓春）

（原载 2010 年 10 月 26 日《科技日报》）

光学传感器能使大脑直接控制义肢

亚东评论 没有通用串行总线(USB)接口的电脑简直会让今天用惯了U盘、MP3或数码相机的人们无法想象。事实上,克里斯滕森等人就是在为人体的“中央处理器”研制一种光学“接口”,而其应用范围日后将远远超越控制义肢。开发包括上述设备在内的各种脑神经信号传感器,一方面能进一步揭示人脑的奥秘,另一方面也会使人脑这部无与伦比的超级计算机实现功能延伸和扩展。通过这个“接口”,人脑在改变外部世界的同时,也将激发自身的巨大潜能。

据英国《新科学家》网站10月18日(北京时间)报道,美国科学家研发出一种能接收神经脉冲等光学信号的传感器,可进一步改进人体神经系统与义肢之间的连接,使通过大脑神经直接控制义肢的梦想朝现实迈进了一大步。未来,通过该传感器,大脑能够直接控制义肢的运动,被植入者也可通过义肢感受到压力和热度。

目前,义肢中的神经接口都是电子的,其中的金属零件可能会被身体排斥。而美国南卫理公会大学的马克·克里斯滕森和同事正在研发一些可以捕捉神经信号的光学传感器,他们使用的材料——光纤和聚合物与金属相比,不仅不太可能诱发身体的免疫反应,而且也不会被腐蚀。

这种传感器建立在一个聚合物的球壳上,这些球壳同一束光纤偶联在一起,光纤将发送一束光,经过球壳内部。光在这些球壳内“旅行”的方式被称为“回音壁模式”,其灵感源于英国伦敦圣保罗大教堂的回音壁。在圣保罗大教堂,声音可以通过凹形墙壁的不断反射而持续传播,因此传播得更远。

该传感器的设计理念是,与神经脉冲相连的电场会影响聚合物球壳的形状,球壳内部光线的共振也随之改变,因此,神经系统会变为光子电路的一部分。从理论上讲,光线的共振变化能够向仿生手发送指令,比如告诉仿生手:大脑想要移动一根手指等。通过在光纤顶端放置一个反射器,引导一束红外线照射并刺激神经系统,其发出的神经信号也能够被带往其他方向。

研究人员表示,这种传感器目前还处于原型研制阶段,而且尺寸太大,暂时无法安装在人体内,不过,随着尺寸不断缩小,这种传感器将可以在生物体内发挥作用。该科研项目获得了美国国防部高级研究计划局(DARPA)560万美元的资助。研究人员计划两年内将工程样品在猫或狗身上进行试验。在此之前,研究人员需要将这种传感器的大小从几百微米缩小到50微米。

该传感器工程样品在使用前,研究人员还需要将神经连接具体地绘制出来。例如,要求病人试着举起他残缺的手臂,以便将相关的神经连接到义肢上。

克里斯滕森表示，总有一天，这些传感器和光纤可以像"跳线"一样，形成从大脑直到腿部的神经回路，绕开受损的身体组织，最终让脊髓受损患者重新恢复运动能力。

不过，也有专家认为，这种传感器所使用的材料虽然都具有很大的生物相容性，但它们是否能够完全避免人体的排异反应依然存疑。（刘霞）

（原载 2010 年 10 月 19 日《科技日报》）

比信用卡还小的微型投影仪问世

亚东评论 恶毒的皇后用那面“魔镜”对白雪公主实施监控,《格林童话》里这种道具今天早已不是“童话里的道具”。在信息时代,显示技术是人机交互不可或缺的环节。从手机、电脑到PDA和银行取款机,从液晶、等离子到场致发光和电致发光,清晰亮丽的影像越来越让我们“养眼”。然而,较之阴极射线管显示器和平板显示器,投射型显示设备的发展以往似乎不那么日新月异。所以,瑞士人开发的微型投影仪明显带有“补涨”性质,其“小型化”带来的巨大便利和影响也自不待言。

据美国物理学家组织网9月14日(北京时间)报道,瑞士洛桑联邦理工学院(EPFL)附属Lemoptix公司与马赫·卡亚实验室合作,开发出一种微型投影仪,这种未来型投影仪的放映头仅有1立方厘米,整机比一张信用卡还小。其能安装在便携式计算机、手机甚至MP3播放器上。

Lemoptix公司技术总监尼古拉斯·阿贝勒说,这种微型投影仪于今年9月初完成开发。根据目前的方案,这种新型投影仪将在2011年可用于工业用途,如汽车行业或剧院,随后将进入消费电子市场。

该微型投影仪能将文档和录像投影在一面墙上,与目前流行的固定投影仪一样。打开投影仪,就能看到高质量的画面。通过改变投影仪和投影片表面的距离,图像大小也能做简单的调整,调整后的画面仍然保持清晰。

卫星投影仪的另一个优势是耗电少,比目前市场流行的matrix或LED技术的投影仪平均降低30%。其最小工作距离为50厘米。Lemoptix公司还设计了一个互动式版本:使人们能触摸播放的影像,进行缩放或改变屏幕。

EPFL研究总监马赫·卡亚解释了系统的微电子部分。他说,微电子机械系统(MEMS)仅仅是个开始,为下一代光学材料提供实验阵地。该微型投影仪就是使用了一种不到1毫米厚的微型镜,放置在一个硅盘上,它们能反射红、蓝和绿色激光束。设备还使用了一个3毫米×3毫米的微型玻璃盒,它振动得非常快,光束能以每秒2万次的速度扫描物体表面。8月份时,马赫·卡亚小组首次生成了达到VGA解析度(640×480像素)的彩色图像。

研究小组还改进了光学头结构,使它在容纳激光源和MEMS镜方面更加先进,降低了整个设备的体积和耗电量。改进后的亮度和对比度能替代LCD屏幕。

研究人员表示，这些技术在市场上有许多竞争优势。这种微型元件能被数以万计地进行批量制造，且成本低廉。到2011年底，设备将被开发用于工业用途。比如用于汽车制造，直接在挡风玻璃上播放速度、GPS信息等；医疗技术公司也可以用这种投影仪技术直接播放手术信息，外科医生就不必抬起头来看屏幕。（常丽君）

（原载2010年9月15日《科技日报》）

《牛津英语大词典》将全面改为网络版

亚东评论 那座世界上规模最大的语言和文字仓库，即将在信息大爆炸中灰飞烟灭。不过，这则消息可能会促进纸质《牛津英语大词典》的销售，只是购买者的目的更在于收藏，而不是使用。有机构统计，每 98 分钟就会“蹦”出一个英语新单词，总量去年已突破百万。而在莎士比亚时代，这个数字只有区区 3 万。人们惋惜嗟叹，却又情不自禁地选择了便捷。市场从来都以这种蛮横的方式讲述自己的硬道理，中国出版行业风生水起的数字化转型，其实就是一种服从和顺应。

《牛津英语大词典》是当今最全面和权威的英语词典，被誉为英语世界的金科玉律，持续印刷了一个多世纪。但在不久的将来，要看到它的最新一版，人们或许只能通过网络了。

据英国《每日电讯报》8 月 30 日（北京时间）报道，《牛津英语大词典》的出版商牛津大学出版社 8 月 29 日称，鉴于在线版的阅读需求增长旺盛，已远远超过了印刷版，《牛津英语大词典》从第四版起将停止推出印刷版，全面改为网络版。

第一本《牛津英语大词典》出版于 1884 年，但至多只能算是一个雏形。经过数十年的发展完善后，1928 年推出了该词典的第一个完整版，成为继 1755 年塞缪尔·约翰逊所编撰的《词典》后公认的最权威的一部英语词典。目前最新的版本是 1989 年出版第二版，共 20 卷，截至 2005 年 11 月 30 日，该词典收录了 301100 个主词汇，字母数目达 3.5 亿个。该词典对词汇拼法的要求，影响了多个不同地区的书面英语，已成为当今英语的规范。

但随着网络的发展，这一切也在发生改变。牛津大学出版社的发言人称，目前，网络版词典注册用户的月点击率已达到了 200 万次，与之相比，1989 年出版的全套售价上千美元的第二版《牛津英语大词典》到目前为止仅售出了 3 万套。虽然停印的决定主要针对完全版的词典，但出版商称，快捷方便的网络词典也会给以印刷方式出版的缩印版和精编版带来冲击。

自 1928 年以来，由 80 名权威专家组成的编纂委员会就全权负责《牛津英语大词典》的编撰工作。但目前正在编撰的第三版只完成了不到 1/3，出版社也没有给出明确的发行日期。

牛津英语词典网络版于 2000 年首次上线，用户通过付费方式查阅，每 3 个月更新一次，加入新词和词语新的释义。目前订阅者主要来自大学、公共图书馆等大型机构。今年 12 月，网络版词典将新增历史释义词库，以便于用户更轻松地对多个词语的不同释义进行比较。（王小龙）

（原载 2010 年 8 月 31 日《科技日报》）

集成太赫兹收发器在美问世

亚东评论 红外技术和微波技术日臻成熟，但挤在电磁频谱上两者之间的太赫兹技术基本上还是空白。之所以出现这种尴尬，是因为光学理论和微波理论都"管不了"这个频段。"姥姥不疼，舅舅不爱"，严重滞后了本文涉及的相应接收和发射装置的研发。然而，太赫兹独占的资源使自己独具慧眼，诸多无以替代的功能注定不让这位可怜的灰姑娘被人遗忘，最近20年的科技进步更赋予她邂逅王子的机缘。难怪有人预言，太赫兹技术将成为21世纪一个重大新兴领域。

据美国物理学家组织网6月30日(北京时间)报道，美国科研人员开发出了首个集成太赫兹(THz)固态收发器，新设备比目前使用的太赫兹波设备更小，功能更强大。相关研究成果发表在最新一期的《自然·光子学》杂志上。

太赫兹技术是近年来十分热门的一个研究领域，2004年被评为影响世界未来的十大科技之一。美国能源部桑迪亚国家实验室的研究人员将同一块芯片上的探测器和激光器结合在一起，制造出了该接收设备。在实验中，研究人员将一个小的肖特基二极管嵌入一个量子级联激光器(QCL)的脊峰波导空腔中，让能量能够从量子级联激光器内部的磁场直接到达二极管的阴极，而不需要光耦合通路。这样，研究人员就不需要再为制造这些收发器等设备所需要的光学"零件"如何定位而"抓耳挠腮"了。

新的固态系统利用了太赫兹波发出的频率。太赫兹波是指频率在0.1THz—10THz范围的电磁波，介于微波与红外之间，它能够穿透非金属材料，从而为安检、医学成像提供新的手段，在物体成像、医疗诊断、环境检测、通讯等方面具有广阔的应用前景。

量子级联激光器是产生太赫兹辐射的重要器件之一，科学家于2002年演示了半导体太赫兹量子级联激光器。太赫兹量子级联激光器的一个优势在于其能够同其他组件一起被整合在同一个芯片上。然而，此前要想装配出灵敏的相干收发器系统，研究人员需要将零散的并且常常是巨大的组件组合到一起。而现在，研究人员只是将太赫兹量子级联激光器和二极管混频器整合在一个芯片上，就可以组成一个简单实用的微电子太赫兹收发器。

研究人员也证明，新的太赫兹集成设备能够执行以前组件零散的太赫兹系统的所有基本功能，例如传输相干载波、接受外部信号、锁频等。(刘霞)

(原载2010年7月1日《科技日报》)

“芯片肺”或可终结动物实验

亚东评论 每当科学家申辩动物实验的必要性，动物保护主义者总是攥紧拳头诘问：人类的痛苦为何让动物承担？这是一种科学和道义难以兼顾的尴尬。西方在实验动物使用和研究中倡导的“3R”原则之一便是代替原则——用无知觉材料替代有知觉动物。肺芯片可望让人类以科技为支撑，登上道德与精神演进的新时代门槛。就专业层面而言，就像电脑在某些功能上远远胜于人脑一样，芯片器官也很可能会比动物器官更加有效地满足我们的医学研究需求。

据6月25日出版的《科学》杂志报道，美国科学家们制造出了一块如橡皮擦大小的“芯片肺”，它可模仿那些穿过整个肺脏的上皮细胞和血管之间边界的许多特征，这一系统或可帮助研究人员非常精准地了解肺脏器官的运作方式，而这些信息是很难从细胞培养或动物研究中获取的。研究人员表示，“芯片肺”可望用于检验新药效果以及人体肺部毒素影响，并终结这些测试所需的动物实验。

哈佛大学维斯生物工程研究院的研究人员利用血管细胞制成的“芯片肺”由肺细胞、渗透膜以及毛细血管组成，类似于网孔的渗透膜上排列着人体细胞（一边是肺部细胞，另一边是血液细胞），渗透膜组成的微通道约400微米长、70微米宽（人的头发丝的直径约为100微米），可允许空气或液体围绕着膜流动。当该芯片同一个机械泵和调节阀连接时，它可以模拟人体肺部的呼吸活动。

研究人员已经证明，这种“芯片肺”能够精确地模拟大鼠肺脏的很多功能，包括肺部吸入纳米粒子后做出的反应等。

目前的药物测试技术主要有两种：一是使用过于简单化的细胞培养模式，这种方法是在一个固态的塑料器皿中培养细胞，接着让其接触不同的药物，并测试其反应；二是使用动物实验，科学家使用老鼠来测试药物的有效性和安全性，但这种方法耗时耗力。

研究人员表示，为了模仿人体肺部细小而精确的通道，他们利用了电路制造工艺创建出了一个计算机微芯片，这种微观结构使研究人员得以更好地操纵活体生物比如细胞等。该研究成果对于在实验室中重建人体细胞具有非常重要的示范意义，亦可通过减少对现有模型（对单一物质进行测试的费用就超过200万美元）的依赖而加速新药开发的进程。

哈佛研究人员目前正在研发其他的“器官芯片”，诸如肠、心脏和肾等，他们希望最终能够将不同的器官集成在芯片上，以在药物测试和毒理测试中彻底摒弃动物实验。

不过，研究人员指出，要做到这一点还面临着很多的困难。比如，如何使芯片的使用更为方便，如何将泵和调节器整合入芯片中等，还都是亟待解决的问题。（刘霞）

（原载2010年6月26日《科技日报》）

新型激光能“嗅出”炸药“气息”

亚东评论 100 多年前，大家熟知的那位诺贝尔先生冒着生命危险，百折不挠地使硝化甘油这种烈性炸药得以稳定应用，这就是诺贝尔安全炸药。其优点是稳定，而缺点是太稳定，稳定得经常让你在应该找到它的时候找不到它，以至于今天该研究领域的任何一项进展，都会让提心吊胆的人们吁一口气。这大概是当年全心全意为人民服务的诺贝尔先生不曾想到的。

据英国广播公司(BBC)6 月 8 日(北京时间)报道，英国科学家宣称，他们研发出了一种能够探测出隐藏炸药的新型激光技术。科学家相信，依靠这项技术，机器人将很快取代人来搜寻地雷等爆炸装置，该技术也可用于改进机场的安检工作。

英国圣安德鲁斯大学的研究团队将光源发出的光子作用于名为聚芴(polyfluorene)的塑料上，研究人员发现，通常情况下这种作用可导致激光产生，可一旦聚芴遭遇三硝基甲苯(TNT)等炸药的挥发物，激光光束便随即消失。

圣安德鲁斯大学的物理学家格拉哈姆·特恩布尔是该研究的领导者之一，他在《先进功能材料》杂志上撰文指出，新型激光器的优势在于它创造了一种能够感应与 TNT 类似的炸药分子的新机制。聚芴膜即使只捕获到微量与 TNT 类似的炸药分子，也会迅即做出反应，让激光不再发出。这是因为与 TNT 类似的炸药分子同聚合物链之间的相互作用产生了一种全新的阻止激光工作的方式。

该研究报告的另一个作者，圣安德鲁斯大学物理学教授艾弗·塞缪尔称，运用该机制可研发出能感应到任何类型爆炸装置(包括路边炸弹)的技术。

塞缪尔认为，这项成果非常重要，由于聚合体激光器由塑料制成，这就使得应用廉价设备探测低浓度炸药分子成为可能。

科学家相信，这类激光可用在远程操控车上，人们无需以身犯险就能够“嗅”到炸药挥发物的“气息”；该系统也可用于机场安检，探测行李中可能隐藏的爆炸物。新型激光器的另一个卖点是其制造成本相当低，因为聚芴这种塑料成本并不高。(刘霞)

(原载 2010 年 6 月 9 日《科技日报》)

苹果新手机或将带来十大看点

亚东评论 苹果新产品发布在即。除了iPhone 4G的诸多新看点外，我们还特别提请读者关注苹果公司首席执行官史蒂芬·乔布斯在这场发布会上的新表现。美国公关关系专家卡尔米·加洛曾专门总结了乔布斯的产品发布技巧。在加洛看来，乔布斯并不是卖电脑或手机，而是在销售一种体验。把产品推介提升到新的艺术高度，这是大家除iPhone 4G以外，对乔布斯的另一种期待。

据国外媒体报道，千呼万唤的苹果iPhone 4G智能手机即将“美丽绽放”。苹果全球开发者大会将于北京时间6月8日凌晨1点在美国加州旧金山举行，苹果公司最新的软件和技术将“逐一亮相”，而其中最引人期待的当属iPhone 4G。

尽管此前一位苹果工程师曾将iPhone 4G原型机遗失在酒吧，使人们得以略窥其貌，但iPhone 4G的“真容”及“性情”，还是要等斯蒂芬·乔布斯来亲揭“面纱”。

不过，7日(北京时间)出版的英国《每日电讯报》已经为我们列出了iPhone 4G或将拥有的十大特征：

——该机将拥有玻璃制成的平板背面，四周采用铝质设计；其屏幕分辨率高达960x640，而iPhone 3G分辨率仅为480x320；新机亦能让用户在日光下看到清晰的影像，让新手机的电子书阅读功能更强，藉此一并提升苹果电子书的销量。

——该机还可以“一心多用”，实现多任务处理。iPhone 4G将运行iPhone 4.0操作系统，其最大特色之一就是多任务处理，即同时运行多个应用程序并可在这些程序之间切换，实现从首款iPhone面世以来所有“粉丝”的梦想。

——其存储量更大，可能高达64G，让用户存储更多电影和视频，还能存储2160个应用程序，远超目前iPhone 3G中的180个。

——照相功能更好，除摄像头由目前的300万像素提高到500万像素外，还加入了30万像素的前置摄像头，以方便进行视频通话和视频会议。

——此外，新机还包括处理能力更强、速度更快的苹果处理器；可能比旧款大上16%的电池(意味着电池寿命也将更长)；和iPad一样的微型SIM卡(Micro SIM)，即第三类规格SIM；以及可与电脑进行无线同步的技术，这意味最新的歌曲、照片和电影能够在通过Wi—Fi毫无障碍地传输。

有评论指出，iPhone 4G的面世将为类似产品设立新的标杆，引领手机行业发展的新潮流。(刘霞)

(原载2010年6月8日《科技日报》)

纳米壳自组装结构呈独特光学性能

亚东评论 其实都是通过自组装,原子形成分子,分子形成高分子,简单细胞形成复杂组织。可以说,自组装是自然界普遍存在的一种物质构成形式。一方面,自组装技术对于纳米材料的研发具有重要意义;另一方面,借助于纳米技术,科学家又得以撩起自组装神秘面纱的一角。这个"七聚物"便是自组装在人的巧妙操控下,依据特定功能设置而绽出的一朵纳米奇葩。不过别忘了,以自组装技术应用的广泛和深远而论,它最多也就是个"年度标兵"而已。

据美国物理学家组织网5月28日(北京时间)报道,美国科学家找到了一种方法,使7个"纳米壳"(nanoshell)自组装成一个具有独特光学性能的"七聚物"。科学家表示,就像儿童使用积木搭建出复杂的建筑物或者车辆一样,这种自组装纳米粒子的方法可以用来制造能够捕捉、存储和弯曲光线的复杂物体,比如化学传感器、纳米激光器等。相关研究论文刊登在27日的《科学》杂志上。

哈佛大学应用物理学家费德里克·卡帕索领导的科学团队制造出了该物质,研究成员还包括"纳米壳"粒子的发明人、美国莱斯大学电子和计算机工程系教授、纳米光子学实验室主任内奥米·哈拉斯。

哈拉斯发明的"纳米壳"是一种光学性质可调控的新型纳米颗粒,它是一种中空的金质或银质球体,其大小只有红血细胞的1/20,里面含有二氧化硅填充物。"纳米壳"的中空形状让游移在金原子中的电子在吸收光能方面特别有效率,而改变壳的厚度后,吸收光线的频率也随之改变,这特别适用于生物技术方面的应用。比如,把"纳米壳"注入肿瘤之中,并以红外线光照射肿瘤,即可提高其温度,借此消除肿瘤。

该论文的联合作者之一、美国莱斯大学的物理学和天文学教授彼得·努德兰德指出,新方法制造出的"七纳米壳"结构创造了一种特殊的共振模式,这种共振会产生特定的光波干涉效应。他还表示,这些特性只会出现在人造物体中,因为这些"七聚物"具有自组装特性,因此,它们比较容易被制造出来,具有很大的商业应用潜力。

努德兰德说,新的"七聚物"能够捕捉光、存储能量并且让光以特殊的形式弯曲,而天然物质无法做到这一点,因此,新结构非常适合用来制造超灵敏的生物和化学传感器、纳米激光器以及光子集成回路等。

努德兰德是世界著名的等离子体光学专家,他在2008年预测,一个由纳米壳制造出的"七聚物"会产生法诺共振,这激发了卡帕索的研究灵感,开始着手建造这个结构。之前,卡帕索也使用该方法制造出了磁性的由3个"纳米壳"制造的"三聚物"。

哈拉斯表示，金属表面的自由电子在适当的电磁波激发下，自由电子与电磁波耦合产生集体震荡，此即所谓的表面电浆共振，其发生于金属与介质的交界面。纳米壳是所有等离子体光学纳米粒子家族中功能最多的一员，纳米粒子自组装方法可以用来制造复杂的二维和三维结构，“七聚物”的成功制造就证明了这一点。（刘霞）

（原载 2010 年 5 月 29 日《科技日报》）

无线广播遥控家电错峰工作

亚东评论 加拿大人开发的这套系统实在没有什么了不起的高精尖技术。但其可圈可点之处在于提出一套关于电力供给和使用的极具商业价值的解决方案，有助于实现电网可靠、安全、经济、高效和环境友好的目标。用户参与电力系统的运行和管理是智能电网的一个重要特征。其结果好比拥堵不堪的北京路面上再也用不着"限号"，因为竟有一大批车辆情愿昼伏夜出。这篇报道也让那些不晓得智能电网为何物的读者，能从一个方面"又好又快"地对它略知一二。

一顿丰盛的晚餐后，女主人没有像以往那样挽起袖管洗洗涮涮，而只是将简单清理后的碗筷放进洗碗机，然后就去散步、洗漱、睡觉了。第二天早餐时，洗碗机中的餐具早已洗净、烘干。这并非科幻电影中所描述的情景，而是发生在一个加拿大家庭中的真实场景。原来，在夜间用电非高峰期时，洗碗机已根据无线广播信号自动开启完成了清洗工作。

据美国物理学家组织网 5 月 3 日(北京时间)报道，加拿大国家广播电台(CBC)和多伦多 e-Radio 公司目前合作开发的这种利用调频广播信号远程控制家电的系统，已在初步试验中获得成功。该技术的核心是 e-Radio 公司研发的一款如普通邮票大小的控制芯片，只要将该芯片安装在家电中就可通过调频广播对家电实施遥控操作。

这种新技术可通过智能电网判断用电高峰期，在夜间等非繁忙时段自动启动洗衣机、冰箱、空调等耗能设备，以达到节约能源、缩减用电开支的目的。研究人员称，该技术可彻底改变加拿大甚至世界其他城市在电力消耗上的不均衡现象，最大限度地减少因用电高峰所导致的电网崩溃现象。

e-Radio 公司总裁兼首席执行官杰克逊·王说，高速公路的一条车道在一定时间内能通过的车流量总是一定的。同样，发电和配电系统在用电高峰期的处理能力也有其极限。新技术将有助于人们更为经济有效地对能源使用进行管理。

杰克逊·王说，CBC 因其广播信号可覆盖 99%加拿大人口而成为理想的合作伙伴。同时，他表示，e-Radio 正在同一家国际大型家用电器制造商洽谈家电产品预装 FM 信号接收芯片的合约，争取将预装该芯片作为日后家电产品的标准配置。

虽然包括电力公司和广播公司在内的企业都十分看好该技术的应用前景，该技术投入使用后，FM 广播公司或在未来若干年成功地发掘一个全新的收入来源。但有不少的消费者却对此表示了担忧。有用户担心某些设备在夜间运行时会产生噪音；也有人认为洗碗机、洗衣机等设备在无人值守时会出现漏水等意外事故；还有人认为该技术直接侵犯了隐私，并对此感到不安。(王小龙)

(原载 2010 年 5 月 4 日《科技日报》)

澳大利亚仿生眼让失明者重见天日

亚东评论 美国残障教育家海伦·凯勒曾以那本自传《假如给我三天光明》感动了无数中国人，这项医学科学的最新进展给失明者带来的或许不仅仅是“三天光明”。难怪陆克文给予它如此之高评价。如果有一天，生活在黑暗中的人们果真借助此项技术重见天日，那无疑将为“科学技术是第一生产力”增添新的注脚。

据澳大利亚《悉尼先驱晨报》3 月 30 日报道，澳大利亚推出了首款仿生眼（bionic eye），将其移植到人眼后，可让那些因为基因或老年问题逐渐失明的人士“重见天日”。第一起移植手术预定于 2013 年在维多利亚眼耳医院进行。

这款仿生眼由“澳大利亚仿生视觉”联盟研发成功，主要为那些因为色素性视网膜炎或老年性黄斑退化症导致逐渐失明的人士设计。据统计，在澳大利亚每年约有 5 万人罹患视网膜退化疾病。

该仿生眼包括 98 个电极和无线数据传输设备，仿生眼还拥有安装在一副太阳眼镜镜框上的微型摄像机，摄像机捕捉图像后将信息传送到使用者口袋里的处理器。经处理后的信号接着被无线传输给移植进眼睛里的电极装置，直接刺激视网膜神经，将图像信号传送到大脑。

该设备目前正在进行测试，装有仿生眼的患者现在已能感知视野范围内的光点，大脑可将这些光点重组成图像。

多年以来，科学家一直致力于研制仿生眼移植技术，以提升失明者的健康和生活质量。此前接受人工视网膜移植手术的病人仅能“看到”光线、影像和物体的运动，但图像不够清晰。

“澳大利亚仿生视觉”联盟的掌舵人、墨尔本大学工程系教授安东尼·伯基特表示，该仿生眼技术处于世界前沿，能改善使用者的活动性和独立性。澳大利亚总理陆克文盛赞此次推出的仿生眼技术可能是“我们有生之年看到的最重要的医学进步之一”。

到目前为止，澳大利亚政府总共为此项目投入了 5000 万美元。

除此之外，研究人员希望能够尽快研发出“第二代”仿生眼。伯基特表示，下一代仿生眼的外观和组件将同目前的仿生眼一样，但它会让使用者看得更清晰，使他们最终能识别人脸或阅读大号的印刷文字。（刘霞）

（原载 2010 年 4 月 1 日《科技日报》）

其　他

全球科技论文发表量中国跃居第二

亚东评论　科技论文数量与科技整体实力之间当然没有那种一一对应的机械联系。但中国近年来科技论文发表量的井喷势头，基本上反映了科技水平迅速提高以及综合国力显著增强的实情。我们没有因这类统计数字而盲目乐观，但也不禁要给那些对此不屑一顾的人重复一遍“没有数量就没有质量”的道理。衡量某一事物可能有许多指标，其中每一种通常都有缺陷，但你不应也不会因此而简单地否定之，就像任何一部宪法都不完备，但所有现代国家仍离不开它一样。

英国皇家学会3月29日在其网站上公布了一份题为《知识，网络和国家：21世纪的全球科学合作》的研究报告，该报告对2004—2008年间全球各主要国家在国际科学类期刊上的论文发表情况进行了统计。

报告显示，中国科技论文发表数量已跃升为第二，仅次于美国。虽然在排名前十的国家中，除中国和印度外都为西方发达国家，但从整体上看，传统科研大国在科技论文发表数量中所占的份额有所下降，而发展中国家的科技论文发表数量则出现了整体上升趋势。伊朗和土耳其虽然整体仍较为落后，但也表现出明显的上升势头。

2004年到2008年，中国科技论文发表数量全球排名从1999年到2003年的第六位（占总量的4.4%）跃升至第二位（占总量的10.2%），超越日本，仅次于美国。

在各个国家中美国科技论文的发表量仍然遥遥领先，但其份额已经从26.4%缩小到了21.2%。

日本由第二位滑落到了第四位，所占份额从7.8%下降到了6.1%，英国则以6.5%的份额继续稳坐第三把交椅，但与上次统计相比仍然下降了0.6个百分点。

德国位居第五，所占份额从7%下降到了6%，法国名列第六，所占份额由5%下滑到了4.4%。排名第七到第十位的依次是加拿大、意大利、西班牙和印度。

在前十名之外，土耳其的发展速度几乎与中国势均力敌，与1996年相比，2008年由其本土作者发表的科技论文数量增长了将近4倍。而伊朗则成为了本次统计中科技论文发表数量增幅最大的国家，从1996年的736篇增加到了2008年的13238篇。

负责该项研究的英国皇家学会克里斯·卢埃林·史密斯说：“传统的科学世界正在改变，新的竞争力量正在快速涌现。除表现突出的中国，我们还看到了东南亚、中东、北非和其他国家的崛起。这是一个非常值得欢迎的现象，科研的繁荣和国际交流合作的增多，将为解决人类目前所面临的全球性挑战提供更多的智慧。”（王小龙）

（原载2011年3月30日《科技日报》）

美科学家称找到亚特兰蒂斯城

亚东评论 世界上没有什么比这座“失落之城”更长久地让一代又一代人痴迷。一切都始自柏拉图于公元前350年撰写的《对话录》，这一哲学名篇所描述的那个毫不逊于天堂的极乐世界距今已有12000年。大西洋、地中海、加勒比海……人类追逐亚特兰蒂斯传奇不辞千难万险。好在今天有了卫星定位、数字地图、探地雷达和各种水下技术，不知省了多少铁鞋。就算这项发现最终能凑合着给柏拉图一个交待，恐也难避“指鹿为马”之嫌。此事肯定没完没了！

被称为“失落之城”的亚特兰蒂斯，几千年来一直是一个难解的谜团。传说中这片古老的大陆数千年前就拥有高度发达的科技和文明，但却在一场突如其来的灾难中整体沉没。据英国《每日邮报》3月15日报道，日前美国领导的一个研究小组宣称，他们已经找到了传说中突然消失的亚特兰蒂斯城，并指出遗址就在位于西班牙加的斯市北部的多纳安公园(Dona Ana Park)沼泽下。相关细节将在美国国家地理频道节目《寻找亚特兰蒂斯》中公布。

这支由考古学家和地质学家组成的研究小组，是首先通过一幅疑似亚特兰蒂斯城的卫星照片注意到这个地点的，而后采用探地雷达、数字成像和水下探测等多种技术最终确定了这一推断。研究人员称在多纳安公园的沼泽下方发现了大量与传说中的亚特兰蒂斯城类似的城市建筑。

负责该研究的美国哈特福德大学教授理查德·弗茵德说：“种种迹象表明，的确是海啸吞噬了亚特兰蒂斯城。巨大的海啸向亚特兰蒂斯内陆推进了近百公里，虽然很难理解，但事实可能就是如此。”

此外，研究人员认为先前在西班牙中部发现的一系列城市古迹，与亚特兰蒂斯城的建筑风格较为类似，这表明在那场巨大的海啸中或许有部分亚特兰蒂斯居民幸运逃脱，并建造了这些建筑。下一步，他们将在遗址附近继续进行深入挖掘，研究地质结构，确定出土古物的确切年代。

弗茵德称，“我们发现了此前任何人都未曾见到的东西”，这将使有关亚特兰蒂斯存在的说法更加合理可信，对考古学也具有“非常重要的意义”。

古希腊哲学家柏拉图曾在文章中提到过亚特兰蒂斯城，而这也是唯一已知的亚特兰蒂斯城的历史文字资料。柏拉图将其描述为“赫拉克勒斯(希腊神话中的大力神)砥柱海峡对面一个很大的岛”，“仅一天一夜时间就消失在大海中”。而赫拉克勒斯砥柱海峡指的正是直布罗陀海峡。根据这一提示，搜寻人员一直将寻找的重点聚焦在地中海和大西洋，认为亚特兰蒂斯城或许就在此处。

一年前，有人借助“谷歌地球”软件中的“谷歌海洋”功能，发现了不少神秘的纹路和矩形图案，并认为它极有可能是失落之城“亚特兰蒂斯”的沉没之处。但该说法很快遭到了谷歌官方的否认，谷歌表示这些线条是由一艘“谷歌地球”数据收集船产生的，从而使其成为了一则趣闻。（王小龙）

（原载2011年3月16日《科技日报》）

美国黄石公园火山隆起加剧令人忧

亚东评论 走进黄石公园，你会由衷赞叹那冰火磨砺的自然奇观，也会真切感知滚滚的岩浆就在脚下涌动。也许只有美丽和残酷如此相拥时，才能给旁观者带来这种错乱的心绪。在地质变化的时间尺度上，每个人的寿长都像一粒微不足道的"纳米"。所以，谁都不愿和那位忧天的杞国人为伍。但概率再小的事件终究也有发生的一天，赶上了叫寸劲儿。如果黄石公园超级火山爆发被不幸言中，论及后果和影响，举出冰岛艾雅法拉火山这么温柔的例子，显得十分不妥！

据英国《每日邮报》在线版1月26日消息，世界最大的活火山——美国黄石国家公园超级火山方圆数公里的地面日前大幅隆起，而在过去7年内其隆起速度一直有加快趋势，令人们十分担心其临近大规模爆发。若果真如此，美国将有2/3的国土恐无法居住，更不要提居民会遭受的威胁及给空中交通、生态带来的灾害。

日前，黄石国家公园超级火山数公里地面因地下岩浆发生了大幅隆起，据《国家地理》在线版称，其部分区域隆起达10英寸(约25厘米)。作为目前唯一位于大陆上的超级活火山，黄石火山提供了黄石国家公园所有温泉、间歇泉和蒸气孔的热量来源，据预测，其火山口下蕴藏着一个直径约为70公里、厚度约为10公里的岩浆库，且还在不断地膨胀。

有关黄石火山的异常情况其实早已有报：从1923年至今，黄石公园部分地区的地面已经上升了70厘米，黄石境内每年发生约3000次地震皆与这种活动有关；但在过去3年中，其地面开始每年平均升高约7.6厘米，增速前所未见。

此番现象最令人担忧的后果，莫过于黄石火山会重启爆发。在近64万年间，黄石火山发生了30次很小型的喷发活动，最近一次是在7万年前。但过去210万年间大规模的爆发活动仅有3次。由于现阶段数据匮乏，正密切监控火山的科学家们暂还不能断言它会于何时发生第4次大爆发，亦不会盲目发出全面警告。倘若噩梦成真，这就是黄石火山64万年来首次大规模爆发，其影响势必要比去年冰岛艾雅法拉火山来得更猛。

2010年4月冰岛艾雅法拉火山爆发曾造成火山灰大肆弥漫，欧洲各地的空中交通瘫痪数日。而计算机模拟显示，黄石火山一旦发威，厚达30厘米的火山灰将笼罩1600平方公里的区域，美国将有2/3的地区无法居住，导致人们流离失所，空中交通停顿，火山灰中的二氧化硫等还可能在相当长一段时间内引发大范围降温。(张梦然)

(原载2011年1月27日《科技日报》)

气候变化至少还会持续一千年

亚东评论 在马尔代夫如梦如幻的沙滩上，如果你被告知该岛国50年后将被海洋彻底吞噬，没有什么比这更直观地让人理解“气候变化”的确切含义。事实上，仿佛在一夜之间，这个词汇突然从科学家的实验室逃逸出来，和社会、经济、政治、外交等捆绑在一起，成了街头巷尾的谈资，更走到世界舞台的中央。加拿大科学家这项预测的边际条件有待商榷，因而从科学的角度讲，尚不能作为人类未来行动的指南，但却足以给我们危机中的家园再次敲响警钟。

加拿大科学家在1月9日出版的《自然·地球科学》上发表文章称，气候变化至少将会持续到公元3000年。文章指出，大气中二氧化碳浓度上升将对气候产生无法阻止的影响，且至少在以后一千年中都会持续。研究人员估计，南极西部冰盖将在公元3000年完全崩塌，最终导致全球海平面升高至少4米。

该项研究是世界上首次采用全气候模型来模拟预测一千年后地球的气候状况。该气候模型是由加拿大环境部气候建模和分析中心与卡尔加里大学的研究人员基于最佳假定条件和“零排放”场景建立的。

卡尔加里大学地理学教授、加拿大气候变化首席研究员肖恩·马歇尔介绍说，他们设立了一种场景，假定人类完全停止使用化石燃料，不再排放更多的二氧化碳进入大气，来分析在此前提下需要多久才能够逆转目前的气候变化趋势。研究小组对始于2010年和2100年的“零排放”场景进行了分析研究。

计算机模拟分析结果显示，北半球的情况要好于南半球，像加拿大这样的地区，在未来一千年气候变化的趋势将得到逆转。但同时，北非地区将因干燥而有30%的土地沙漠化，南极附近海洋温度将上升5摄氏度，这可能会诱发南极西部冰盖大面积崩塌。

研究人员在模型中假定，南北之间存在差别是海水从北大西洋向南大西洋的缓慢运动造成的。据马歇尔教授介绍，南半球的部分区域洋流拥有更多的惯性，因此变化发生得会快一些，进入南大西洋中深部和深部洋流的惯性，意味着这些海洋区域目前开始变暖是上世纪二氧化碳排放引发的结果。模拟结果显示，海洋变暖的趋势在未来一千年内将会持续，而不会停止或逆转。

科学家认为南半球的气流可能也是影响因素之一。马歇尔表示，南半球的风势在未来将会加强并保持强势，不会发生逆转，这将使更多的热量从大气中传入海洋，促使海洋进一步变暖。（杜华斌）

（原载2011年1月11日《科技日报》）

阿联酋沙漠下起名副其实的“人造雨”

亚东评论 “沙漠地区空气中无所不在的尘埃”以及“太阳光产生的强热导致气流上升”，仅这两个必要的气象条件就足以让此项“人造雨”技术不那么“名副其实”。当然，与现今普遍采用的人工降雨方法相比，这套以负离子取代碘化银的系统不再苛求水汽丰厚的云层，说是“革命”倒也无妨。只是将这种革命进行到底的后果也许为人类始料不及。由于强大的需求刺激可以预期以及自然生态代价尚未显现，目前即使我们能够想到未雨绸缪，也只好“让子弹飞一会儿”。

俗话说，天有不测风云，但科技却让人可以“呼风唤雨”，未来甚至能够控制天气。据英国《每日邮报》1 月 4 日（北京时间）报道，阿联酋国家阿布扎比聘用的科学家弃用化学物质，发明了革命性的“人造雨”技术，去年在素有“沙漠绿洲”之称的阿莱茵制造了 50 多场名副其实的人造暴雨，大部分出现在根本不可能下雨的七八月份。有些暴雨还转变为冰雹，并伴有雷电交加。

每年七八月份，地处阿布扎比东部的阿莱茵地区通常晴朗无雨，几百年来，当地居民都梦想着干旱的沙漠有朝一日能变成雨水滋润、适合种植的土地。瑞士公司研发出的一套革命性系统“Weathertec”在阿莱茵制造了 50 多场暴风雨，这个梦想有望变成现实。

该系统使用巨型空气净化器制造出大量负离子，负离子会自动依附沙漠地区空气中无所不在的尘埃。太阳光产生的强热导致气流上升，这些上升的气流会携带着含有负离子的尘埃粒子向上运动。一旦尘埃粒子上升到云层，负离子就会吸收空气中的水分子，在周围凝结成水滴。随着空气中湿度增加，无数的水滴最终会变成云，进而化作雨落到地面。该瑞士公司在阿莱茵周围建立了 5 个基地，各配置了 20 台空气净化器，每台可朝大气中喷洒数万亿个负离子。

一些国家过去也曾尝试使用化学物质来实现人工降雨或人工消云。但英国《星期日泰晤士报》表示，阿布扎比的降雨是科学家首次真正在晴朗的天空中制造出降雨过程，是首次名副其实的“人造雨”。

该研究项目由全球著名的大气物理研究中心德国马克斯普朗克气象研究所监督，该所前任所长哈特姆特·格拉斯尔表示，这项技术有很多应用。除了在干旱地区实现“降雨”，该技术因成本远远低于海水脱盐成本，还有助解决淡水不足的问题。建造整套“呼风唤雨”系统的成本约为 700 万英镑，而海水脱盐厂的建造成本约为 8.5 亿英镑，另外还需巨额的运营成本。每年制造 1 亿立方米水的成本，净化器需要 600 万英镑，海水脱盐厂却需要 4500 万英镑。（刘霞）

（原载 2011 年 1 月 5 日《科技日报》）

日研制出大型龙卷风模拟器

亚东评论 龙卷风像幽灵一样来去无踪，科学家们长久以来只能凭借该“罪犯”在地面上留下的“指纹”，来研究其内部结构和那匪夷所思的巨大能量。多普勒雷达虽然是比较有效的观测仪器，但“捕风捉影”式的被动研究也总是留下太多遗憾和无奈。以日本开发的这具龙卷风模拟器的规模和威力而论，当足以为有关龙卷风的防灾减灾探索提供一条新的途径。

据《印度时报》12 月 6 日(北京时间)报道，为深入了解极端天气如何毁坏建筑，日本国土交通省国土技术政策综合研究所(NILIM)、日本建筑科学研究所、东京大学和京都大学防灾研究所携手开发了一种龙卷风模拟器，试图让建筑物结构在受灾时不致被毁。

一提到极端天气，日本人就担心去年夏天创历史纪录的极端气候“卷土重来”。那次热浪袭击夺去了 170 人的生命。然而，日本遭受强大龙卷风袭击的次数似乎与日俱增。据《气候》杂志报道，日本平均每年大约发生 20 起龙卷风。现在，这种新的龙卷风模拟器或许可给日本人带来些许安慰。

位于日本筑波市茨木县的 NILIM 的喜木津宏光表示，之所以要研发这个模拟器，主要原因是最近几年龙卷风造成建筑损坏的报道与以前相比明显增多。

该龙卷风模拟器的直径为 1.5 米，安装在 2.3 米高、5 米宽的支架上。它能够产生的最大风速为每秒 15 米到 20 米，相当于 F3 级暴风。参照龙卷风国际分级标准(日本藤田分级)，龙卷风共分 5 个等级，分别是 F1、F2、F3、F4 和 F5 级。F3 级暴风的威力之大，足以将树连根拔起、掀翻汽车、撞到房屋和毁坏金属构件。

喜木津表示，尽管 F3 级暴风在日本历史上还从未出现过，不过该装置能够模拟生成 F3 级暴风。喜木津及其研究团队计划通过建造适合该模拟器的房屋建筑模型来测试该设备的性能。(刘霞)

(原载 2010 年 12 月 7 日《科技日报》)

英国加大技术创新投资力度

亚东评论 这些技术创新中心只是英国政府同日公布的总投资额超过2000亿英镑的《国家基础设施规划》的一部分。该规划的重点是低碳经济、数字通信、高速交通系统和基础研究等领域的科技基础设施建设。而就在几天前，第二次世界大战以来最严格的财政紧缩政策才刚刚出台。捉襟见肘时能够想到依靠技术创新推动经济长期发展，足显远见卓识。尽管英国经济的复苏依然步履维艰，但其新一轮产业革命的引擎似已隆隆作响。

英国首相卡梅伦10月25日宣布，政府将在未来4年里投资2亿英镑，创建一系列技术创新中心，以促进英国高科技产业的发展。

卡梅伦指出，英国拥有世界级的研究基地，而这些技术创新中心将会作为英国大学和商业界之间的桥梁，促进本土技术商业化的步伐。

英国商业、创新与技术部称，英国技术战略委员会将负责这些技术创新中心的筹建和管理，而各创新中心将具有极大的自主性，可以根据商业需要灵活反应。它们将向英国企业提供专业的设备和人才，同时也会向工业界推荐极具潜力的新兴技术。这些创新中心将根据全球市场情况和英国本身特点而专注于不同的技术领域，塑料电子、再生医学、高附加值制造业等都会在考虑之列。

英国商务大臣文斯·凯布尔当日表示，高科技产业是英国经济的希望，新技术的推广应用，可以有效地平衡经济，提供许多技术含量与报酬双高的工作岗位。这些技术创新中心将在帮助英国企业开发新产品的过程中起到关键作用，相信一定会蓬勃发展，而政府的这一投入将使英国企业走在创新的前列。（刘海英）

（原载2010年10月27日《科技日报》）

美拟发射卫星探测磁重联现象

亚东评论 要不是科技对社会生活如此迅速地渗透，磁重联作为一种空间现象本来和大多数人没什么相干。可如今，几乎所有地球人都在不同程度上受到它影响，甚至困扰。多亏20世纪90年代以来引入的一些新技术，才使我们的观测能力达到足够水准，以探究这种磁力线突然重新排布的复杂物理机制。然而，刚刚起步的研究还回答不了这样一些问题，如磁重联如何发生以及到底是电子还是离子在起主导作用等。所以，我们热切期待4年后“阿特拉斯5型”如期升空。

磁重联是科学家迄今知之甚少的神秘领域之一，美国国家航空航天局（NASA）最近一项日地探测任务——磁层多尺度任务（Magnetospheric Multiscale，MMS），将对此进行深入研究，以大大增进人们对这一现象的了解。据美国物理学家组织网9月7日（北京时间）报道，NASA计划于2014年发射一颗卫星，专门研究地球磁气圈中的磁重联现象。

当磁力线交叉、撤回、再连接时，磁重联现象就会发生，同时以热能和带电粒子动能的形式释放磁能量。科学家20世纪50年代就开始研究磁重联，也有大量的论文专门分析这一难题，但至今仍无法建立起一个公认的模型。在太阳上，磁重联产生的太阳耀斑相当于数十亿颗原子弹的威力。在地球大气层，磁重联产生磁暴和极光，而在地球实验室的核聚变反应中，也会造成很大问题。

MMS任务是由4个相同航天器组成的探测系统，将携带相同的等离子分析仪、高能粒子探测仪、磁力计、电场仪器以及防干扰设备。4个航天器将在最好的实验室——地球磁气圈中分析研究磁重联现象。通过测量来验证当前主流理论：磁场是如何重新连接的，以及连接的过程是怎样的。

美国得克萨斯州西北研究院的詹姆斯·波切博士说，磁重联是整个宇宙中的一种基本物理过程，MMS将使人们在近地空间环境中了解这一动力过程，磁气圈不断传输着从太阳风到地球磁层的能量，给空间天气造成混乱。

MMS任务去年5月成功通过了初期设计审核，6月得到批准实行。最近，NASA和独立评议小组成员专门审查了MMS任务的各个方面，包括最关键设计的审议，以及成本、计划安排、风险等其他内容，以确保这次任务符合执行要求，进入到演示和检验阶段。NASA马里兰州戈达德航天中心的MMS项目副指挥马克·艾德里安说，在实验小组着手打造飞行硬件之前，这是最后的一关。

戈达德是这次任务的指挥中心，工程师们将执行从这里发出的从建造航天器、在MMS

卫星上组合4套仪器设备、发射工具一体化及操作，到建设操作监控中心、控制航天器等各项指令。他们已经设计好了一种快速等离子仪(Fast Plasma Instrument)，用来测量离子和电子分布，并能以前所未有的毫秒级时间解析度来精确分析电磁场。

目前，MMS计划于2014年8月在佛罗里达州的卡纳维拉尔角空气动力站，由“阿特拉斯5型”(Atlas V)火箭发射升空。(常丽君)

(原载2010年9月8日《科技日报》)

欧洲绘制未来10年物理实验路线图

亚东评论 粒子物理学研究的对象是基本粒子，而宇宙学研究的对象至少是星系。这两样东西放在一起的反差，就连蚂蚁和大象的对比都不能形象于万一。然而近20年来，“最微观”和“最宏观”越走越近，有时同穿一条裤子都嫌太肥。大爆炸后早期宇宙的遗迹正成为验证许多重要粒子理论绝无仅有的“实验室”，而粒子物理学的快速发展也总是让人类的宇宙认识焕然一新。应该说，粒子物理学与宇宙学交集，是欧空局这张空间使命路线图最吸引人的看点，也极具示范意义。

据《科学》杂志网站8月13日(北京时间)报道，伴随着粒子物理学与宇宙学的日益趋同，欧洲空间局(ESA)发布了有关宇宙空间任务与技术开发的路线图，这将指引2015年至2025年欧洲物理实验的发展方向。

近年来物理学发展的一种趋势是，越来越多的研究人员倾向于利用空间任务来回答物理学基本问题，但这一过程中物理学家们往往会身陷“第二十二条军规”的窘境——为了更好了解宇宙，需要储备更丰富的物理知识；而想得到丰富的物理知识，又必须要先提高对宇宙的认识。

针对此，新公布的计划除测试物理基本定律之外，还包括诸项在太空中进行的研究：搜寻引力波及其源头、在宇宙中实现量子力学试验、阐明暗物质与暗能量、寻找反物质，以及在物理学两大柱石理论——“相对论”与“量子力学”之间建立沟通互动，避免它们“各自为政”。天文学家们希望以上各项的成功，能借助宇宙得天独厚的环境条件。

据介绍，公布的路线图计划包含有：

“LISA探路者”测试任务。欧空局将于2012年发射3艘相隔约483万公里的飞船，其携带的激光干涉仪空间天线(LISA)，将用于探测引力波引起的时空变形，验证广义相对论的预测是否正确。

“显微镜”任务。由欧空局与法国航天局联手打造，计划于2012年底发射，用于测试引力质量与惯性质量的相等性；而基于新技术所体现出的实验灵敏度，将有助于量子理论与相对论的统一。

“太空原子钟”任务。太空原子钟系统(ACES)会在2013年登陆国际空间站，意味着太空的计时将进入原子时代。而当阿尔法物理常数不能保持始终如一时，原子钟系统会出现明显时间变化，这种情况下，广义相对论就有必要加以修正。

“欧几里德”任务。这是欧空局正在研发中的一个望远镜项目，2017年或2018年发射后将开始着力绘制宇宙中星系分布图，并利用弱引力透镜对普通物质重力振荡进行监测，估算宇宙中暗能量与暗物质的总量。

然而，该计划公布后，有科学家却对其中某些造价高昂（如太空原子钟）的项目不以为然。剑桥大学天体物理学家马丁·里斯相对看好“欧几里德”任务，他认为，物理基本法则就应产生于这样一些普通但有着丰富数据流量作支持的实验。（张梦然）

（原载2010年8月14日《科技日报》）

人类最早使用工具时间提前百万年

亚东评论　一下子把石器时代由距今250万年推前至340万年，这可是不小的幅度。其后进入青铜器时代距今仅6000年，再进入铁器时代距今更只有两三千年。如果把以半导体为基础的信息时代称之为硅时代，那么硅时代才经历了短短几十年。温故而知新。美国考古学家这项发现除了带来历史的沧桑感外，也让读者更加体悟到人类生产力发展的爆炸式进程。尽管总是有人谈论“增长的极限”，但宏观的视野使我们有理由对未来抱有最乐观的期待。

据英国《每日邮报》、《每日电讯报》及《科学》网站等8月12日（北京时间）报道，美国加州科学院考古学家在超过340万年的动物骨头上发现了石刃砍凿的痕迹。据此，科学家提出，人类远古的祖先更早就学会了使用石器，而初次使用工具正是人类发展史上的重要节点。该发现使石器时代提前了近百万年，且将会改变许多早前对人类历史的研究结果。相关论文发表在12日出版的英国《自然》杂志上。

这两块带有历史标志性的骨头化石，出土在埃塞俄比亚的阿法尔地区，此处正是南方古猿阿法种的重要发祥地。古猿阿法种是早期人类的直系祖先，也是最早可直立行走的物种。其中闻名遐迩的是1974年美国科学家唐纳德·约翰逊考古小组发现的“人类祖母”——露西。露西遗骸化石约有320万年历史，被看作是人类起源研究领域里程碑式的发现，亦被认为是目前世界上最重要的古人类化石之一。但此前科学家们一直认为，露西一辈子没用过真正的石器，已知最古老的石器工具距今约250万年。

但现在两块骨头推翻了这种理论。这些超过340万年的动物骨头上的痕迹，被证明是石刃砍凿留下的，骨头的“主人”应是被南方古猿屠宰的。古猿们所使用的工具很可能是用来切割肉食，并将骨头凿碎以能吃到里面骨髓的“餐具”。

考古学家对结果感到震惊。该骨头的发现者、加州科学院博士泽拉塞奈·阿莱姆塞吉德也曾主持“露西之女”——一具3岁女猿遗骸的出土。他表示，人类发展的古代文化水准，以首次制造和利用石制工具为关键性标志，推动了此后所有的进程。其时间的提前，转变了人们对祖先进化时间的认知，改写了人类故事的历史。

“而关于露西的故事，”阿莱姆塞吉德说，“既然第一次证明了她和她的‘亲戚’会使用工具，那就可添加进很多细节了。”（张梦然）

（原载2010年8月13日《科技日报》）

黑海海底发现世界第六大河流

亚东评论 “海纳百川”这个词形容胸怀，那可是一种至高境界。然后头一回，科学家告诉我们，海洋不仅能接纳百川，而且还能流淌百川。这不禁让人对她萌生了更多的敬畏和尊崇。其实，海洋与河流密不可分的观念，甚至可以追溯到古希腊神话里的海洋河流之神欧申纳斯。海底河流这一久远的猜想终获证实，其意义还在于提醒，人类现今关于海洋的认识的确还只是皮毛，那里尚有无数个蓝色的未知等待我们探索和发现。

据英国《每日邮报》8月2日(北京时间)报道，英国科学家首次在黑海海底约350米深处的海床发现了可以让泰晤士河相形见绌的海底河流，其流量大小是泰晤士河的350倍，流程约2500公里，宽几公里。

同陆地上的河流一样，该海底河流也拥有航道、支流、冲积平原、急流甚至瀑布。科学家表示，如果这条河流在陆地上被发现，以流经它的水量来计算，将是世界第六大河流。

声呐扫描显示，世界上的很多海洋中都存在弯曲航道，因此，科学家一直认为海底河流是有可能形成的。而这次发现的河流，是科学家首次发现的海底河流。

英国利兹大学的研究团队使用一个海底机器人扫描了土耳其附近的海床，结果显示，这些河道蜿蜒曲折，河道中水分的盐度要高于海水的盐度，同时含有大量泥沙。研究人员表示，从地中海出发的高盐度海水在流向黑海(其中的海水盐度很低)，经过博斯普鲁斯海峡时，飞溅的盐水像河流一样沿着海床流动，开辟出一条航道以及很多深深的堤岸，形成了该海底河流。

新发现的这条海底河流或许可以帮助科学家解释生命如何在深海水域中存活。利兹大学地球和环境学院的丹·帕森斯解释说，这条河流携带着沉积物和生命生存所需要的营养物质，生命因此得以存活。

研究人员表示，这条海底河流同陆地上河流的主要区别是，水流在弯道四周流动，水采用螺旋状的方式前进，与陆地上河流的行进方式相反。

海底河流的航道同海沟不一样。在地质学上，海沟被认为是海洋板块和大陆板块相互作用的结果。密度较大的海洋板块以30度上下的角度插到大陆板块的下面，两个板块相互摩擦，形成长长的“V”字形凹陷地带，这就是海沟。而海底河流缓慢而弯曲地流动，并且通过侵蚀航道底部的淤泥并让其堆积，从而像陆地上的河流一样形成了堤岸。

帕森斯发现，黑海海底的河流流速约为每小时 6.4 公里，航道水流量每秒约有 22000 立方米，是欧洲最大河流莱茵河的 10 倍多。该海底河流的发现对于试图在这些区域进行开采的石油公司也非常重要。（刘霞）

（原载 2010 年 8 月 3 日《科技日报》）

无害凝胶剂可清理咸水中油

亚东评论 英国BP石油公司这两天正忙着测试其新型密封连接防漏罩，但愿它能终止墨西哥湾目前每天高达6万桶的原油泄漏，而大约两周后完工的减压井更可望为这场旷日持久的环境灾难彻底"刹车"。于是，如何收拾那个巨大的烂摊子，开始成为世人关注的焦点。痛定思痛，强大的需求驱动必将催生更多"凝胶剂"这类成果；相信以我们21世纪的科技手段还之"清白"，墨西哥湾不必等待40年。

美国纽约城市大学(CCNY)副教授乔治·约翰博士领导的化学研究小组14日表示，他们开发出一种无毒且可循环使用的凝胶化学制剂，它能固化咸水中的油，生成的胶凝状物质漂浮在水面上可以被捞起，如同人们用漏勺舀出冷鸡汤表层的凝固脂肪那样。约翰认为，新的凝胶剂有望用来回收墨西哥湾深海油井泄漏到海里的石油。

在实验室进行的演示试验中，约翰和同事用容器装盛漂浮有柴油的食盐水溶液，然后向容器加入混合有乙醇(酒精)的糖化合物(凝胶剂)。不足5分钟，容器中的柴油便与凝胶剂在溶液表面形成胶凝状物质，该物质可用勺子从容器中直接取出。利用真空蒸馏处理取出的胶凝物质，研究小组分离出了80%的柴油。

约翰他们介绍说，研究小组开发的凝胶剂使用的是糖基分子，能够用可再生资源生产，同时凝胶剂本身也可降解，从而对环境无害。此外，在使用中，凝胶剂的量相当少，只需回收油量的5%。能处理的油类也相当广泛，包括原油和蔬菜油。

英国石油公司海底油井于4月24日开始漏油，每天泄漏进墨西哥湾海水中的原油大约为4万桶。按照目前的方法(包括燃烧、海面撇取和化学分散)进行清除，需要40多年的时间。约翰认为，利用化学分散剂的方法有害于海生生物，同时还可能对环境出现未知的长远积累效应。新的凝胶剂有望帮助人们清除墨西哥湾海水中的原油。(毛黎)

(原载2010年7月16日《科技日报》)

360万年前原始人骨骼化石被发现

亚东评论 只有极少数化石能够具有人类进化的主要表型特征，因而地猿始祖“阿尔迪”骨骼化石的发现，曾高居美国《科学》杂志评选的2009年十大科学发现榜首。它以全新的资料和线索让研究者们探讨有关人类进化的根本问题：直立行走如何演变而来？怎样识别人类大家庭的最早成员？人类与黑猩猩的最后一个共同祖先是什么样子等等。对于长久以来困扰我们的这些疑惑，新来的“大个子”肯定还有更多的话要说。

据美国《每日科学》网站6月22日(北京时间)报道，一个国际研究小组在埃塞俄比亚阿法尔州发现了距今360万年的男性原始人的部分骨骼化石，其比著名的“露西”骨骼化石还要早40万年。基于这一新标本的研究表明，这位男性原始人和“露西”一样都能直立行走，因此人类开始直立行走的时间或比此前认为的更早。相关研究报告发布在6月21日的美国《国家科学院院报》网络版上。

此次发现的局部骨骼化石和“露西”同属于南方古猿阿法种。美国克利夫兰自然历史博物馆馆长约翰尼斯·海尔一塞拉西博士领导的研究小组于2005年发现了这具骨骼化石的部分下臂骨骼，后历时5年完成挖掘工作，获得了人类化石历史上最完整的锁骨和最完整的肩胛骨之一。

这具标本被命名为“Kadanuumuu”，即阿法尔语中的“大个子”，其直立身高在5英尺至5.5英尺之间(约为1.52米至1.68米)，而“露西”的直立身高仅为3.5英尺(约为1.07米)。

海尔一塞拉西说：“这位男性原始人是双足动物，他几乎能像现代人一样行走。基于这一发现，我们可以充满信心地说‘露西’和她的祖先‘大个子’基本和我们一样，能够熟练地借助两条腿直立行走，因此人类进化过程中开始直立行走的时间应该要比此前认为的更早。”

对于“大个子”的科研分析表明，南方古猿阿法种的肩部和肋骨都与黑猩猩有所不同。研究人员表示，此次发现进一步确认了从迄今最古老原始人“阿尔迪”骨骼化石研究中得出的结论，即在经历最后的共同祖先阶段之后，人和黑猩猩在进化道路上都出现了与共同祖先差异很大的特征，各自开始了一系列独特的进化。

南方古猿阿法种是最著名的早期人类直系祖先。在此之前，仅有“露西”一具原始人骨骼化石属于这一物种。“露西”生活的年代是320万年之前，曾被认为是第一个直立行走的人类。(张巍巍)

(原载2010年6月23日《科技日报》)

64 种猩猩手语具体涵义被确定

亚东评论 猩猩还是那个猩猩，但我们对它的认知却因圣安德鲁斯大学这项发现有了质的飞跃。不禁想起人类的童年，汉语、英语、斯瓦希利语……今天世界上所有语言的前身或许都是这些简单的手势。在那棵繁茂无比的进化树上，人类和猩猩就像并生在一根树枝末端的两片叶子，了解猩猩在很大程度上就是了解我们自己。不幸的是，人类的鲁莽和无礼正使这位近亲处于快速灭绝中。也许，猩猩还有没被发现的第 65 种手语，用来表达对人类的鄙视和抗议。

如果一只猩猩轻拍你的胳膊并不断向你发出响亮的咂舌声时，你不必惊慌，它只是在问你想不想和它一起玩。据英国《独立报》、《每日邮报》6 月 18 日(北京时间)报道，英国圣安德鲁斯大学经过为期 9 个月的观察后发现，红毛猩猩的手语具有特定涵义，是其根据预期的特殊行为反应做出的。此项以红毛猩猩为对象的动物沟通方式的研究成果，在系统评估非人类手语沟通方式的特定涵义方面迈出了重要的一步。

研究人员使用了一种“目标—结果匹配”的方法。该方法将单个手语的明显目的与手语信号接受者的反应一并考虑在内。如果两者能匹配一致，就可确定这个手势的特定涵义。

研究人员对 3 个欧洲动物园中的 28 只红毛猩猩进行了观察。最终，他们确定了 64 种手语，其中最常用的 40 种手语被研究人员赋予了特定涵义。红毛猩猩的这 40 种手语预期可达成 1/6 的社交目的：互动(接触、美容或娱乐)、请求、共享、鼓动一起活动、召唤伙伴回来或停止某个动作。

研究显示红毛猩猩至少使用 25 种信号或手语(如翻跟斗、猛扯头发或向空中吠叫)表示“我要玩”。其他表示要玩耍的手语还包括将物体放在手上、摸自己的脸或是举起手臂。

研究发现，红毛猩猩用一只手刷毛表示它想阻止某件事，在拥抱的同时用力拉扯则表示想让同伴与它一起散步。

接着，研究人员测试了红毛猩猩在手语回应与其目的不相一致时会做何反应，并根据“目标—结果匹配”方法推导出手语的特定涵义。他们发现，红毛猩猩在其伙伴未按其预想方式做出反应时，会更加顽固地使用该种手语。

研究人员得出的结论是，红毛猩猩的手语是根据其期望的具体行为反应做出的，因此具有特定的涵义以及功能性结果。猩猩手势特定涵义的专一性程度得自“目标—结果匹配”方法。当蓄意使用的手语高频成对出现时，“目标—结果匹配”法就可成为确定手语特定涵义的有力工具。

研究人员表示，相关研究结果将会被编纂入人类首部“猿类词典”，以方便人们在野外与大猩猩以及其他类人猿类动物进行交流。此项研究不只揭示了猩猩是如何沟通的，还将有助于揭示人类语言在数百万年前是如何起源的。

该研究成果发表在《动物认知》杂志上。（冯卫东　王小龙）

（原载 2010 年 6 月 19 日《科技日报》）

科学家批美政府处置漏油事件不力

亚东评论 整整过去一个月了，墨西哥湾漏油事件的局面依然没有得到根本控制。事实再次表明，无论是处置离岸油井泄漏，还是清除漏油导致的海洋污染，人类现有技术手段还不足以对可能出现的危机实施有效管理。比这些科学家的指责更让行政当局尴尬的是，就在事发前不久，美国政府刚刚提出从2012年起扩大开采原油水域的动议。虽然奥巴马现在还顾不得从该主张上后退，但面对这场有可能成为美国历史上最大的环境灾难，也许他已经不好意思了。

据美国《纽约时报》5月20日（北京时间）报道，在墨西哥湾漏油事件上，奥巴马政府和科学家之间的紧张关系不断升级，很多有名望的海洋学家指责政府没有对这一灾难性事件进行充分科学分析，让英国石油公司（BP）掩盖了油污扩散的真正范围。

科学家指出，自事故发生以来，政府并未向公众公布深海水样的测试结果，也没有获得有关多少加仑石油正在海面散开的精确分析。

而政府当局承认，随着灾难波及面扩大，他们才开始广泛收集各类分析资料，但他们坚持认为，目前所获信息越来越多，也越来越好，其中包括一幅更完整的水下图景。

美国国家海洋和大气管理局（NOAA）主管简·卢布琴科19日对国会表示："我们还不完全知道油在何处。但我们正在搜寻各种可能的资源来了解油在何处以及漏油最终会造成什么影响。"政府当局也对漏油事件给予了高度关注，他们铺设了1105根管子来收集浮油、燃烧浮油并阻止浮油在海岸线散开。

虽然处理漏油事件的船只数量十分可观，但用于科技评估深海状况的船只却少得可怜。卢布琴科博士指出，NOAA拥有的19艘调研船中，仅有5艘处于墨西哥湾水域待命。作为这批调研船中的旗舰，罗纳德·布朗调研船却在3周之后才抵达事发水域，其本可以利用强大的海下探测设备获取更权威的测量数据。

作为一名老兵，海洋生物学家里克·斯坦纳见证了1989年埃克森瓦尔迪兹灾难事件的发生。他在接受采访时指责说，NOAA并未对深海情况进行准确分析，更多的则是对这一问题的疏漏。他说："生态系统目前正暴露在石油污染物中，却没有人注意到这一点，这可谓是美国国家海洋和大气管理局的致命失误。"

海洋学家也对奥巴马政府不愿敦促英国石油公司计算出精确的水下油井漏油量提出了质疑。该公司曾拒绝专家将相关设备输送至海底，而启用这些设备必将显著提升测算的准确度。

佛罗里达州立大学的海洋学家伊恩·麦克El纳率先对“每天21万加仑”的官方估计数字提出质疑，他的结论是石油公司有意阻挠精确测算。

英国石油公司发言人安德鲁·高尔斯对此表示否认，他指出，仅是在海底试图阻止水流就需复杂运作，将更多的外围设备引入油井近井地带是个不可接受的冒险行为。（张巍巍　张梦然　刘霞）

（原载2010年5月21日《科技日报》）

现代人大都拥有尼安德特人基因

亚东评论 一部用基因文字写成的史书翔实地记载着人类进化的所有细节。就是从这部书里，斯万特·帕博等人用全基因组测序方法，读懂了一段爷爷奶奶们邂逅尼安德特人的浪漫故事。自2000年人类基因组草图完成以来，基因图谱为探索人类起源及迁徙独辟蹊径，也令人信服地证实了达尔文的观点：人类发祥于非洲。随着基因组学研究不断深入，人类祖先也许还有更多的“艳遇”不断地让我们瞪大眼睛。

一个国际科研团队日前完成了尼安德特人的基因组测序工作。他们将测序结果同现代人基因组进行比较后发现，除非洲人外的现代人与尼安德特人拥有1%—4%的共同基因，这表明，现代人的祖先或许曾与尼安德特人在小范围内发生过交配。相关研究发表在5月7日出版的《科学》杂志上。

科学家表示，该研究或许解开了困扰科学界很长时间的一个谜题：人类基因树上各个独立的分支之间是否存在交配。

据英国《泰晤士报》7日报道，德国马克斯·普朗克进化人类学研究所科学家斯万特·帕博领导的研究团队使用全基因组测序方法，对来自克罗地亚、德国、俄罗斯和西班牙的6副生活在约4万年前的尼安德特人的骨骼进行测序，并将测序结果与来自中国、法国、巴布亚新几内亚、非洲南部和西部的5个现代人的基因组进行比较后发现，除非洲人外，现代人有约1%—4%的DNA（脱氧核糖核酸）源自尼安德特人，而之前的研究没有找到过这种“基因共享”的证据。

对于现代非洲人身上没有任何尼安德特人的基因，科学家认为，大约10万年至5万年前，现代人的先祖智人走出非洲，在中东地区与尼安德特人发生过交配，之后其后代散居欧洲和亚洲各地。

科学家还发现，自从智人与尼安德特人分开之后，人类基因组上有约200个基因片段出现了快速进化的迹象，包括脑部发育。

此外，科学家还发现了20个基因组区域，它们在现代人中经常发生基因序列变异，但在尼安德特人中却不发生。这些区域中的部分基因被认为与唐氏综合征（先天愚型）、精神分裂症和自闭症有关。而且，科学家也找出了5个尼安德特人独有的基因，包括3个皮肤基因。

尼安德特人是现代人类在进化学上最近的亲族。他们最早出现在距今40万年前，主要在欧洲和西亚活动，大约3万多年前，随着冰川蔓延过整个欧洲大陆，尼安德特人便灭绝了，其灭绝也成为人类史上最迷人的奥秘之一。

科学家还首次用尼安德特人的基因组制作了只有现代人拥有而尼安德特人或猿所不具备的基因特征目录，其中的一些基因可能让人类拥有复杂的思维、语言和艺术能力，这对研究人之所以为人很有价值。帕博接受《泰晤士报》采访时表示，这是首次发现将我们与其他所有生物区别开来的基因特征，也让我们从新的角度来认识人类自身。（刘霞）

（原载2010年5月8日《科技日报》）

后记　浅议科技新闻评论

——写于《科技日报》《总编辑圈点》栏目刊出一周年

刘亚东

2011年3月30日下午3点，我照例来到《科技日报》国际部，和同事们一起浏览国际科技新闻。最终在三条比较重要的消息中遴选出“可商用的纳米发电机问世”。记者刘霞把这篇来自美国物理学家组织网的报道编译成稿后，我对照原文再次研读和思考，遂迅速做出点评。其特别之处在于，当本报读者次日获悉这起新近发生在地球另一边的科技事件时，《总编辑圈点——环球科技24小时》栏目恰好一周岁。

从2010年4月1日开始，《科技日报》一版开辟这个新栏目，每个工作日推出一则当天最重要的国际科技新闻，并做简短评论。我最初只打算出这么个点子，最多是负责选题和把关，没想到阴差阳错竟一步步被“套牢”。于是，有人笑我“炒房炒成房东，炒股炒成股东”。可话又说回来，要没这一年来每天一圈一点的坚持，哪来这本集子，又哪来这些关于科技新闻评论的心得！

“另类”的新闻体裁，独特的传播力量

无论深厚的科技知识背景，还是娴熟的新闻采写技巧，只要具备其中之一，便足以不负“成就”二字的美誉。然而，科技新闻这个行当偏偏对其从业者提出了两者兼备的苛刻要求。如果说科技新闻是新闻中的“难”，那么科技新闻评论又以自己登高望远的特点，成为科技新闻的“难中之难”。

大概就是由于这个原因，科技新闻评论在当今寸土必争的媒体竞技场上，才罕见地沦为一方蛮荒之地。家族里其他成员充盈在各种版面、时段、频道和页面，唯独科技新闻评论寥若晨星、不成气候，精于此道的大家和名家乏善可陈，甚至新闻理论探索中也难以看到更多的相关论著。

但这并不代表受众没有需求。恰恰相反，在信息爆炸、科技新闻层见叠出的网络时代，人们对于一种指点迷津的理性声音抱有空前强烈的期待。科技新闻的受众主体往往更加关注与新闻相关的疑点和难点问题，他们不仅想知道发生了什么，而且还希望了解为什么发生、结果和影响如何，因而迫切需要有见地、有个性的报道来解疑释惑。从这个意义上讲，科技新闻评论与其说是一种“另类”的新闻体裁，不如说是一种独特的传播力量。

《科技日报》精心设计并强势推出《总编辑圈点》栏目的初衷，就是要在当天海量的国际科技新闻中，为公众挑选出“含金量”最高的一条。同时附之以言简意赅的评论，试图用点睛之笔使读者更加迅速、有效地把握新闻的实质，并能由点及面地将新闻事件与新闻背景联系

起来。

本栏目推出后，广大读者、报社同仁等都给予很多热情鼓励，尤其对评论部分不吝赞许。诚惶诚恐之余，我更加真切地体悟到，评论是报纸的旗帜、灵魂和生命，一家报纸的评论水平是其品位和档次的最重要标志。在这点上，科技类报纸没有丝毫例外。21 世纪是“消费观点”的世纪，可以肯定地说，科技新闻评论大有可为。

有主张，才能有权威

在今天这个“人人都有麦克风”的世界上，科技新闻被新兴媒体迅速传播的同时，很多也在发酵、放大、变形。与信息爆炸伴生的良莠俱陈、鱼龙混杂有时让人很难识别真伪，一项科技政策、一个科技成果或一起科技事件，往往能够造成众说纷纭的复杂局面。此时，谁来发出最有力量、最具权威的声音？无疑，《科技日报》应该挺身而出，查明真相，澄清谬误，砥柱中流。否则，任何一种迟疑、疏忽、缺位或沉默，都将不仅是失策，更是失职。

敏锐地发现线索，理性地思考问题，艺术地表达见解，《总编辑圈点》栏目着力在这方面让《科技日报》发挥影响，建树权威。对于栏目的选题，我和国际部的同事们始终坚持把科技新闻的重要性和严肃性放在首位，其后才是如何对它做出评价。

这种评价容易陷入歌功颂德的误区。如果溢美之词泛滥，很可能说明你对涉及的科技话题缺乏认识和了解，其言论必如抟沙嚼蜡，没有任何价值。所以，我从不使用“具有重要意义”或“发挥深远影响”一类没盐没醋的文字，而是根据自己的思考和判断有所主张，有所不主张，还经常质疑甚至反驳本栏目的报道内容，包括挑战霍金大师的某些观点。

人云亦云的人总是被人瞧不起，那么鹦鹉学舌的科技新闻评论也注定不受读者欢迎，遑论权威！

2010 年 5 月 21 日，美国生物学家克雷格·文特尔领导的研究小组宣称，他们用构成 DNA 的化学物质合成一种细菌的完整基因组，基因组随后被注入一个细胞并实现了自我复制。文特尔是生物学界极具争议的人物，他的这项成果也立即遭到贬损，其中还有一些著名科学家的质疑。而事实上，甭管文特尔本人什么德行，这毕竟是人类合成的第一个有活力的基因组，该人造细胞的诞生标志着我们从此可以在基因组水平上改造生命。

所以，我在点评中仗义执言并旗帜鲜明地指出，巴尔的摩教授虽然是一位令人尊敬的诺贝尔奖得主，但做出如此评价未免偏颇；文特尔的人造细胞“实现了分裂，而细胞的分裂和进化才是生命体最重要的功能和特征”。2010 年底，这项成果分别入选《时代》周刊年度十大医学突破和《科学》杂志年度十大科学进展。

脱下黑大褂，穿上 T 恤衫

“把术语还给专家，把知识传给读者。”我的这个科技新闻写作的座右铭当然也适用于科技新闻评论。在逻辑严谨、表意确切的提前下，《总编辑圈点》的评论部分总是尽可能放低身段，以轻松的笔调、百姓的语言和幽默的风格，让科技脱下刻板的黑大褂，穿上休闲的 T

恤衫。

不可否认，科技的一些内容确实远离日常生活，故《总编辑圈点》的相关报道难免带来天然的阅读障碍。因此，我对新闻事实品头论足时，总是搜肠刮肚地翻出那些“土豆和白菜”来说事儿，为的就是最大限度地贴近读者。

2010年5月4日的《总编辑圈点》栏目报道了康奈尔大学科学家以超细微误差，成功计算出三个最轻夸克的质量。我的点评从五角钱说起。

一张五角钱的纸钞等同于十个五分钱的硬币。但它仅仅是一算式呢，还是你真有可能把这张纸钞撕成十份，并且发现每一份都是一个实实在在的五分钱硬币？这道类比夸克和物质结构的难题不仅阿西莫夫答不上来，理论物理学家们也莫衷一是。在那些否认夸克存在的人看来，测得这三个夸克的质量无异于议论嫦娥的三围。然而，夸克理论做出的几乎所有预言都已被实验测量证实，仅此一点就足以让我们对勒佩吉团队的成就刮目。

关于一则“巨型小行星2182年可能撞地球”的新闻（2010年7月30日），我的点评又以这种方式讲述了偶然和必然的道理。

谁都有可能遭雷劈，但谁都没有为此而雨天不出门，原因是谁都不信自己会这么倒霉。而对于小行星撞地球来说，千分之一的概率可不算小，至少要比中彩容易得多。不过，经营保险的人也别高兴太早，毕竟未来的日子里充满了“说不定”。更重要的是，地球还有许许多多像山萨托利奥一样负责任的科学家担当卫士，让我们拥有足够的预警时间。若是那“豺狼”真的来了，2182年的人类也许只需从容地举起“猎枪”。

很多读者说，《总编辑圈点》栏目即使报道最生涩的基础科学发现，点评中那些风趣诙谐的家常话，也总是叫人看得进、记得住。我想，“深入浅出”可能就是这个意思。

“小个子”可以顶天立地

就算你有天大才华，就算你能妙笔生花，也不要对个人作品的吸引力抱有太多幻想，现今可是网络时代！我常常觉得，让别人心甘情愿地阅读自己的文章是件挺难的事儿。公元2011年的读者如果肯花时间，认真看完你写的200个文字，已经很给面子了。

当初谋划这个栏目时我就规定，新闻和评论分别不超过800字和200字。虽然我对前者动辄突破上限“睁一只眼，闭一只眼”，但却近乎教条地恪守着后者200字的硬指标。之所以如此，除喧宾夺主的忌讳外，我还坚信一个硬道理：读者一定日理万机。这样一来，我能做的只有一件事，就是在这个最大容量为200字的筐里合理密排，直至把每一个缝隙都塞进有用的信息。

另一方面，用区区200字阐明观点还得让人易于接受，也的确不容易。要说我做点评时惜字如金，那真不带夸张。我有时会在深夜给总编室打电话，或是因为想起一种更好的说法，或是因为改动一个看似微不足道的标点符号。

2010年4月27日，美国和德国科学家展示了他们首次获得的不同电子自旋状态下的单个钴原子图像，我对这篇题为“电子自旋的原子终于有了‘身份照’”的附图报道点评如下。

近代人类物质文明大都可以归结为两个字——电子。以电荷为载体，我们先是鼓捣电流，尔后又折腾信息。电子的带电特性已足足让我们快活了200年，而电子的自旋特性或将滋润我们未来200年。一个原子能干成千上万个原子的活儿，萨瓦·拉描述的这种计算机如果说昨天还只是一种猜想，那么今天透过这张照片，我们则真切地看到了隧道尽头的光亮。

该点评只用了153个字，少得没法儿再少，但承载的信息无论如何都不算少。这说明，“小个子”有时也能派上顶天立地的大用场。点评点评，点到为止。不画蛇添足，不生拉硬扯，不无谓调侃。要知道，你的每一句废话甚至每一个废字，都会让读者皱起眉头甚或逃走。用最少的文字把一件事情说清楚说到位，那才叫本事。以写短文章为荣，我们应该倡导这种风尚。

宝贝和垃圾是一天之隔的邻居

很多人都在就某一科技成果或科技事件发表见解，其中不乏精品佳作。但那大都不能算作科技新闻评论，因为科技新闻评论有着新闻所特有的时效限制。

《总编辑圈点》的科技新闻必须发生在过去24小时之内，我曾发誓要坚持这条底线“100年不动摇”。与新兴媒体及广播电视相比，时效性差本来就让平面媒体“很受伤”，如果再有额外延迟，我们的报道刊出后可能会直接奔向垃圾桶。

早一天是宝贝，晚一天是垃圾，现实就是这样无情。我和国际部的同事有时带着巨大遗憾，宁愿选择一条“次重要”的新闻，也不肯破例在“24小时”的大是大非上做出退让。如此“较劲”的结果是让编辑记者们在精神和体力上备受“摧残”，同时也给我自己戴上了沉重的“枷锁”。

说实话，写一篇短评并不难，难的是每个工作日都在固定时间像赶考一样，对无法预知的某个领域的某条科技新闻发表见解，还要晾晒在报端。该栏目推出以来，除办公室以外，机场候机厅、培训班课堂、通气会会场、甚至餐厅的包间，都成了我写短评的地方。不方便上网时，就以手机短信方式发送给编辑部，从没有延误排版时间。

无间歇地与这部大机器同步运转，我经常想起《摩登时代》里的卓别林。不过，在为《科技日报》拓展国际视野、增加科技含量等方面，《总编辑圈点》得到的广泛认可也是莫大慰藉，并成为继续办好这个栏目的动力。要不是苦中有乐，谁会去自讨苦吃！

就像一叶扁舟游荡在知识的无边大海，虽然我总是感到自己的渺小和力不从心，但也更加珍视这个不断超越自我的机缘。撰写短评时，我经常就不熟悉的问题请教内行，因而和不同领域的许多优秀科学家交了朋友，此乃另一大收获。

就科技知识而言，一个人很难样样精通、面面俱到，但通过努力学习和不断积累，应该而且能够在熟悉一两门专业的基础上，对其他各个学科不光看热闹，也会看门道。作为《科技日报》副总编辑，我在追求这样一种目标，以使自己高屋建瓴地把握世界科技发展的脉动，为读者当一名合格的向导。

彩　　图

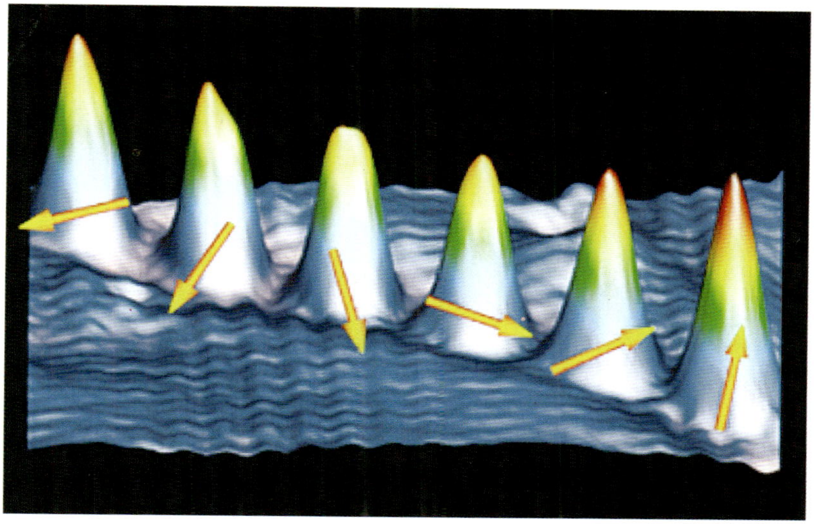

彩图1　不同的电子自旋方向导致单个钴原子具有不同的形状 (参见正文33页)

彩图2　两个原本独立的星系对撞后纠缠在一起，形成一个全新的天体——天线星系 (参见正文151页)

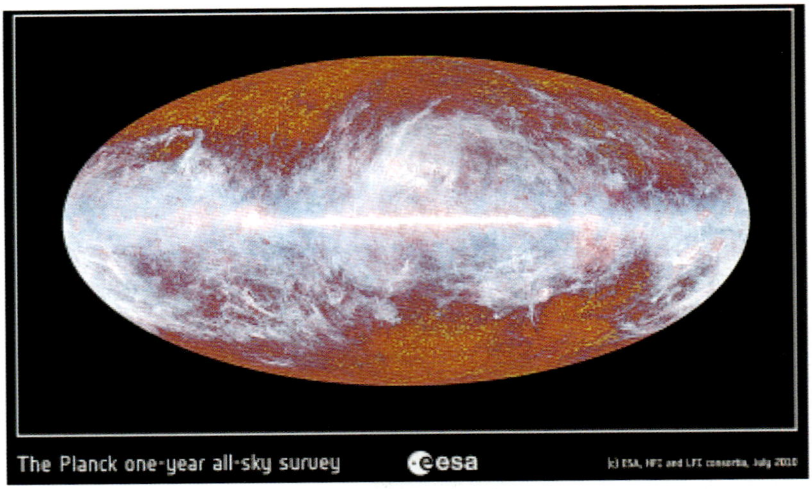

彩图3 “普朗克”望远镜拍摄的首张整个宇宙全景图像 (欧空局供图) (参见正文159页)

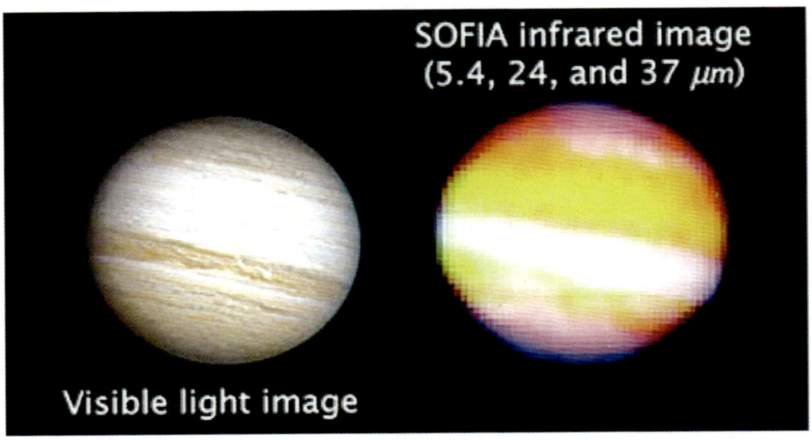

彩图4 图右为SOFIA发回的木星红外合成图像，图左为可见光下的木星 (参见正文161页)

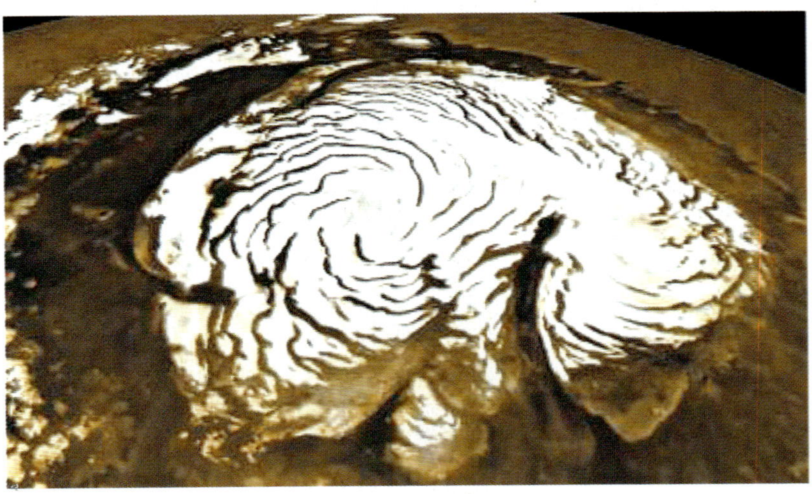

彩图5 火星北极冰冠 (参见正文162页)

彩图6　在小行星表面发现水冰也令科学家感到很奇怪，因为它们本应迅速蒸发掉。这表明小行星(如这幅艺术构想图所示) 将生命带到了地球 (参见正文168页)

彩图7　太阳动力学探测卫星拍摄到的太阳彩色合成图 (NASA供图) (参见正文169页)

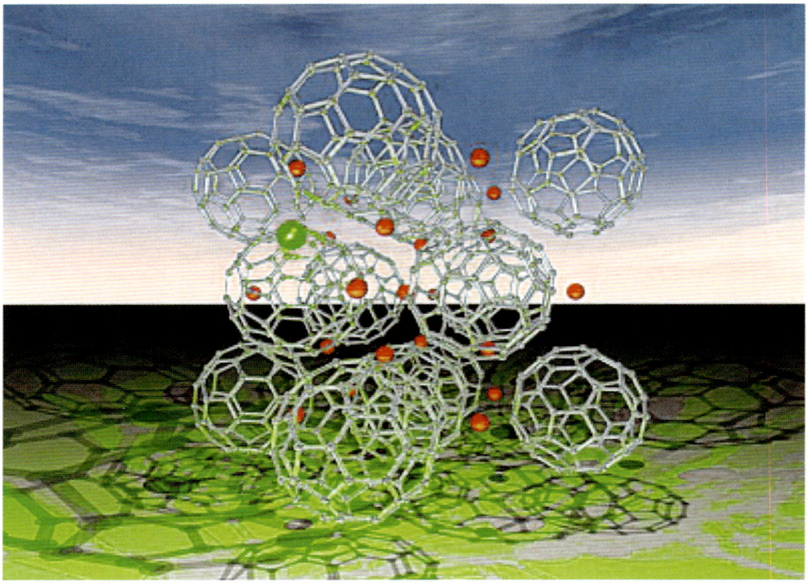

彩图8 图为嵌入到面心立方Cs3C60中的μ介子 (参见正文260页)

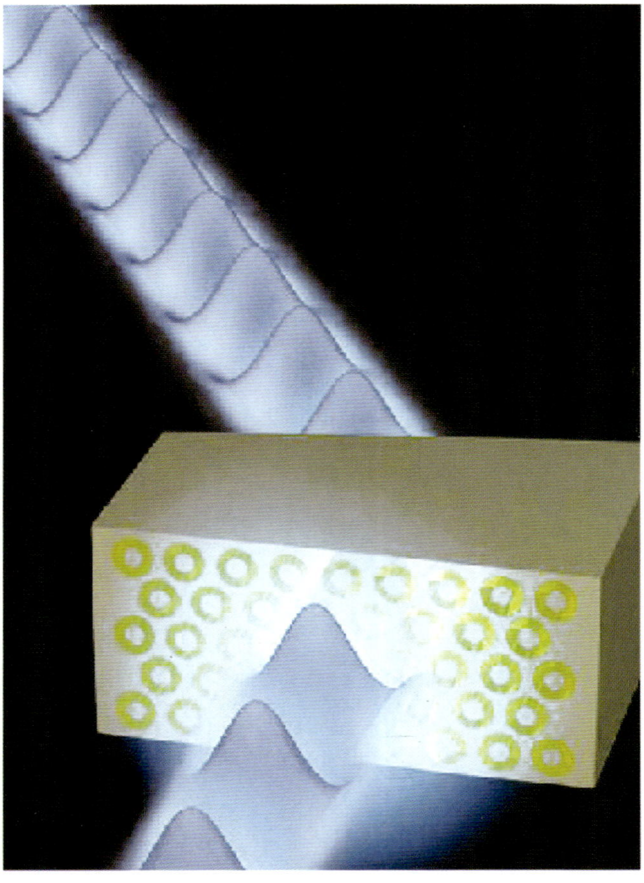

彩图9 新型负折射率超材料示意图 (参见正文262页)